Farmaconomía

NICK DEARDEN

Farmaconomía

Cómo las grandes farmacéuticas contribuyen al deterioro de la salud global

Traducción de Amelia Pérez de Villar Herranz

Galaxia Gutenberg

Galaxia Gutenberg,
Premio TodosTusLibros al Mejor Proyecto Editorial, 2023,
otorgado por CEGAL (Confederación Española de Gremios
y Asociaciones de Libreros).

Título de la edición original: *Pharmanomics. How Big Pharma Destroys Global Health*
Traducción del inglés: Amelia Pérez de Villar Herranz

Publicado por
Galaxia Gutenberg, S.L.
Av. Diagonal, 361, 2.º 1.ª
08037-Barcelona
info@galaxiagutenberg.com
www.galaxiagutenberg.com

Primera edición: octubre de 2024

Preimpresión: Fotocomposición gama, sl
Impresión y encuadernación: Romanyà-Valls
Sant Joan Baptista, 35, La Torre de Claramunt-Barcelona
Depósito legal: B 11551-2024
ISBN: 978-84-10107-68-7

Índice

Introducción: Manzanas podridas

Cuando llevábamos casi dieciocho meses inmersos en la pandemia de COVID-19 un periodista entrevistó a Albert Bourla, jefe de Pfizer –una de las mayores corporaciones farmacéuticas del mundo– en un exclusivo restaurante griego de Nueva York.[1] Podría afirmarse que Bourla había tenido un buen año. Y en agosto de 2020, durante un almuerzo para dos que costó más de 324 dólares, habló al *Financial Times* de la crisis sanitaria global que había hecho que el nombre de su compañía estuviera en boca de todos.

Bourla controlaba en ese momento el medicamento más lucrativo de la historia de la industria farmacéutica, que se esperaba que proporcionase a sus productores 36.000 millones de dólares sólo en un año. Pfizer estaba trabajando en ese momento en otro superventas farmacéutico: un tratamiento antiviral para la COVID-19 que, si salía bien, supondría para la corporación otros tantos miles de millones de dólares. En definitiva, según dijo Bourla al periodista, su empresa se había convertido en «la máquina más eficaz posible» para convertir una materia prima en innumerables dosis de vacunas.

Pero las ventas no eran el único factor que debía tenerse en cuenta durante esa pandemia. Justo antes de la explosión de la COVID-19 en enero de 2020, el sector de las grandes farmacéuticas, denominado «*Big Pharma*» por los más críticos, se consideraba el menos fiable de la industria estadounidense, y la propia Pfizer una de las menos fiables de las empresas más conocidas del *Big Pharma*.[2] La pandemia no iba a ser sólo una forma de enriquecerse: también de dar brillo a la maltrecha reputación del sector.

Y además, parecía que funcionaba: mientras Bourla degustaba una ensalada griega de 32 dólares en Nueva York se acercó a él el jefe de *marketing* del restaurante y le dijo: «Tenemos abierto el restaurante gracias a usted». Se contaban anécdotas de juerguistas que brindaban por Pfizer en Tel Aviv y cócteles a los que se ponía el nombre de la vacuna en Londres. El presidente de Estados Unidos se refirió a Bourla con el calificativo de «buen amigo», y los primeros ministros y presidentes de países de todo el mundo rogaban a este gran hombre que les concediera unos minutos de su tiempo.[3]

La pandemia, dijo Bourla, había proporcionado a las empresas farmacéuticas como la que él dirigía una palestra en la que demostrar que sus detractores se equivocaban.[4] Un mes antes había dicho a los medios de comunicación: «Estoy muy satisfecho con los buenos resultados financieros de la empresa, pero lo estoy aún más cuando me ovacionan en un restaurante, porque la gente tiene la sensación de que hemos salvado al mundo».[5] Sin embargo, como si quisiera dejar clara su humildad, advirtió: «Esto es algo que no debemos dar por sentado, porque puede cambiar en cualquier momento».[6]

Y vaya si cambió. A los pocos meses de aquella entrevista a Bourla para el *FT*, la preocupación por la influencia de las grandes corporaciones como Pfizer a la hora de perpetuar la desigualdad global en materia de vacunas, ya de por sí cuestionable, era cada vez mayor. Mientras los países ricos ya habían inmunizado a la mayor parte de su población, muchos países de África, Asia y Latinoamérica arrancaban a duras penas sus campañas de vacunación. En noviembre de 2021 el número de dosis de refuerzo administradas en los países ricos casi duplicaba el número total de dosis administradas en los países más pobres.[7]

Hasta cierto punto, todas las empresas occidentales que participaron en la fabricación de vacunas habían fracasado, pero fueron los productores de vacunas de nueva generación con ARN mensajero los que más ataques recibieron. Estas vacunas resultaron muy eficaces, pues evitaron la hospitalización y el fallecimiento de los enfermos de COVID-19. Pero sólo las fabricaban tres empresas: Pfizer, junto a su socio alemán BioNTech y otra farmacéutica establecida en EE. UU. llamada Moderna.

Se acusó sobre todo a Pfizer de enviar un mísero 1 por ciento de las vacunas que había entregado a COVAX, organismo internacional destinado a garantizar que todos los países recibieran una cantidad razonable de las vacunas disponibles.[8] Es más, estas empresas habían vendido la casi totalidad de sus vacunas a los países más ricos del mundo, y estaban amasando dinero en cantidades obscenas gracias a esas ventas: unos 1.000 dólares por segundo, se estimaba, sólo con dos vacunas, y un índice de beneficios que haría salivar a los financieros más despiadados.[9] La COVID-19 resultó tan lucrativa que, sólo un año después de que se declarase la pandemia, las vacunas de las grandes farmacéuticas habían creado nueve nuevos milmillonarios.[10]

Los legisladores empezaron a darse cuenta de que un pequeño puñado de corporaciones con fines lucrativos y sin obligación de rendir cuentas públicas podían decidir cuántas vacunas podían fabricarse en un año determinado, quién podría comprarlas y a qué precio. En otras palabras, podían decidir quién iba a vivir y quién iba a morir en la mayor emergencia sanitaria que se había conocido.

Se produjo entonces una avalancha de quejas. Se acusó a Pfizer de denigrar las vacunas de uno de sus competidores, lo que tuvo una incidencia que pudo resultar desastrosa para la confianza pública.[11] Se acusó a la empresa de enriquecimiento flagrante, de intentar cobrar a Estados Unidos 200 dólares por un ciclo vacunal cuya fabricación costaba como mucho 13 dólares,[12] de acosar a los gobiernos y obligarles a cambiar las leyes de sus países para proteger los beneficios de Pfizer, incluso de hipotecar los activos nacionales para cubrir cualquier reclamación de indemnización contra la empresa.[13] Y tal vez lo más grave de todo: se les acusó de dar largas a los países más pobres, reservándose la posibilidad de vender unas vacunas que no tenían intención de entregarles, sólo para mejorar su capacidad negociadora con los países más ricos.[14]

Y de pronto empezó a pronunciarse todo un elenco de expertos e iniciados, y no una horda que se limitaba a insultar a las grandes farmacéuticas. Un académico dijo a la prensa que aquello representaba «una forma verdaderamente extrema de capitalismo de rapiña».[15] Un autor de documentales se empleó a fondo para ofrecer un panorama objetivo de los aspectos positivos y negativos de la compañía, pero se vio obligado a concluir que lo más generoso que había dicho de Pfizer la gente con la que había hablado fue que «eran una banda de mierderos: no son los únicos, pero sí más listos que los demás».[16]

Y para añadir el insulto a la injuria: las vacunas no las habían inventado, en general, las corporaciones que en ese momento se encargaban de fabricarlas. «La vacuna ni siquiera es suya», protestó un miembro del gobierno estadounidense, introduciendo en la ecuación que el hecho de que se hubiera convertido en «la vacuna de Pfizer», era «el mayor golpe de *marketing* conocido en la historia de la industria farmacéutica estadounidense».[17]

En el mundo farmacéutico se suele quitar importancia a los escándalos, que como veremos a continuación son numerosos, diciendo que se trata de la única manzana podrida en un cesto lleno de buena fruta. Con cada relato negativo que aflora en el universo de los medicamentos, nosotros, el público, siempre oímos lo mismo: claro que hay unos pocos que se aprovechan, pero no se puede meter a todos en el mismo saco. Sin *Big Pharma*, no habría medicinas.

Pero lo que la pandemia de COVID-19 sacó a la luz es que, por muy diverso que sea el mundo de las farmacéuticas, donde una buena parte de las empresas que lo integran pueden exhibir un comportamiento más o menos extremo, el problema no es la codicia individual. Es algo mucho más profundo, que se encuentra en el corazón mismo de estas empresas y de la forma en que están estructuradas. Y una vez que se empieza a tirar de ese hilo se descubre que Pfizer, aunque se encuentre en el extremo menos agradable del espectro de las grandes farmacéuticas, no puede considerarse uno entre un millón. Lo que sucede más bien es que las reglas e incentivos por los que se rige el sector de las grandes farmacéuticas han dado lugar a una industria profundamente disfuncional, que ha contribuido a prolongar la pandemia y a perpetuar la forma en que el mundo se ha enfrentado a la COVID-19, haciendo más profunda la división entre los ciudadanos del planeta, al menos durante una generación.

Observemos a los rivales de Pfizer: está Moderna, que es el vecino que acaba de llegar al edificio, cuya vacuna para la COVID-19 se desarrolló exclusivamente con fondos públicos, pero cuyo CEO, Stéphane Bancel, se hizo milmillonario tras privatizar la fórmula.[18] Y no contento con los miles de millones que había amasado Moderna vendiendo vacunas, casi en su totalidad a países ricos, se negó a poner los conocimientos que había detrás de la vacuna de Spikevax a disposición de la Organización Mundial de la Salud, impidiendo así que se fabricaran más dosis y prolongando la pandemia, lo que costó un sinfín de vidas.[19]

También está el gigante farmacéutico estadounidense Johnson & Johnson, que fabrica una amplia gama de productos sanitarios, además de una vacuna para la COVID-19. La corporación dio permiso para que algunas dosis de esta vacuna las fabricara una empresa sudafricana, pero insistió en que se exportaran a pesar de que Sudáfrica acababa de sufrir un importante brote de COVID-19, y se enviaron a países ricos que ya tenían una alta tasa de inmunización.[20]

Y no son sólo las vacunas. La corporación estadounidense Gilead descubrió que uno de sus medicamentos antivirales, ya fabricados, podía resultar útil para tratar la COVID-19. Intentó entonces conseguir un estatus especial, llamado «huérfano», que podía aportar a la empresa el privilegio de un monopolio sobre el medicamento, con lo que sus ganancias aumentarían exponencialmente.[21] El «estatus de medicamento huérfano» se concibió en origen para incentivar la investigación farmacológica de medicinas que tratan enfermedades raras, que sufren pocos pacientes. La idea de que una pandemia pudiera equipararse a una enfermedad rara era tan ridícula que hasta Gilead retiró la solicitud.

Todos estos no son simples ejemplos de un comportamiento inadecuado por parte de los principales ejecutivos de las compañías. El problema de base es que todas las grandes farmacéuticas actúan como fondos de cobertura, más que como empresas dedicadas a la investigación médica.

Entre las publicaciones más recientes se observa una tendencia a volver la vista atrás, a la edad de oro de la industria farmacéutica, cuando sus directores ejecutivos eran generalmente científicos y la investigación para encontrar medicamentos destinados al bien público, aunque generasen escasos beneficios, se consideraba lo correcto.[22] Pero esta idea ya está superada. A principios de la década de 1960, Harold Wilson, que estaba a punto de convertirse en primer ministro británico, se pasó años quejándose en el parlamento de los beneficios exorbitantes de «una industria que ha engordado a costa de las arcas públicas».[23]

En Estados Unidos, el senador Estes Kefauver llevó a cabo una cruzada antimonopolio y celebró una serie de audiencias pioneras en las que interrogaba a los ejecutivos de las grandes farmacéuticas y los acusaba de enriquecerse fabricando medicamentos con el precio muy inflado. Kefauver insinuó que el sector farmacéutico estaba sacando un margen de beneficio que duplicaba el que un fabricante medio estadounidense obtenía en esos momentos. Llegó a abanderar un ataque a gran escala contra el sistema de patentes que hacía posibles aquellas ganancias, pero el poder del que gozaba el sector y los amigos que tenían en el Congreso consiguieron pararle los pies.

Así que en realidad nunca existió un contrato social entre las grandes farmacéuticas y el público al que supuestamente servían. Pero es cierto que la economía global que comenzó a surgir a finales de la década de 1970, que había incorporado a su ADN una lógica financiera, dio un extraordinario impulso a lo peor de la industria farmacéutica, transformándola en algo totalmente irreconocible.

Puede que no haya nadie que represente esta nueva industria con más claridad que el último chico malo del sector farmacéutico, Martin Shkreli. Shkreli es algo así como un personaje de pantomima que, lejos de apartarse de la publicidad negativa, parece aceptarla alegremente. Este hombre de negocios aficionado al rap no nació para ser rico. Cuando Donald Trump le tildó de «mocoso malcriado», Shkreli contraatacó diciendo: «Mis padres eran inmigrantes y trabajaron de conserjes. ¡Él [Trump] heredó una fortuna! Que le den...»[24]

Shkreli era gestor de fondos de cobertura, pero –según sus propias palabras– al darse cuenta de que los fondos de cobertura no daban el dinero suficiente, abrió una empresa farmacéutica. Su estrategia para ganar dinero con su negocio era simple: comprar patentes de medicamentos importantes que habían caducado, controlar el suministro y aumentar el precio.

En 2015 Shkreli cayó en desgracia cuando su empresa, Turing Pharmaceuticals, adquirió un antiparasitario que era fácil de fabricar, pero de importancia vital, y que utilizaban sobre todo enfermos de sida y mujeres embarazadas. Aumentó su precio en un 5.000 por cien. Fiel a su costumbre, cuando a finales de 2015, después de que le calificaran como «el hombre más odiado de EE. UU.», le preguntaron a Shkreli si se arrepentía de algo, su respuesta fue que se arrepentía de no haber subido más el precio. En el polarizado escenario de la política estadounidense Shkreli consiguió poner de acuerdo a Hillary Clinton, Bernie Sanders y Donald Trump, que se opusieron a él.[25]

Naturalmente, las grandes farmacéuticas marcaron las distancias con Shkreli. No era más que una manzana podrida, y no se podía juzgar al sector con arreglo a ese individuo. El CEO de una de estas grandes empresas dijo a la prensa: «Creo que es muy importante que aclaremos que nosotros no somos él. Nosotros somos una industria farmacéutica que tiene sus cimientos en la investigación».[26]

A pesar de todas esas acusaciones, la conducta de Shkreli no era tan inusual en la industria farmacéutica moderna, salvo en un aspecto: Shkreli no ocultaba lo que estaba haciendo detrás de un muro de relaciones públicas. En una cumbre sobre cuidados sanitarios declaró: «Mis accionistas esperan que saque el mayor beneficio posible. Esta es la verdad, sucia y fea. Algo que nadie quiere decir, porque nadie se enorgullece de ello. Pero esta es una sociedad capitalista, está en un sistema capitalista y sus reglas son las del capitalismo. Mis inversores esperan que aumente las ganancias, no que las reduzca, ni que la curva de beneficios baje a la mitad, ni al 70 por ciento. Quieren que llegue al 100 por cien de los beneficios posibles.»[27] Uno de los antiguos empleados de Shkreli añadió que, aunque a las empresas farmacéuticas podría gustarles hacer creer a la gente que juegan en otra liga, «no tienen la entidad moral necesaria para criticar lo que hacemos».[28]

Como veremos más adelante, muchas de las actividades de Shkreli son bastante habituales en un sector célebre por inflar los precios, por hacerse con la propiedad intelectual de otras personas, por adquirir empresas competidoras o provocar su cierre, por manipular los mercados financieros o hacer cambios insignificantes en una fórmula que ya existe y vender el producto como novedad importante, y por establecer *lobbies* que les permitan lograr un entorno normativo más favorable.

Lejos de ser un mal necesario, que a pesar de su sed de beneficios al menos nos mantiene sanos, las grandes farmacéuticas son hoy, en realidad, uno de los sectores más financierizados en una economía global fuertemente financierizada. Las grandes farmacéuticas tienen poco interés en mantenernos sanos: a veces su interés es, precisamente, lo contrario. Actúan como un parásito de los sistemas públicos de investigación y de salud; un vehículo supereficiente para canalizar los recursos públicos hacia los bolsillos de los que son ya superricos.

De hecho, las grandes farmacéuticas casi han olvidado cómo se fabrican los medicamentos útiles. Lo que más sorprende a la gente de este sector farmacéutico es que las grandes corporaciones que asociamos con la producción de medicamentos llevan a cabo muy pocas investigaciones para fabricar las medicinas que necesitamos. Casi nunca son empresas que desarrollan fármacos vitales, pero obtienen ganancias obscenas gracias a los productos que inventan. Y quienes de verdad investigan para crear un medicamento están financiados por el sector público.

Pero las grandes empresas farmacéuticas no son las únicas que funcionan así, aunque al ser las medicinas fundamentales para todo el mundo parece que nuestra aversión generalizada se agudiza en su caso. El modo en que se fabrican las medicinas dice mucho de nuestra economía en general, y nos muestra un sistema gravemente enfermo. Da igual adónde miremos: nuestra economía ha sido expoliada por corporaciones más interesadas en lo que decretan los mercados financieros que en dedicarse a aquello para lo que surgieron. No podemos dejar de enfatizar esto. Bajo el lema de «[hay que] dejar decidir al mercado» lo que se va a fabricar, hemos construido un sistema capitalista de monopolios con unas desigualdades tan extremas, y se ha dado tal poder a las grandes empresas, que lo que queda de nuestros derechos democráticos está bajo amenaza de ser arrasado.

A lo largo de los años este modelo ha provocado unos índices extraordinarios de desigualdad en el acceso a las medicinas a escala global, además de poner una carga insoportable en los servicios sanitarios públicos del Norte Global.

Entretanto, para los defensores de la sanidad pública en todo el Sur Global, el verdadero escándalo de la pandemia es que alguien pudiera pensar que con dejar a las grandes farmacéuticas a cargo del plan global de vacunación se iba a conseguir algo que no fuera una desigualdad obscena. Los que vivieron la epidemia del VIH/sida en Sudáfrica debían haber aprendido la lección: cuando se trata de una emergencia de salud pública a gran escala no hay que fiarse de las grandes farmacéuticas.

A principios de la década de 1990, mientras las grandes empresas farmacéuticas estaban en pleno proceso de reinvención para convertirse en la bestia que tan bien conocemos hoy, muchos de los que se encontraban en primera línea vieron que su principal activo no era su experiencia en materia de investigación, ni sus conocimientos como fabricantes. Lo fundamental era la propiedad intelectual: eran las patentes y la información confidencial lo que les daba el monopolio y por tanto el poder de controlar el suministro, la producción y los precios de un amplio abanico de fármacos. Independientemente de si las medicinas se fabricaban o no al final, la propiedad intelectual se convirtió en un bien muy rentable por derecho propio, que permitía –según cómo se manejara– ocultar las ganancias o evitar la legislación, o las dos cosas a la vez, además de venderse en los mercados financieros.

La clave para apuntalar este poder era dar a la propiedad intelectual la categoría de sacrosanta. Durante las décadas de 1980 y 1990, las grandes farmacéuticas se emplearon a fondo en incrementar el poder de los monopolios. Se formó un *lobby* que financiaba a los políticos estadounidenses, apoyaba leyes nuevas y se integraba en el sistema europeo de toma de decisiones, mientras luchaba sin cesar en los tribunales para establecer nuevos precedentes que dieran a la industria más derechos aún para ampliar sus patentes y mantener en secreto la información que manejaban. Pero puede que su mayor logro fuese un nuevo acuerdo comercial, el conocido como ADPIC: el Acuerdo sobre los Aspectos de los Derechos de Propiedad Intelectual relacionados con el Comercio, que el periodista Alexander Zaitchik describió como «una expresión grosera y profundamente antidemocrática de poder concentrado en las corporaciones». Con el ADPIC el sistema estadounidense de protección de las patentes se extendió por todo el mundo.[29] Y si antes los países del Sur Global podían fabricar sus medicinas con mayor libertad, el ADPIC obligaba a respetar el monopolio en todas partes. Naturalmente el acuerdo contemplaba exenciones, pero como no tardó en descubrir Sudáfrica, era harto complicado aplicarlas en la práctica.

A principio de la década de los 2000, el VIH/sida estaba causando estragos en toda Sudáfrica, donde 4,5 millones de personas –una de cada nueve– vivían con el virus que diariamente infectaba a 1.700 personas.[30] En esta fecha ya existían en el mercado fármacos que salvaban la vida a los enfermos, deteniendo la evolución del sida y evitando la extensión del virus. El problema era que las patentes de esos fármacos estaban en manos de las corporaciones farmacéuticas que, como sucedió con la COVID, tuvieron la potestad de establecer el precio y de decidir quién podía fabricar los medicamentos.

En la práctica eso significaba que los medicamentos para el VIH alcanzaban un precio de 10.000 dólares anuales por paciente, dejando al servicio sanitario sudafricano y a la mayoría de los habitantes del país sin acceso a ellos.[31] Pero la situación no era irreversible: por fortuna, no era tan caro fabricar esos medicamentos. Si se fabricaban en el Sur Global, se estimaba que Sudáfrica podía recortar los costes en un 90 por ciento. Por fortuna, al mismo tiempo, el gobierno introdujo una legislación que les permitía dejar una patente sin efecto e importar de donde fuera versiones genéricas de aquellos fármacos tan necesarios.

Pero en *Big Pharma* las cosas se veían de otro modo. Treinta y nueve firmas, entre ellas algunas de las mayores corporaciones, acusaron a Sudáfrica de piratería y llevaron al gobierno sudafricano a los tribunales.[32] Junto con algunas figuras destacadas de distintos gobiernos europeos y del estadounidense pusieron toda la carne en el asador para impedir que Sudáfrica introdujera esa legislación. Las corporaciones se vieron obligadas a recular, y el caso resultó desastroso para la imagen de la industria, dando lugar a un movimiento que se mantiene vivo hasta la fecha y que ha formado parte fundamental de la batalla por una medicación equitativa contra la COVID-19.

Pero la batalla era importante precisamente porque iba al núcleo: ese sector se estaba enriqueciendo no a base de desarrollar nuevos fármacos, sino gracias al monopolio que les daba el poder de controlar las patentes o la propiedad intelectual. Veremos cómo este poder sentó las bases para el sistema farmacéutico tal como es en la actualidad, donde es posible amasar una fortuna sin poner un pie en un laboratorio y donde se puede hacer aún más dinero apostando en los mercados financieros y limitando el acceso a un conocimiento público que resulta indispensable, que inventando un medicamento nuevo verdaderamente importante.

Las consecuencias de todo esto son malas para casi todos nosotros. Ya hemos visto cómo lograron dificultar el final de la pandemia. Veremos también cómo están fabricando nuevas emergencias sanitarias irresolubles, como la resistencia a los antibióticos.

De hecho, los problemas de este régimen de propiedad intelectual van mucho más allá de las medicinas. Este sistema de monopolio de poder no sólo ha contribuido a reestructurar nuestra economía, alejándola de la invención o de la producción y centrándola en los mercados financieros: también ha reconfigurado la relación entre países ricos y países pobres, los que antes eran colonizadores y colonizados. Los segundos se han convertido en dependientes, o se han visto obligados a alquilar las tecnologías necesarias (o a pasar sin ellas) para construir una sociedad moderna. A menos que puedan controlar dichas tecnologías y utilizarlas, gastando según las reglas de una economía global financierizada, quedarán para siempre supeditados al poder de las corporaciones más ricas de los países más ricos de la tierra.

Este libro no pretende lanzar a los lectores a la desesperación, nada más lejos de su intención. En los capítulos siguientes se expondrá el problema del sistema farmacéutico con todo detalle; pero también se mostrará una vía muy diferente para llegar a la investigación y desarrollo de medicamentos. Este modelo será esencial si queremos hacer frente a las emergencias de salud pública que se extienden ante nosotros. Y precisamente por los fracasos de las grandes farmacéuticas a la hora de combatir la COVID-19 no estamos tan lejos ahora como estábamos hace diez años, todo gracias a los movimientos que han surgido ante las injusticias de la desigualdad en materia de vacunas, movimientos nutridos por gente de a pie pero también por los gobiernos de todo el mundo y que no sólo están adquiriendo más poder: están empezando a sembrar las semillas del nuevo sistema aquí y ahora.

Por el momento los cambios se están produciendo a pequeña escala. Será necesario alimentarlos y apoyarlos. Pero están ahí, y contienen la promesa de un cambio transformador y más profundo no sólo en la forma de fabricar y distribuir las medicinas, sino en la economía en general. Un cambio que también será de vital importancia para detener el cambio climático, organizar un sistema alimentario mejor y crear una sociedad más democrática. Porque la actual manera de hacer las cosas nos lleva al abismo a toda velocidad.

La finalidad de este libro es abrir la mente de la gente a la posibilidad de este cambio. A fin de cuentas, todos los argumentos que se presentan contra la reforma son los mismos que se podrían haber presentado contra la creación del National Health Service (NHS) en la Gran Bretaña de la posguerra. Pero si al menos aquí, en Gran Bretaña, damos por hecho que nuestros hospitales y clínicas están bajo control público, ¿por qué no iban a estarlo las medicinas que administran? O si nuestro sistema sanitario es tan importante que no puede dejarse en manos del mercado, eso tiene que incluir también la investigación y desarrollo de fármacos que preservan nuestra salud.

Es cierto que, durante una pandemia de grandes proporciones, gracias a las grandes inversiones de dinero público en investigación logramos desarrollar en un breve período de tiempo los medicamentos necesarios para hacer frente a la emergencia. Por desgracia, esas medicinas se acabaron distribuyendo en virtud del poder y el dinero. Imaginemos ahora lo que podría haberse conseguido si el afán de riqueza de las grandes corporaciones farmacéuticas se eliminara de la ecuación. Imaginemos que pudiéramos sustituir una competición a muerte y la celosa custodia de la información confidencial por una colaboración abierta. Imaginemos que nuestra investigación recibiera únicamente un impulso: el deseo de erradicar del mundo la enfermedad y el sufrimiento, empezando por las dolencias más graves y letales. Si lo combinamos con el conocimiento tecnológico, la entrega de nuestros brillantes investigadores y la confianza que un modelo así inspiraría en la población en general, no hace falta decir cuánto más podríamos lograr.

Gracias infinitas a Kieran Burch, Emma Dowling, James O'Nions, Christa Hook, Max Lawson, Martin Drewry, David Legge y Mohga Kamal-Yanni, además de a todos aquellos que han hecho campaña del movimiento People's Vaccine aquí y en el resto del mundo, que me han facilitado tantos datos y análisis y me han dado la inspiración necesaria para escribir este libro.

1

Historia de un escándalo

La legendaria artista estadounidense Nan Goldin construyó su reputación documentando la subcultura *queer*, de la que ella misma formaba parte, en el Nueva York de la década de 1980. Sus fotografías muestran un retrato descarnado y honesto de la vida al margen de lo canónico; se negaba a quitar importancia a cuestiones como el sexo, la violencia y el consumo de drogas, que formaban parte de la rutina de su vida y de la de sus amigos. Pero el verdadero revulsivo de Goldin, la experiencia que la impulsó a convertirse en activista casi a tiempo completo, llegaría casi treinta años después, en forma de analgésico: un medicamento sujeto a prescripción médica llamado OxyContin.[1]

En un artículo publicado en *ArtForum* en 2018 Goldin reveló cómo aquella receta de OxyContin que le habían dado para una tendinitis en la muñeca izquierda acabó lanzándola, de la noche a la mañana, a la tenebrosa espiral de la adicción.[2] Describió el mercado negro del Oxy cuando regresó a Nueva York, la puerta de entrada que el analgésico supuso para acceder a otras drogas, la sobredosis y el sufrimiento de dejarlo: «Sobreviví a la crisis de los opioides, y escapé por los pelos. Salí de las tinieblas y me lancé a toda velocidad al mundo. Estaba aislada, pero me di cuenta de que no estaba sola. Cuando terminé el tratamiento me sumergí en un montón de informes de adictos que habían muerto por tomar mi fármaco, OxyContin».[3] Goldin continuó explicando cómo se dio cuenta de que no estaba sola. De hecho, en 2017 el OxyContin se había convertido en una epidemia que ya había matado a cientos de miles de personas. En 2017, de las noventa y una personas que morían diariamente por sobredosis de drogas en Estados Unidos, un sesenta por ciento tenía que ver con opioides como el Oxy.[4]

Pero Goldin, además, aprendió algo: como artista conocía bien el nombre de Sackler. La familia Sackler era una de las mayores fuentes de financiación filantrópica para galerías y museos de todo el mundo. Pero ahora se daba cuenta de una cosa: aquel dinero procedía precisamente del fármaco que había estado a punto de matarla:

> Supe que la familia Sackler, cuyo nombre conocía bien por museos y galerías, era la responsable de la epidemia. Esta familia formulaba, comercializaba y distribuía el OxyContin... La familia Sackler y su empresa privada, Purdue Pharma, habían construido un imperio con las vidas de cientos de miles de personas... Y han lavado la sangre que manchaba su dinero en las salas de museos y universidades de todo el mundo.

Como parte de un nuevo grupo activista llamado PAIN por sus siglas en inglés (*Prescription Addiction Intervention Now*, algo así como «¡Intervención ya contra la adicción a los medicamentos!»), se propuso sacarlo a la luz.

La familia Sackler lleva en la industria farmacéutica desde la década de 1950, cuando Arthur Sackler y sus dos hermanos compraron una pequeña empresa llamada Purdue.[5] Pero el verdadero talento de Arthur Sackler estaba en la venta de fármacos, y de hecho se cree que fue él quien inventó las actuales fórmulas de *marketing* farmacéutico en Estados Unidos. Concretamente, era experto en el *marketing* directo: se dio cuenta de que el papel que los médicos representaban como símbolo de la fiabilidad era tan importante como el que desempeñaban en el proceso de prescripción.

Sackler ayudó a Pfizer –que hasta ese momento había sido sobre todo una empresa química– a convertirse en una empresa farmacéutica rentable gracias a una campaña de *marketing* de antibióticos que tuvo especial éxito.[6] Pero su verdadero triunfo llegó con la comercialización de un fármaco nuevo, el Valium, que se convirtió en el producto estrella del gigante farmacéutico Roche en las décadas de 1960 y 1970.

El enfoque de Arthur Sackler al *marketing* farmacéutico ha quedado patente en todo lo que atañe a la industria farmacéutica actual. Lo primero, y quizá lo que más alcance tuvo, fue cómo logró sugestionar prácticamente a todo el mundo, cómo logró convencerles de que tendrían que estar tomando una serie de medicinas –que además eran bastante fuertes– con regularidad. Se animó a personas con unos niveles de ansiedad perfectamente normales a tomar Valium, cuando todavía no se había sometido a prueba alguna la capacidad adictiva del fármaco. De hecho, un texto publicitario ofrecía el Valium para tratar a personas sin síntomas de patología psiquiátrica: «Para este tipo de pacientes, que no presentan patologías demostrables, puede considerarse la utilidad del Valium».[7]

Como expone Patrick Radden Keefe, autor de *El imperio del dolor. La historia secreta de la dinastía que reinó en la industria farmacéutica*, Arthur Sackler tiene «una intuición de la alquimia del *marketing* al estilo de Don Draper».[8] Se dio cuenta de que la sociedad percibía a los médicos como modelo de sinceridad, y que los pacientes rara vez cuestionaban sus palabras. Si uno conseguía conquistar al médico, el paciente iría detrás. La obra de Keefe detalla las técnicas empleadas, desde anuncios publicitarios en publicaciones médicas disfrazados de opinión científica contrastada, hasta pagos a las instituciones legisladoras para que apoyaran la aprobación de sus productos en, por ejemplo, estudios científicos de autoría desconocida; el engaño no podía ser más descarado: simulaban, incluso, que los médicos avalaban sus productos cuando no era cierto.

Las campañas funcionaron espectacularmente bien. El Valium, que se conocía popularmente como «*mother's little helper*» (la ayudita de mamá), se recetó a millones de personas sólo en Gran Bretaña. Fue el primer éxito rotundo en el terreno de los medicamentos con receta, y su fabricante, Roche, arrojó cifras de ventas en torno a los 750 millones de dólares anuales a lo largo de la década de 1970, convirtiéndose en una de las mayores corporaciones farmacéuticas del mundo.[9] De hecho, el fármaco fue un auténtico descubrimiento médico, si se comparaba con sus predecesores. Pero tenía un lado oscuro: era altamente adictivo. A finales de la década de 1970, con casi 45 millones de recetas de Valium anuales sólo en Estados Unidos, el Senado se fijó en el impacto que tenía. El senador Edward Kennedy declaró que se había convertido «en una pesadilla de dependencia» para algunos.[10]

Arthur Sackler murió en 1987, antes de la invención del OxyContin. Pero sus técnicas de *marketing* se utilizaron para vender el fármaco cuando Purdue, la compañía propiedad de Sackler, comenzó a producirlo en la década de 1990. Purdue ya estaba fabricando un analgésico fuerte llamado M. S. Contin en la década anterior, pero como la patente de ese medicamento estaba a punto de expirar, comenzó a buscar un fármaco nuevo que pudiera sustituirlo como generador de ingresos. Y fue cuando lanzó el OxyContin, un analgésico muy fuerte con un mecanismo de liberación lenta que en teoría significaba que con sólo dos pastillas era posible mitigar el dolor en situaciones de gravedad durante un día entero. En 1996 salió a la venta el Oxy, y comenzó el mayor escándalo farmacéutico de la historia estadounidense contemporánea.

Igual que había sucedido con el Valium, el problema no era que el OxyContin no fuera una medicina útil e importante. Para el dolor provocado por el cáncer o las enfermedades terminales, un fármaco de este tipo puede ser un arma de gran importancia en la panoplia de cualquier médico. El problema era que el OxyContin, como el Valium, se ofrecía con una agresiva campaña publicitaria que aseguraba que no provocaba adicción y que era adecuado prácticamente para cualquiera, incluso en casos de dolor moderado. Algo que, por desgracia, estaba lejos de la realidad.

La compañía hizo un gran esfuerzo por disipar la creencia de que el OxyContin era adictivo o conducía al abuso, aunque reconoció que ese podía ser uno de los motivos por los que los médicos presentaban dudas a la hora de recetarlo, e inventaron el término «opiofobia» para describir un miedo arbitrario al empleo de opioides.[11] Los comerciales de Purdue decían a los médicos que menos del uno por ciento de los pacientes desarrollaban adicción. Jugaban con la concepción, errónea y muy extendida, de que el OxyContin era menos potente que la morfina. Enviaban a los médicos, en un viaje con todos los gastos pagados, a conocer los beneficios del fármaco; fabricaron productos promocionales como gorros de pesca y juguetes blandos para publicitarlo, y ofrecieron incentivos al personal de ventas para contribuir a que aumentara el número de prescripciones.

En cinco años el OxyContin estaba generando más de mil millones de dólares anuales en ventas. Pero ya estaban empezando a salir a la luz historias reales de adicción y muerte por sobredosis. Estaba claro que algunos médicos estaban recetando cantidades ingentes de aquel fármaco. En ese momento Purdue cambió de táctica, y replicó una frase del *lobby* de las armas de fuego y afirmó que el problema no era el medicamento, sino la gente que lo tomaba. Para cualquiera que muriese por haber desarrollado una adicción el problema era suyo, porque era un adicto y estaba tomando la medicina de un modo inapropiado. Keefe cita al consejero médico sénior de Purdue, J. David Haddox, que comparó el medicamento con una verdura: «Si te doy una rama de apio y te la comes, será algo saludable. Si la metes en una batidora y te la inyectas en vena, quizá no sea tan buena.»

Pero la realidad, claro está, era distinta. El OxyContin es muy adictivo. Un fármaco de este tipo sólo debería recetarse en casos puntuales. El problema es que las empresas que sólo buscan obtener beneficios, como Purdue, no se limitan a eso: su finalidad es aumentar las ventas y derivar a la sociedad cualquier daño colateral.

Es difícil exagerar el impacto que ha tenido el OxyContin en muchas comunidades estadounidenses, como atestiguan las series que se han hecho sobre ello: *Painkiller* (*Medicina letal*) de Netflix o *Dopesick* (*Historia de una adicción*) de Disney. Es casi imposible dar una cifra exacta, porque la adicción y la sobredosis rara vez se atribuyen a una única droga o medicamento. El OxyContin no es el único opioide sintético que hay en el mercado; hay otros fármacos, como el fentanilo –causante, se cree, de la muerte del cantante Prince, entre otros–, con una buena cuota de participación en la epidemia de los opioides.

Pero las tendencias están claras: el aumento de la prescripción de opioides como el OxyContin, al que se dio una publicidad muy agresiva y en la que Purdue invirtió unas cantidades de dinero sin precedentes, impulsó una epidemia causada por un fármaco que ha costado 300.000 vidas desde el año 2000 hasta la actualidad.[12] En 2019, moría diariamente una media de treinta y ocho personas por sobredosis de algún opioide administrado con receta médica.[13] La investigación sugiere que tres cuartas partes de los heroinómanos estadounidenses empezaron con opioides recetados por un médico. Hay zonas del país que están verdaderamente diezmadas por la epidemia.[14] En el suroeste de Virginia el número de muertes relacionadas con las recetas de opioides aumentó en un 830 por ciento: de 23 en 1997 a 215 en 2003.[15] En una historia que captó la imaginación de los medios del oeste de Virginia en 2006 se detectó la cifra de 28 personas con sobredosis en sólo una ciudad durante un período de cuatro horas.[16]

Con esta escalada de la crisis Purdue redobló sus esfuerzos por culpabilizar a los pacientes irresponsables y contrató al exalcalde de Nueva York, Rudolph Giuliani –que era entonces futuro abogado de Donald Trump y villano de cómic– para que limitara los posibles daños a la fortuna de la compañía.[17] Y la fortuna no era menor. OxyContin había generado 35.000 millones de dólares para Purdue desde su lanzamiento en 1995.[18] En 2015 la familia Sackler entró en los veinte primeros puestos de la lista de las familias más ricas de Estados Unidos de la revista *Forbes* con una fortuna de 14.000 millones de dólares construida sobre el éxito del OxyContin.[19]

Y eso no es todo. A pesar de la mala prensa, Purdue hizo todo lo posible para seguir vendiendo. Como las patentes de OxyContin estaban a punto de expirar, hicieron algunas modificaciones al fármaco para poder solicitar patentes nuevas sin perder el monopolio, una táctica muy extendida en el manual de estrategia del sector, como veremos. Aunque las patentes de OxyContin iban a expirar en 2013, gracias a este lavado de cara Purdue pudo solicitar otras nuevas hasta en trece ocasiones, sólo en Estados Unidos, prorrogando así sus derechos exclusivos hasta 2030.[20]

Y mientras la epidemia de opioides se extendía y ocupaba los noticiarios de todo el país, los productores de OxyContin volvieron la mirada al otro lado del océano para tratar de mantener sus ventas. Mundipharma, con sede en el Reino Unido, es una compañía propiedad de Sackler que controla las ventas de fuera de Estados Unidos y Europa. A través de este negocio China se ha convertido en el segundo mercado mundial para el OxyContin. En 2019 el CEO de la compañía, Raman Singh –que fuera vicepresidente de GlaxoSmithKline, dijo a *Nikkei Asian Review*: «De ahí es de donde viene el crecimiento. En 2025 espero que [China] se convierta en el primer mercado, superando a Estados Unidos. Hemos tenido mucho, mucho éxito al comercializarlo como analgésico».[21]

La filtración de algunos documentos internos lleva a pensar que la compañía está aplicando las mismas tácticas para comercializar opioides en China, es decir: convencer a los médicos que el OxyContin es menos adictivo, aconsejar la prescripción de dosis cada vez mayores, disfrazar al personal de ventas de la empresa de profesionales médicos, emplear cifras sin actualizar que, en consecuencia, ya no son aplicables, y ofrecer regalos a los médicos.[22] Este giro hacia los mercados extranjeros lo describió un legislador estadounidense, David A. Kessler, como «sacado del manual de estrategia de las grandes tabacaleras. En cuanto Estados Unidos da un paso para limitar las ventas en su territorio, la compañía se marcha al extranjero».[23]

Tampoco es que el problema se limite a China: hay un estudio realizado por la respetada revista médica *Lancet* que avisaba de que la crisis de los opioides «tenía muchas posibilidades de extenderse por todo el mundo», por el Norte y el Sur globales, porque «las grandes empresas farmacéuticas con base en EE. UU. se estaban empleando a fondo en la prescripción de opioides a escala mundial, utilizando tácticas corruptas y fraudulentas que han quedado prohibidas en el ámbito nacional».[24] Australia registró un incremento de quince veces el número habitual de prescripciones de opioides, mientras «en Italia se estaba llevando a cabo una investigación porque dos ejecutivos de Mundipharma habían sido condenados por relacionarse con un importante médico que fomentaba el uso de opioides y, supuestamente, blanqueaba gran cantidad de dinero procedente de pagos de Mundipharma».[25]

En países como Brasil, que ha sufrido un incremento del 465 por ciento en el número de prescripciones en el período comprendido entre 2009 y 2016, la empresa fue acusada de emplear «embajadores del dolor» para dirigir seminarios de formación destinados a que los médicos superasen su «opiofobia», y animaran a la gente a buscar un tratamiento médico para el dolor crónico, al tiempo que ofrecían a los pacientes una serie de descuentos para que las medicinas estuviesen a su alcance.[26] Además empleaban cupones para publicitar una «primera receta gratis», del mismo modo que Purdue había hecho en Estados Unidos: una imitación prácticamente calcada de las tácticas de los proveedores ilegales de droga. Las campañas de *marketing* directo llegaron incluso a incluir anuncios protagonizados por alguna celebridad (en España) instando a los espectadores a que no tuvieran miedo de los analgésicos.[27] Y en Corea del Sur un ejecutivo de la empresa dijo que los médicos coreanos se preocupaban «en exceso» del tema de la adicción.

Los escándalos farmacéuticos suelen salir a la luz de la mano de las propias víctimas, a través de parientes de algún enfermo que ha muerto a consecuencia del consumo de fármacos que se han comercializado de modo inadecuado. A menudo, las personas corrientes se transforman en activistas increíblemente valientes y eficaces a causa de sus duras experiencias y sus pérdidas. La crisis de los opioides ha traído consigo una generación de activistas de esta clase, y Nan Goldin es una de las más famosas: su activismo consiste en utilizar su plataforma para ejercer presiones sobre las salas de exposiciones y museos que, en ocasiones, han acogido su obra, y que retiren de sus edificios el nombre de Sackler.

En 2018-2019 el grupo de Goldin emprendió una serie de actuaciones en los más destacados de estos museos. En el Guggenheim de Nueva York algunos activistas tomaron como punto de partida un comentario de Richard Sackler que decía que «el lanzamiento de las pastillas de OxyContin iría seguido de una tormenta de recetas que enterrarían a la competencia. Una tormenta que será muy intensa, muy blanca, y arraigará muy hondo».[28] Los activistas entraron en el museo y se fueron situando a lo largo de la pasarela en espiral, mientras dejaban caer cientos de recetas blancas falsas de OxyContin sobre el vestíbulo central. Cada una de aquellas recetas contenía algún comentario polémico de los que había hecho Sackler respecto al fármaco, incluido uno en el que llamaba «delincuentes» a los adictos: «Tenemos que acabar con los que abusan por todos los medios posibles. Ellos son la raíz del problema. Son delincuentes insensatos».

En el V&A de Londres los activistas tiraron por el suelo botes de pastillas y billetes de «Oxydólares» manchados de rojo para escenificar una matanza. En el Louvre de París extendieron una pancarta en una de las fuentes del museo, con una frase que decía: «Retirad el nombre de Sackler». Y en el Metropolitan de Nueva York lanzaron botes de pastillas con la etiqueta «OxyContin, 200.000 muertes» al estanque que hay delante del antiguo templo egipcio de Dendur.

Y funcionó. El nombre de Sackler comenzó a desaparecer de los museos, incluido el Met de Nueva York, que anunció que no aceptaría más dinero de Sackler. La Universidad Tufts de Massachusetts también eliminó el nombre y explicó: «Nuestros estudiantes, docentes, empleados, exalumnos y otras personas han compartido con nosotros el impacto negativo que diariamente ha ejercido sobre ellos el nombre de Sackler, y han destacado el coste en vidas humanas que ha tenido la epidemia de opioides con la que se asocia a la familia Sackler y a su empresa, Purdue Pharma».[29]

Y después de muchas demandas y negociaciones Purdue anunció que estaba en bancarrota en 2019, y se negoció un acuerdo en virtud del cual la empresa sería vendida y parte de los fondos obtenidos se destinarían a ayudar a paliar la crisis de los opioides. Mundipharma también saldría a la venta, y con los beneficios se pagarían los acuerdos suscritos. Sin embargo, la protección legal que los acuerdos ofrecían a la familia y a gran parte de su fortuna provocó la ira de los activistas, tanto que a finales de 2021 un juez federal rechazó el acuerdo. La familia Sackler había retirado más de 10.000 millones de dólares de Purdue durante la década que culminó con la bancarrota de la empresa.[30] Y así, mientras el escándalo de Purdue continúa, aún queda por ver si las víctimas de la epidemia de opioides recibirán la reparación que en justicia merecen.

Una comisión conjunta de *Lancet* y la Universidad de Stanford para la crisis de los opioides concluyó que «Para gestionar el dolor, es preciso gestionar también la codicia».[31] Y eso es cierto, pero casi siempre se considera la codicia como un defecto moral del individuo, y el problema que la crisis de los opioides deja al descubierto va más allá de los comportamientos individuales inadecuados. Es más: tenemos un sistema que incentiva, incluso exige, ese tipo de conductas. Y el cambio no requiere únicamente parar los pies a Purdue, sino transformar la estructura de la que forma parte Purdue. Para lograrlo es preciso entender qué es lo que hay en el modelo farmacéutico que induce a sus protagonistas a esta conducta antisocial.

En 2020 el periodista de investigación del *Times* Billy Kenber escribió un relato de la industria farmacéutica titulado *Sick Mo-*

ney: The Truth about the Global Pharmaceutical Industry.[32] El libro de Kenber estudia el desarrollo de esta industria disfuncional y nada sostenible. Kenber explica, mediante una serie de escándalos y estudios de casos, cómo las grandes farmacéuticas se han obsesionado con el aumento de los beneficios y, cada vez más, han ido canalizando la riqueza hacia los accionistas. Y culpa de esto a la entrada de un proceso económico conocido como «financierización», un fenómeno que ha afectado no sólo a la industria farmacéutica sino a la economía global en su totalidad, con profundas implicaciones sociales en todo el mundo. Kenber explora la forma en que estos procesos han transformado la industria farmacéutica en algo mucho más parecido a un conjunto de enormes fondos de cobertura que a un grupo de empresas que investigan y desarrollan medicinas importantes.[33] Resulta tentador observar todos los problemas de la industria a través de la lente de la financierización. De hecho, es fácil caer en la trampa de creer que hubo una edad de oro del sector farmacéutico, un tiempo en que los científicos encabezaban las grandes compañías farmacéuticas y la principal motivación de la industria era un profundo sentido de responsabilidad social: nada más lejos de la realidad. En muchos aspectos, el escándalo de los opioides es un escándalo a la antigua y está tan asentado como la industria misma.

Naturalmente, hubo un tiempo –a mediados del siglo XX, cuando se produjeron los avances científicos y médicos de mayor alcance y más transformadores– en el que los fondos destinados a la investigación eran más productivos. En ese momento, tal como nos dicen las cifras, hacía falta menos dinero para crear una medicina transformadora: entre los ejemplos más famosos tenemos los antibióticos, los esteroides, la quimioterapia y la vacuna de la polio.

Hubo también un tiempo en el que el marco regulador, conformado por una serie de leyes conseguidas con mucho esfuerzo por el público y los gobiernos para controlar la industria, representaba una cortapisa para algunos de los excesos de un periodo previo: niveles de seguridad más estrictos y mejores controles de precios. De hecho, la batalla por mejorar el estándar de la industria farmacéutica se extendió a lo largo de todo el siglo XX.

Pero nada de esto garantizó la existencia de una industria con conciencia social cuyos intereses coincidieran con los del gran público, como demuestra claramente la historia de los Sackler. El Valium y el OxyContin suponen verdaderos avances en el conocimiento médico, y son de gran utilidad. Uno se desarrolló mucho tiempo antes de que entrara en escena el fenómeno de la financierización, el otro al comienzo de esa tendencia. Pero ambos nos muestran una industria dispuesta a utilizar cualquier mecanismo que tenga a mano, sin importar el riesgo que pueda suponer para el usuario final ni el coste para la sociedad, con tal de aumentar al máximo sus beneficios. Y señalan a otro problema mucho más arraigado: el de delegar las decisiones sobre cómo se desarrollan las medicinas que salvan la vida y cómo se ponen en el mercado.

Purdue no era la única: había otras compañías que también estaban fabricando derivados del opio. Arthur Sackler fue un pionero, y sus técnicas de *marketing* se convirtieron en el pan nuestro de cada día del sector. De hecho, la historia de la industria farmacéutica es la historia de un escándalo: desinformación y engaño, sobornos a médicos y técnicas de *marketing* poco fiables, productos que se venden sin importar su coste. Es también la historia de la medicalización de la condición humana. Las pocas excepciones que tiene este patrón son, precisamente, el resultado de esta batalla continua entre el público que defiende su derecho a una asistencia sanitaria decente y una industria que no hace más que estirar la goma, a ver cuánto puede conseguir.

Diarmaid McDonald, del grupo activista Just Treatment, cree que se puede aplicar el mismo argumento a Martin Shkreli, el «colega» que, como expuse en la introducción, se convirtió en diana del odio público por las obscenas subidas de precio que impuso a los fármacos para combatir el sida, medicamentos vitales que él había adquirido. «Nada de lo que hizo Shkreli era inusual», me dijo McDonald cuando hablé con él:

> Lo hizo de un modo más extremo y su forma de actuar fue implacable, pero llegó al límite de la codicia y lo hizo con una sonrisa en la boca. Los métodos y técnicas que empleó para aumentar sus beneficios son ya del dominio público. Ahora todo el mundo hace lo mismo, y sin embargo cuando les pillan empiezan a decir lo mucho que les preocupa el asunto: mira GlaxoSmithKlein, repartiendo sobornos en China, con un estándar de seguridad que es de risa, con multas en todas partes. El escándalo está ahí, a la vista de todos, y todos lo aceptamos. Estamos tan acostumbrados a que esta industria se comporte así, que ni siquiera nos damos cuenta.[34]

De modo que la pregunta, para nosotros, es esta: ¿cómo puede la industria farmacéutica actuar así, con una actitud que casi siempre se asemeja a la impunidad y cómo se ha convertido en un agente social tan poderoso? Es una pregunta importante si queremos entender cómo ha podido reinventarse el sector hasta llegar a ser la industria disfuncional que conocemos hoy.

Una buena cuota del poder de las grandes farmacéuticas reside en su enorme capacidad para formar *lobbies*. El informe de *Lancet* sobre la crisis de los opioides concluye: «Es difícil exagerar el poder que la constitución de *lobbies* y las donaciones políticas descontroladas otorgan a la industria farmacéutica».[35] Se ha visto que, a lo largo de más de una década, los grupos que intentaron poner algún límite a la prescripción de opioides sólo gastaron 4 millones de dólares en constituir *lobbies* y en contribuciones a campañas electorales nacionales, mientras la industria farmacéutica gastó 880 millones de dólares en «salvaguardar los intereses de su negocio».

El poder de los *lobbies* es especialmente grande en Estados Unidos. La industria farmacéutica y las relativas a la salud gastaron, conjuntamente, 352 millones de dólares en hacer presión en el Congreso durante 2021, y en 2020 la industria farmacéutica había donado fondos a dos tercios de los representantes.[36] Un informe de *Stat News* muestra que sólo Pfizer había donado fondos a 228 legisladores estadounidenses antes de las elecciones de

2020, y subraya que «incluso tras años de críticas por parte del Congreso y de la Casa Blanca, respecto a los altos precios, sigue siendo habitual que los representantes electos que regulan el sector de la salud y el bienestar acepten sumas de seis cifras».[37]

En Europa también es importante la presencia de los *lobbies*, pues se trata de otro importante mercado para la industria donde se aplican normas de seguridad diferentes y las empresas farmacéuticas tienen que asegurarse la aprobación de sus medicamentos y las patentes que llevan asociadas. Tomando como base una serie de datos a disposición pública, el Corporate European Observatory –un grupo independiente de investigación que controla la capacidad de presión de las grandes empresas– detectó en 2021 que las grandes farmacéuticas gastaron al menos 36 millones de dólares en *lobbies*, mientras las propias empresas y los *lobbies* declararon que habían empleado sólo a 290 personas de forma directa.[38] Las cifras reales son probablemente mucho más elevadas.

Y luego están las «puertas giratorias» que comunican a la industria con el gobierno y gracias a las cuales las grandes farmacéuticas atraen a funcionarios con experiencia para que trabajen en su favor, ofreciendo a cambio jugosos sueldos. *Lancet* da un ejemplo especialmente extremo de cómo ha terminado esta maniobra en un secuestro de la normativa: «El excongresista de Estados Unidos Billy Tauzin, por ejemplo, lideró toda la construcción de la legislación del Medicare, que lo que hizo en realidad fue que el gobierno estadounidense comprara más productos farmacéuticos al tiempo que le prohibía negociar para conseguir esos fármacos a precios más bajos. Al día siguiente a la expiración de su mandato, Tauzin se convirtió en líder del *lobby* de la industria farmacéutica, con lo que percibía más de diez veces su salario como congresista.»[39]

Pero hay un sinfín de medios diversos por los que las grandes farmacéuticas construyen su posición de poder, y que incluyen el *marketing* directo con las profesiones sanitarias y con nosotros, que somos sus clientes actuales o potenciales. También en este caso la laxitud del régimen regulador estadounidense permite que esta actividad llegue al extremo: los médicos reciben continuamente muestras gratis, regalos o dinero por dar conferencias u opiniones profesionales sobre un fármaco, y son invitados a seminarios «de formación» en destinos especiales o restaurantes de primera categoría. En 2012 la industria gastó 24.000 millones de dólares en *marketing* dirigido a médicos estadounidenses.[40] Este problema afecta aún más a una serie de mercados con normativa más estricta: las empresas gastaron alrededor de 40 millones de libras esterlinas al año en pagar honorarios a los médicos británicos, vuelos, hoteles y otros gastos de viaje.[41] También se ha observado un aumento exponencial en el *marketing* directo destinado a los pacientes, generalmente a través de anuncios de televisión, que trata de convencerles de que precisan ayuda para combatir dolencias que no sabían que tenían: una práctica que se ha denominado «*disease mongering*», algo así como «la profecía de la enfermedad».[42]

Pero también esto resulta insuficiente para explicar la tremenda escalada de poder de esta industria. Tendremos que profundizar aún más, bucear en cómo se desarrolló un sector farmacéutico reconocible tras finalizar la Segunda Guerra Mundial y cómo extendió sus raíces por todos los estadios relevantes de la sociedad, hasta que tuvo la capacidad necesaria para delimitar sus intereses y caminar de la mano con el poder político, el académico y las instituciones sanitarias en general, así como ciudadanos y pacientes.

Después de la Segunda Guerra Mundial surgió una industria farmacéutica moderna y perfectamente reconocible, que ya incluía a muchos de los nombres que hoy nos resultan familiares. Su impulso fue, en parte, la creencia optimista de posguerra de que la ciencia y la tecnología podían resolver cualquier problema al que se enfrentara la humanidad y que el futuro, inevitablemente, tendría que ser mejor para todos. Pocas áreas de la vida justificaron este optimismo con mayor fuerza que los avances médicos. El desarrollo de una nueva oleada de fármacos punteros, donde los antibióticos no eran los menos importantes, transformaron las instituciones médicas. Y el desarrollo de una amplia gama de fármacos nuevos –desde antidepresivos y tranquilizantes hasta complementos vitamínicos– cambió la forma de relacionarnos con nuestra salud, al tiempo que aumentaba el número de pastillas que tomábamos de manera rutinaria.

A medida que aumentaba su presencia en nuestras vidas, la industria farmacéutica se fue haciendo cada vez más rentable. Y al crecer, se consolidó. Comenzó a difuminarse la línea que tradicionalmente separaba la investigación y la fabricación, y a través de una serie de fusiones de empresas la industria se fue concentrando en un puñado de agentes principales, asumiendo una estructura vertical. Por añadidura, el sector articuló un formidable brazo de *marketing* y venta que fue desarrollando métodos cada vez más sofisticados de vender no sólo productos: también enfermedades. Un puñado de enormes corporaciones farmacéuticas llegaron a controlar todos los aspectos de la producción de medicamentos, trabajando codo con codo con las universidades y las autoridades legislativas. Esta integración se reveló muy útil para la planificación, pero la naturaleza privada de las corporaciones implicaba que el interés público iría siempre a la zaga de los beneficios privados. Así que estas empresas gastaron grandes cifras en investigación, pero también cosecharon importantes beneficios.

Como todos los sectores corporativos que han adquirido tal poder, la industria farmacéutica comenzó a atraer críticas. De forma muy similar a la de la industria de la automoción, que había ejercido un poderoso tirón en la política de países como Alemania, Italia o el Reino Unido, o a la de las grandes tecnológicas, como son hoy Amazon o Google, el poder neto de estas compañías estaba empezando a ejercer un impacto decisivo en la economía y en la sociedad en general, sobre todo porque cada vez había más gente tomando pastillas que eran cada vez más caras, lo que ponía el precio de sus productos en el punto de mira. Así comenzó una serie de batallas entre el sector farmacéutico y el público. Una de las más trágicas tuvo lugar a finales de la década de 1950, cuando un político estadounidense muy conocido, llamado Estes Kefauver, se enfrentó a la industria y exigió un cambio.

Kefauver fue senador demócrata por Tennessee y, a diferencia de sus colegas, los políticos sureños de la época –normalmente conservadores–, un demócrata del *New Deal* que se alineó con el presidente Roosevelt en su preocupación por la concentración del poder económico en los monopolios privados y la corrupción política que fomentaba ese poder. Y como él mismo dijo: «Siempre he creído que esto no es más que un paso que nos aleja de la libertad económica y nos acerca a la pérdida de la libertad política».

La cruzada vitalicia de Kefauver contra las grandes empresas le convirtió en una piedra en el zapato de la Iglesia y de la élite política de su partido. De hecho, tuvo que enfrentarse a los jefes de su propio partido para llegar al Senado. Cuando un político demócrata de primera línea le acusó de perseguir las simpatías de los políticos comunistas «del mismo modo furtivo que lo haría un mapache», Kefauver se puso un sombrero de piel de mapache para escenificar que no tenía miedo de mostrar su independencia de la maquinaria del partido. El gorro se convirtió en parte de su puesta en escena en posteriores campañas electorales.

A principios de la década de 1950, cuando muchos estadounidenses estaban adquiriendo sus primeros televisores, Kefauver ofreció una serie de audiencias televisadas con el crimen organizado. Ante él aparecieron varios capos de la mafia, entre ellos el más famoso de todos: Frank Costello. Algunos fragmentos de estas audiencias se exhibieron incluso en cines, y se estima que contaron con unos 20 millones de espectadores. Kefauver aprovechó la publicidad generada por estas actuaciones para optar a la presidencia. Perdió, pero se postuló para vicepresidente en la convocatoria de 1956, venciendo al joven John F. Kennedy como candidato del partido.

En 1959, ya desvanecidas sus esperanzas de convertirse en presidente, Kefauver apuntó a otra diana: la industria farmacéutica. Aprovechó su subcomité del Senado (destinado a combatir la formación de *trusts* y monopolios), con el que ya se había enfrentado a otros importantes sectores industriales, para lanzar una serie de audiencias sobre el precio de las medicinas. Un conocedor de la industria lo llamó «el Pearl Harbour de la industria farmacéutica».[43] En el transcurso de esta sucesión de audiencias, quedaron al descubierto una serie de problemas del sector que hoy en día nos resultan muy familiares, desde el elevado precio de los medicamentos, que no tiene justificación y lo convierte en inaccesible para muchos, hasta el *marketing* más agresivo y menos ético, los abusos en las patentes y el foco en los llamados fármacos del *me-too*, «yo también», que no se diferenciaban prácticamente en nada de las medicinas ya existentes.[44]

Durante los años 1959-1960 se reprendió públicamente a los principales ejecutivos de los gigantes farmacéuticos del momento –Merck, Pfizer, Bristol-Myers y Smith Kline– por el precio de sus fármacos más utilizados, entre los que había antibióticos, esteroides, antipsicóticos y tranquilizantes. Kefauver señaló al presidente de Merck que el sector farmacéutico había obtenido el doble de lo que en aquel momento era el beneficio medio de una corporación farmacéutica dedicada a la fabricación de medicamentos, con sobreprecios de hasta el 7.000 por cien en algunos fármacos, diciendo: «Si usted rebajara sus beneficios y se olvidara de algunos de esos métodos tan caros que emplea para vender, y de esas opciones sobre acciones tan caras, tal vez podría rebajar también el precio de sus medicamentos».[45]

Arthur Sackler también compareció ante el comité, aunque se las apañó para esquivar todos los golpes que le lanzaron. Pero Patrick Radden Keefe informó de que Kefauver estaba especialmente intrigado por Sackler, y citó un memorándum enviado al personal que dice así:

> El imperio Sackler es una operación perfectamente integrada en la que se puede, por ejemplo, diseñar un nuevo medicamento a través de su empresa para el desarrollo de nuevos fármacos, someterlo a ensayos clínicos y asegurarse una serie de informes favorables procedentes de distintos hospitales con los que ellos tienen conexión, con-

cebir el enfoque comercial y preparar el texto publicitario con el que se promocionará el fármaco, aparte de publicar los artículos clínicos y el texto publicitario en sus revistas médicas [y] preparar o imponer artículos en prensa generalista.[46]

Para Kefauver este era sin duda un ejemplo perfecto del poder sin parangón del sector.

Estas audiencias han sido hasta la fecha las investigaciones más rigurosas de una institución pública a la industria farmacéutica, y supusieron una sensacional exposición de la forma en que operan las corporaciones del sector. También mostraron a dichas corporaciones que no podían dar por sentado el apoyo público, y que necesitaban ofrecer argumentos más fundamentados y modificar su estrategia de relaciones públicas si querían conservar su riqueza.

Kefauver hizo una serie de propuestas para cambiar radicalmente la forma en que se producían y vendían las medicinas. Además de implantar algunas mejoras en la normativa de seguridad, trató de que el estado impusiera ciertas restricciones a los nuevos fármacos y despojara a las corporaciones de los privilegios del monopolio, con lo que se verían obligadas a enfrentarse a la competencia al cabo de tres años. Kefauver propuso también una cláusula que iba directa al corazón del enriquecimiento de las grandes farmacéuticas: quería evitar la proliferación de los fármacos «yo también» concediendo patentes únicamente a medicinas que representaran un avance significativo respecto a las que ya estaban en el mercado, y poner fin a las confabulaciones entre empresas farmacéuticas que acababan perjudicando al mercado. En otras palabras, un proyecto de ley que podría haber transformado la industria farmacéutica. Cuando lo presentó, en 1961, Kefauver declaró: «Ha llegado el momento de que el Congreso emprenda las acciones necesarias para reducir la carga excesiva e injustificada que acaba recayendo sobre los que menos capacidad tienen para hacerle frente. Esta nación está enferma y afligida».[47]

Como era de esperar, Kefauver se enfrentó a una dura oposición. En primer lugar, los jefazos de las farmacéuticas y los amigos que tenían en el Congreso dejaron caer que Kefauver estaba tomando una posición antiamericana. En la atmósfera febril de la Guerra Fría, sólo unos años después de que el senador McCarthy pusiera en marcha sus audiencias anticomunistas, la sugerencia tenía mucha fuerza. Pero detrás de la retórica de la Guerra Fría había una preocupación real: que Kefauver estuviera, en el fondo, empujando a Estados Unidos hacia la creación de un servicio nacional de salud, una socialización de la medicina, que acabaría con todo lo que representaba el éxito del sueño americano. La socialización de la medicina se pintaba como un paso muy peligroso hacia el comunismo, lo que en la imaginación de la gente de a pie conjuraba visiones de médicos a los que el todopoderoso gobierno decía lo que tenían que hacer, o de colas interminables para ser operado, y la imposibilidad de obtener acceso a nuevas medicinas.

Naturalmente, nada de esto reflejaba las opiniones de Kefauver. La filosofía del senador se centraba en apoyar a los pequeños negocios y ofrecer opciones al consumidor, pero también era una forma de alta política. Sin embargo, el miedo que entrañaba aquella ofensiva publicitaria dio sus frutos, y las grandes farmacéuticas aprendieron a utilizar su argumento estrella con el público en general: que era necesario subir los precios porque la investigación médica costaba muy cara. O como dijo un profesor de política sanitaria, «se les aconsejó que cuando los senadores hablaran de los precios altos, se limitaran a mencionar la investigación, lo difícil que es y lo cara que resulta».[48] Si se retiraba la etiqueta de precio, uno se arriesgaba a no tener medicinas nuevas que resultaran efectivas.

Para políticos e intelectuales el argumento tenía muchas capas: sin medicinas nuevas el país se arriesgaba a quedar superado por otras economías. Estados Unidos era tan fuerte como sus campeones nacionales y había que apoyar a esos campeones, costara lo que costara.

Tahir Amin, que fuera abogado defensor de la propiedad intelectual, cree que esta vinculación tuvo una importancia decisiva para que la industria farmacéutica secuestrara a los organismos normativos. «Lo que sucedió en realidad fue que en Estados Unidos la industria se aferró a la idea de que eran los adalides de la innovación», me dijo. Y añadió:

> Todo esto llegó a formar parte de la batalla por impedir la existencia de un sistema público de salud en Estados Unidos. Así que hay que remontarse casi a la Segunda Guerra Mundial para encontrar el momento en que tomamos un camino diferente. En esa época la ciencia estaba en una encrucijada, y el estado aún tenía el poder necesario para hacer las cosas de otro modo. Algunos lo hicieron. En la década de 1950 la India tenía los fármacos a los precios más altos del mundo, y eso fue lo que dio al país el empuje necesario para desarrollar su propia industria farmacéutica, que en la década de 1970 incluía la práctica de no conceder patentes a los productos farmacéuticos.
>
> Pero en Estados Unidos era distinto. La innovación se considera parte del sueño americano. Así que cualquier sector que innove contribuirá también a hacer crecer la tecnología y por ende la economía estadounidense, y eso es bueno para todos. Sin embargo, tenemos que saber que con el término innovación se referían entonces a algo muy específico. Se trataba, básicamente, de hacer las cosas de un modo diferente, quizás mejorándolas de paso, pero no necesariamente. Lo principal era lograr que la gente comprara cada vez más cosas. Innovación significa más consumo, más crecimiento, no significa progreso. Pero así es como las grandes farmacéuticas justifican su poder.[49]

Los hechos parecen estar del lado de Amin. Un estudio realizado en 2020 mostraba que durante más de cuarenta años y de modo transversal en toda la industria americana, el ritmo de la innovación –valorado a través de los productos patentados– había aumentado enormemente. Pero durante este período las ganancias de esa innovación se habían distribuido de manera poco equitativa: más del 50 por ciento de las nuevas patentes concedidas en Estados Unidos habían caído en manos del 1 por ciento de los principales solicitantes. Además, la mayor parte de las patentes se generaron en sólo cinco estados: California, Texas, Nueva York, Washington y Massachusetts.[50]

En la década de 1950, sin embargo, el éxito de la industria farmacéutica a la hora de posicionarse en el corazón de la innovación significaba que las propuestas de Kefauver quedarían en entredicho. Aunque luego pasó algo que subrayó la importancia del cambio.

A finales de la década de 1950 se inventó la talidomida, que se empezó a comercializar como una especie de superfármaco. Se dijo que era un sedante que, supuestamente, curaba el insomnio, la tos y el dolor de cabeza. Y lo más importante de todo: aliviaba las náuseas matutinas propias del embarazo, con lo que se empezó a promocionar para ese fin. Pero el fármaco no se había probado con mujeres embarazadas, y en cuestión de cinco años se desató una epidemia de niños nacidos con malformaciones en las piernas y los brazos, muchos de los cuales murieron. No tardaron en vincularse estas malformaciones al uso de la talidomida durante el embarazo. Irónicamente, el fármaco nunca había sido formalmente aprobado en Estados Unidos, de manera que a muchas mujeres se lo habían administrado al participar en un programa de ensayos clínicos. En el resto de los países, sobre todo en Alemania y Gran Bretaña, hubo un gran número de afectados. Una cosa eran los precios altos, y otra muy distinta lo que acababa de pasar: con ello quedaba claro que la industria farmacéutica no estaba sometida a la normativa necesaria para garantizar la seguridad de los pacientes.

Tras el escándalo comenzaron las presiones para establecer nuevas normas, con lo que las propuestas de Kefauver protagonizaron un resurgimiento. Pero la administración Kennedy, que no tenía ganas de entrar en guerra con la industria farmacéutica, decidió despojar la propuesta de ley de Kefauver de las medidas más extremas y centrarse en la seguridad y la eficacia. El propio Kefauver fue ignorado por la mayoría, a pesar de que la última pieza de la ley llevaba su nombre. La nueva ley cambió la forma en que se aprobaban los medicamentos, y creó un sistema más fuerte para probar la eficacia de las medicinas nuevas, así como para aplicar nuevas inspecciones y certificados.

Sin embargo, a pesar de sus esfuerzos, el senador Kefauver no consiguió ir más allá en su intento de recortar el poder del sector farmacéutico. De hecho, el proyecto de ley tuvo un efecto negativo en los precios, porque las compañías farmacéuticas esgrimieron el argumento de que les costaba más fabricar sus productos, y eso sentó las bases para que en la década de 1980 se prolongaran los trámites para obtener patentes.

Kefauver moriría tras sufrir un infarto en el pleno del Senado mientras participaba en otra lucha contra los monopolios. Pero dejó un gran legado: sus intentos por reformar la industria farmacéutica los replicaron varios legisladores progresistas desde su época hasta la actualidad. La mayoría fracasaron, pero ahora han cogido el testigo políticos como Katie Porter, Elizabeth Warren y Bernie Sanders, que están más cerca que nunca de conseguir un cambio significativo.

Por otra parte, las grandes farmacéuticas han aprendido mucho de las audiencias. Reconocieron que tenían que difundir su influencia en la sociedad si querían conservar su poder. Esto consolidó el argumento de que el coste de la investigación justificaba los precios altos. Y el corolario fue un clamor con el que la industria farmacéutica presionó a los políticos: los intereses de las grandes corporaciones del sector son los intereses de la economía estadounidense en general. Pero también supuso convencer a los médicos, los estudiantes de medicina y los pacientes de que la industria farmacéutica estaba de su parte. Y eso exigía a la industria una presencia ubicua tanto en el estado como en la sociedad.

Al otro lado del Atlántico se estaba cociendo una batalla similar. También en Gran Bretaña estaba empezando a preocupar la escalada de precios de los medicamentos, sobre todo porque muchas de las medicinas que compraba el servicio nacional de salud (NHS) las fabricaban empresas extranjeras. A los gobiernos británicos les molestaba especialmente el precio de los nuevos antibióticos milagro, que consideraban invención británica. Pero como los habían patentado empresas estadounidenses se veían obligados a pagar por ellos un precio excesivo. Gran Bretaña impuso entonces las licencias obligatorias, que autorizaban a invalidar las patentes para poder comprar versiones económicas de los mismos antibióticos a Italia, por ejemplo, con un régimen más laxo en lo relativo a los productos farmacológicos. Para ello aprovecharon una disposición que todavía existe en el derecho británico, y que se conoce como «*crown use*», «para uso de la Corona». De hecho, Estados Unidos había hecho lo mismo cuando se trataba de un antibiótico, o de cualquier otro fármaco, que también tenía un precio excesivo: con ello se ahorraba al contribuyente una buena cantidad de dinero.

Entonces, en 1965, fue cuando Pfizer demandó al gobierno británico por invalidar sus patentes, con el argumento de que los fármacos que utilizaba el NHS no eran estrictamente «para uso de la Corona».[51] Los tribunales británicos discrepaban, aunque estipularon un canon del 5 por ciento para Pfizer y dejaron inconclusa la cuestión de si debería darse el mismo tratamiento a las clínicas privadas, más independientes, que a los hospitales del NHS.[52]

Pero la preocupación alcanzó tales cotas que hubo que establecer una comisión, dirigida por lord Sainsbury, para examinar la relación que existía entre la industria farmacéutica y el NHS, sin olvidar el precio de las medicinas. Sainsbury dirigió una investigación minuciosa y prolongada que incluía visitas a fábricas de medicamentos. Su comisión encontró suficientes evidencias de que los precios se habían inflado, diezmando los fondos del NHS, y propuso un conjunto de medidas bastante similares a las de su homólogo estadounidense. Así conseguirían obligar a la industria a ser transparente en lo relativo a los costes, poner coto a la venta de medicinas con su marca y establecer un comité con potestad para vigilar el sector.

Y como en Estados Unidos, también en Gran Bretaña el gobierno laborista rehuyó las propuestas. Después se legisló, y el gobierno consiguió arrancar algunas promesas de contención en los precios y más transparencia a la hora de establecerlos, aunque esto se logró más bien redefiniendo un plan de ajustes voluntario que ya existía. Pero la industria convenció al gobierno de que eliminar el nombre de la marca dejaría a Gran Bretaña en desventaja en la competición global. El gobierno aceptó entonces que las corporaciones farmacéuticas conservaran su libertad a la hora de promocionar sus productos ante los médicos, pero dejó muy claro que esperaban «una reducción sustancial en las cantidades de dinero destinadas a fines promocionales». Al final, ya en 1965, anunciaron que «el coste de representación y promoción ascendía a una media de 250 libras esterlinas en todo el país, por médico y año».

A pesar de todo, hasta el partido de la oposición, el Partido Conservador, recibió con los brazos abiertos «la extrema cautela» de que hacía gala la posición del gobierno.[53] Como en Estados Unidos, la industria había convencido al gobierno de que implantar más normas supondría la destrucción del sector. De hecho, fomentar «una industria farmacéutica fuerte y rentable» acabó por convertirse en objetivo explícito.

Pero tal como había sucedido en Estados Unidos, el modelo no prosperó. Y la cautela del gobierno tampoco llegó a tomar medidas que podrían haber revertido la situación. Es muy instructivo mirar atrás y estudiar algunos de los debates que se generaron en Gran Bretaña sobre el Valium en la década de 1970. En 1973, la Comisión de Monopolios del Parlamento británico examinó el coste que suponía el Valium para el contribuyente, y «llegó a la conclusión inequívoca de que los precios, en el Reino Unido, habían sido manifiestamente altos durante varios años y, en consecuencia, el grupo Roche había obtenido de las ventas de este fármaco en dicho país una rentabilidad que excedía en gran medida lo justificable».[54] Al comprobar que Roche había obtenido un beneficio del 60 por ciento con las ventas, con un 70 por ciento de retorno del capital invertido, la comisión ordenó que se redujera el precio del Valium y de su fármaco hermano, el Librium. Y así, aunque los gobiernos británicos –igual que los estadounidenses– se revelaron demasiado tímidos para reestructurar la industria farmacéutica de un modo significativo, se pusieron ciertos límites a la tolerancia hacia esta especulación flagrante.

Como consecuencia, el enfoque que tenía la industria de los servicios sociales de salud quedó algo desdibujado por lo contradictorio: por una parte, un NHS financiado con fondos públicos ofrecía al sector un mercado inmenso para sus productos, que costearía el estado. En efecto, incluso durante el mandato de Thatcher, cuando las expresiones «intervención del gobierno» y «subsidio» se convirtieron en tabú, el estado británico continuó apoyando a la industria farmacéutica a través del NHS. Es más: este sistema protegía a las grandes farmacéuticas de un escrutinio público indebido respecto a sus precios, porque los ciudadanos de a pie no tenían ni idea de lo caras que eran las medicinas que utilizaban.

Pero había un problema con esto: ser el mayor comprador de los nuevos productos farmacéuticos concede cierto poder a un gobierno, con lo que aumenta el interés en controlar los precios. El interés del gobierno británico en invalidar las patentes y comprar genéricos siempre que fuera posible y su capacidad para negociar directamente con la industria eran herramientas importantes que nadie dudó en aplicar. Esto le dio a la industria farmacéutica un motivo para despreciar el modelo social de salud.

En Estados Unidos las grandes farmacéuticas tendieron a oponerse a la sanidad pública. Además, hasta el día de hoy el gobierno federal tiene una capacidad muy limitada para controlar los precios, por lo que dicho país es el mercado más lucrativo del mundo para la industria farmacéutica, con unos precios mucho más altos que los que se encuentran en otros mercados avanzados. De hecho, las concesiones más destacadas que consiguió el sector en los debates sobre el Obamacare llevan incorporado este principio: el gobierno federal no podría interferir en la aplicación del precio de las medicinas.

En *Pills, Power, and Policy* Dominique Tobbell documenta esta historia de las grandes farmacéuticas después de la Segunda Guerra Mundial, y los intentos que se hicieron de regular el sector. Tobbell expone cómo aumentó su poder al construir una red de influencias que incluía a estudiantes de medicina, universidades, médicos, trabajadores sanitarios y hasta a los propios pacientes, políticos y entidades reguladoras. En cierto sentido, argumenta la autora, las farmacéuticas no fueron un mero agente externo que ejercía un poderoso influjo en los gobiernos occidentales, sino que estaba muy vinculado al propio estado. Incluso con las mejoras que se impusieron en la normativa, su eficacia se vio comprometida por el poder que ejercía la industria en el proceso normativo.

El sector farmacéutico comenzó a utilizar a los investigadores para desacreditar cualquier evidencia científica que no se acomodara a sus intereses, una táctica que según Tobbell inspiraría después a la industria del tabaco.[55] Los médicos llegaron a mostrar su preocupación por la cantidad y la calidad de la publicidad que recibían, que era ingente. Y aunque el comité de Kefauver descubrió que en Estados Unidos el gasto medio en investigación y desarrollo era poco más del 6 por ciento de las ventas, las principales corporaciones farmacéuticas gastaban entre cinco y once veces esa cantidad en publicidad y promoción. Y a medida que aumentaba el escrutinio de estas corporaciones se incrementaron las donaciones políticas y la industria se fue implicando más cada vez en asegurarse la elección de representantes en el Congreso que estuvieran a favor del libre mercado. Pero había una forma aún más perniciosa de influencia: la que se ejercía sobre académicos, científicos y universidades.

La doctora Nancy Olivieri se encuentra entre los grandes expertos mundiales en talasemia, una enfermedad de la sangre que hace que el organismo produzca muy poca hemoglobina, provocando anemia. En los casos más graves los pacientes necesitan transfusiones de sangre con frecuencia.[56] Hay fármacos que contribuyen a la mejora, pero pueden ser difíciles de administrar y en ocasiones requerir el ingreso hospitalario.

En la década de 1990 Olivieri buscaba con desesperación un tipo nuevo de fármaco que pudiera administrarse en forma de píldora, lo que facilitaría mucho la vida a los enfermos de talasemia. Y creyó haberla encontrado: una medicina que ahora se conoce como deferiprona. Y mientras trabajaba en el hospital infantil asociado a la Universidad de Toronto y dedicado ampliamente a la investigación, comenzó a hacer ensayos. Una empresa farmacéutica canadiense llamada Apotex se prestó a probarlo.

Al principio todo fue bien, pero al cabo de varios meses Olivieri empezó a ver que el medicamento podía tener efectos secundarios a largo plazo que le parecían preocupantes. Como sabía el gran paso que había supuesto el uso de las píldoras en sus pacientes, Olivieri no quería suspender los ensayos, pero consideró que era su deber informar a los pacientes de los riesgos del fármaco y corregir el formulario de consentimiento que debían firmar. Comunicó a Apotex su intención de informar a los participantes del programa. Después su preocupación se trasladó a determinados pacientes que parecían sufrir un deterioro alarmante de la función hepática, lo que la obligó a concluir que el fármaco no era seguro. También en este caso Olivieri consideró que su obligación era informar a los pacientes.

Pero Apotex no estaba de acuerdo; primero dijo a Olivieri que guardara silencio y después anunció que daba por concluidos los ensayos. Un viernes por la tarde, al volver a casa, Olivieri se encontró con un mensaje en el contestador automático del vicepresidente de Apotex, en el que decía que tenía que finalizar los ensayos y sacar el fármaco al mercado lo antes posible. Y no sólo eso: le recordaron que había firmado un acuerdo de confidencialidad en virtud del cual no podía divulgar sus sospechas sobre los fármacos ni siquiera a los pacientes. La compañía amenazaba con emprender acciones legales si lo hacía. La carrera de Olivieri pendía de un hilo.

Ese fue el comienzo de una larga campaña de desinformación, amenazas, acoso, humillación y acciones legales que podría haber lanzado a Olivieri al precipicio. Se arriesgaba a perderlo todo. Lejos de recibir de su jefe el apoyo que se le debía, Olivieri fue condenada al ostracismo y perdió su puesto y su reputación aunque le fueran restituidos tras una complicada campaña en la que expertos de todo el mundo le dieron su apoyo pidiendo justicia. Y aunque nunca se dijo que aquella fuera la causa del tratamiento que le dio su jefe, muchos dedos señalaron a Apotex, que había prometido a la universidad de Olivieri una inversión multimillonaria para construir un edificio nuevo: la donación más cuantiosa que había recibido la institución.

Olivieri se vio envuelta en numerosas batallas legales con Apotex, que tardaron más de una década en resolverse. Tanto ella como los que le apoyaron comenzaron a recibir cartas anónimas con amenazas que les hicieron temer por su seguridad. Luego se descubriría, tras tomar muestras de ADN de los sobres de aquel correo del odio, que las había enviado un colega de rango superior cuyo trabajo estaba financiando la compañía. Durante todo el proceso, él conservó su puesto.[57]

Al final Olivieri fue readmitida y declarada libre de cargos, pero una investigación independiente llegó a estas conclusiones:

> Apotex actuó contra el interés general al enviar a la doctora Olivieri una serie de apercibimientos destinados a que se abstuviera de comunicar los riesgos. [...] Estas comunicaciones de Apotex violaban el derecho de la doctora Olivieri a la libertad académica. Ni el Hospital Infantil ni la Universidad de Toronto proporcionaron el debido apoyo a la doctora Olivieri ni protegieron sus derechos, ni los principios éticos de la investigación y la medicina ni la libertad académica, durante los primeros dos años y medio de esta controversia.[58]

En 2009 Olivieri fue de nuevo relevada de su cargo en la universidad, sin motivo alguno. De investigaciones posteriores se deduce que casi inmediatamente después de su despido la universidad había comenzado a cambiar el tratamiento que se daba a los enfermos de talasemia por la controvertida deferiprona, que Apotex estaba concediendo becas de formación sin restricciones para entrar en los programas de talasemia y que con su destitución la compañía había negociado la autorización del fármaco.[59]

Desde entonces Olivieri ha dedicado su vida a intentar desvelar la insidiosa influencia que la industria farmacéutica ejerce sobre investigadores y médicos. Gracias a su determinación su historia llegó a mucha gente. Olivieri se convirtió en inspiración para la famosa novela de John le Carré sobre las farmacéuticas, *El jardinero fiel*, que después se convertiría en aclamado film protagonizado por Ralph Fiennes. En el prólogo del libro Le Carré escribió: «Me he dado cuenta de que, comparada con la realidad, mi historia es tan superficial como las postales que se escriben en vacaciones».

Estos acontecimientos obligaron al sector a cuestionarse el poder de las farmacéuticas. Y aunque el caso de Olivieri se dio en Canadá y afectaba a una empresa poco conocida, está lejos de ser el único. La propia Olivieri afirma que empezó a pensar que había tenido mala suerte, pero tras recibir centenares de cartas se dio cuenta de que en su situación se encontraban muchas personas que, simplemente, habían recibido menos publicidad. Gente que había recibido amenazas, despidos y acoso sólo por hacer su trabajo.

Un experto que ha documentado el caso establece un paralelismo con la preocupación del presidente estadounidense Eisenhower respecto a un complejo industrial militar

> cuyos lazos con el ejército estadounidense y la industria del armamento se hicieron tan estrechos que Eisenhower, al que en ningún caso cabe tachar de marxista revolucionario, se sintió en la obligación de expresar públicamente su temor por el futuro de la democra-

> cia de este país. Y no sería raro aventurar que si Eisenhower viviera hoy, tal vez se sintiera tentado a emitir un aviso similar contra los complejos industriales científicos... El papel, cada vez más influyente, de las corporaciones con fines lucrativos en la financiación de la investigación científica relacionada con la biología y la medicina es, seguramente, una tendencia que amenaza con minar los valores tradicionales de la ciencia y la confianza pública en nuestras universidades y sus programas de investigación, así como en los hospitales universitarios, dedicados a la formación.[60]

Apotex no es tan grande como Pfizer, y de hecho fabrica más medicamentos genéricos que otra cosa. En otros aspectos su conducta fue similar a la de las empresas de primera división con presencia global: una historia de adquisiciones de firmas pequeñas y un presupuesto impresionante para hacer frente a las batallas legales sobre patentes. Hasta 2017 Apotex estaba capitaneada por Barry Sherman, un millonario que también tenía grandes inversiones en un casino, una mina de oro, propiedades inmobiliarias de uso comercial, una empresa de joyería y películas de serie B. En ese año Sherman y su esposa resultaron brutalmente asesinados en su casa.[61] Nadie fue condenado por el asesinato, pero la especulación es libre. Sherman había perjudicado a un montón de gente.

Sin embargo, los factores que hay detrás del caso Olivieri tienen más peso que las personas implicadas. Y son sistémicos, porque emanan del hecho de que la investigación depende cada vez más de un grupo de corporaciones con importantes intereses propios. Hoy en día se anima a las universidades a que entren a formar parte de «asociaciones» con grandes corporaciones, lo que permite a estas empresas, ya sea de modo directo o indirecto, establecer prioridades, supervisar el diseño de los proyectos de investigación, poner fin a los que no les convienen, encargar a escritores anónimos artículos que luego firmarán reputados científicos, y ejercer su influencia en los nombramientos. Como dijo un académico: «A fin de cuentas y en términos generales no puede beneficiar a nadie tener una agenda de investigación dictada por el mandato empresarial de la rentabilidad a corto plazo».[62]

Los problemas que acarrea el control de la industria sobre la investigación se extienden también al proceso de aprobación de la normativa. Olivieri es muy crítica con la prisa por aprobar la deferiprona que manifestó la FDA –el organismo regulador estadounidense–, por mucho se tratara de un fármaco de último recurso. Afirma que la decisión iba contra el reconocimiento, por parte de la propia FDA, de que las evidencias que ella aportó eran válidas, mientras la aprobación se basó en una evidencia de eficacia muy poco robusta: «Cuando le preguntaron si la FDA había emitido alguna vez una aprobación basándose en datos de escasa firmeza, un funcionario de la organización respondió: "No que yo sepa. Lo que sí quiero dejar claro es que esto no supone un precedente"».[63] Posteriormente se aprobó otro fármaco para tratar el alzhéimer en un movimiento también controvertido: la FDA pasó por alto la opinión casi unánime de su propio comité asesor, provocando la dimisión de tres de sus miembros. El fármaco tiene en Estados Unidos un precio de 56.000 dólares anuales por persona, y aunque el fabricante del medicamento tiene que demostrar su eficacia durante la próxima década, eso es tiempo de sobra para obtener grandes beneficios.[64]

Naturalmente, este no es argumento para perder tiempo cuando se trata de aprobar un fármaco. Algunas enfermedades son realmente inusuales y presentan síntomas muy graves. Si hay evidencias razonables de que un fármaco nuevo puede representar un avance, parece perverso esperar a tener certeza antes de facilitárselo a quienes más lo necesitan. La pregunta principal, como sucede con casi todo en la producción de medicamentos, es quién maneja los hilos.

Una buena parte de la financiación de la FDA procede de las tasas impuestas a las corporaciones que buscan la aprobación de sus fármacos: las empresas a las que la FDA debería rendir cuentas.[65] Y la gran mayoría de los fondos para la revisión de fármacos procede de la propia industria. Lo que busca la FDA con este cambio de modelo es agilizar la aprobación de las medicinas, pero esto ha suscitado serias preocupaciones en un sentido: ¿y si la FDA abriese la mano cada vez más a la hora de aprobar un medicamento apoyándose en una evidencia insuficiente de sus beneficios? La periodista Caroline Chen afirma que la FDA «está dando vía libre, cada vez más, a fármacos muy caros, a pesar de que sus efectos colaterales se conocen poco, de que se sabe que entrañan riesgos o de que apenas tienen evidencia de que sean eficaces en la mejora o en la curación de la enfermedad». Y pone el foco en el hecho de que el propio organismo regulador se haya convertido en una sociedad público-privada.[66]

«Muy poca gente pobre se beneficia del potencial que ofrecen las medicinas modernas», decía un libro publicado en 1982 por Dianna Melrose con el apoyo de Oxfam y que tuvo gran influencia.[67] *Bitter Pills* («Píldoras amargas») lanza una letanía de cargos contra la industria farmacéutica de la segunda mitad del siglo XX y su impacto en el Sur Global o, como se decía antes, el Tercer Mundo. Para la mayor parte del mundo, al menos, la idea de que la edad dorada de la investigación farmacéutica estaba liderada por corporaciones preparadas y socialmente responsables está muy lejos de la realidad. Para la industria farmacéutica de posguerra, el mundo en vías de desarrollo era irrelevante. Los mercados eran muy limitados y los beneficios potenciales demasiado reducidos para justificar que se dedicaran recursos de investigación a enfermedades que afectaban sobre todo a esos países.

Pero ello no significó que esos países –la mayor parte del mundo, por supuesto– salieran menos perjudicados por la industria: significó que quedaron en el olvido ciertas enfermedades que podrían haberse tratado perfectamente con los conocimientos médicos existentes. Y como las grandes farmacéuticas buscaban mercados más lucrativos, las llamadas «enfermedades de la pobreza» se convirtieron en objetos de investigación menos importantes que las dolencias menores que sufrían los que tenían dinero en mercados de consumo «avanzados»: por ejemplo, la pérdida de cabello.

Pero también es cierto que algunas medicinas occidentales fueron de enorme utilidad en esos países, aunque fuese difícil acceder a ellas y resultasen muy caras. En ese momento tres cuartos de la población del Sur Global sólo tenía acceso a aproximadamente un 20 por ciento de los fármacos que había en todo el mundo, un 15 por ciento si sacamos a China de la ecuación. Melrose cita a un médico indio que explica muy bien la situación:

> La industria farmacéutica, como cualquier otra industria, produce sólo la cantidad de fármacos que pueden venderse a un precio de mercado que dé unos beneficios razonables, sin tener en cuenta las necesidades de la gente. Nuestra población está constituida por gente mayoritariamente muy pobre. Y es justo este porcentaje de pobres el que precisa más atención médica y, por lo tanto, más cantidad de medicamentos. Pero como es gente que no tiene dinero para comprarlos, la industria no la tiene en cuenta.[68]

Cuando había medicamentos disponibles, su precio solía estar fuera del alcance de la mayor parte de la población, sobre todo porque muchos fármacos se importaban del mundo rico. Aunque la industria farmacéutica en su conjunto era muy grande y bastante diversa, un 90 por ciento del comercio de medicinas lo concentraban unos 100 fabricantes, la mayoría multinacionales de Occidente. El coste de estos fármacos aumentaba rápidamente, igual que en Occidente, pero al tener que pagarlos en divisa extranjera el problema se agravaba en los países con una inflación elevada o con su moneda devaluada.

Ya hemos visto que la industria farmacéutica desarrolló una lógica aplastante para justificar sus elevados precios, sobre todo por la necesidad de innovación, lo que a su vez incentivaba la producción de muchos más productos prácticamente iguales. Cuando se añade a esta ecuación que la mayoría de los países del Sur Global no tenían nada que ganar con estos medicamentos, resulta especialmente injusto que estuvieran pagando por esas supuestas innovaciones. Según un analista especializado, del gasto total en investigación y desarrollo –unos 5.000 millones en 1980– la industria farmacéutica internacional destinó sólo el uno por ciento a esas enfermedades que afectan de manera específica al Tercer Mundo.

Por otra parte, las medicinas se vendían en muchos casos sin tener en cuenta las normas básicas de seguridad. Este último punto fue, en el momento, una de las principales preocupaciones de agencias como Oxfam. «En los puestos de los mercados al aire libre del Volta superior (Burkina Faso) se exhibían para su venta cápsulas de antibióticos rojas y amarillas junto a caramelos igual de coloridos. La gente más pobre compra una o dos cápsulas cuando las necesita», escribe Melrose. Tomemos un ejemplo diferente:

> En 1980 gobiernos y agencias humanitarias de todo el mundo respondían al lamento del pueblo de Kampuchea enviando un aluvión de fármacos que habían acumulado con toda su buena intención. Todas mezcladas, etiquetadas en docenas de idiomas diversos, se produjo un caos enorme. Al no existir un equipo de farmacéuticos políglotas con capacidad para clasificarlas, gran cantidad de medicamentos potencialmente útiles e inútiles acabó en la basura.[69]

Cuando ha golpeado la enfermedad, los más pobres han intentado todo lo que estuviera en su mano: se han gastado en medicinas todo lo que tenían, un dinero que más les hubiera aprovechado gastándolo en comida, en agua o en instalaciones de saneamiento que en medicinas carísimas. Y como esas medicinas estaban en muchos casos exentas de todo control, la gente ni siquiera las tomaba adecuadamente.

Y esto también afectaba a la toma de medicinas que en Occidente se habían considerado ineficaces o que se habían retirado del mercado por los riesgos que entrañaban, dado que «cuando se toma la decisión de retirar de la venta un fármaco en Europa o en Estados Unidos, la evidencia ha demostrado que nunca lo retiran los fabricantes, por voluntad propia, de la venta en el Tercer Mundo». O como dice Melrose: «Algunos fabricantes del Primer Mundo parecen haber fomentado activamente el mal uso de antibióticos poderosos y potencialmente peligrosos para curar infecciones leves», y pone el ejemplo de la venta de un fármaco para la diarrea a madres con hijos deshidratados. E insiste en que lo que necesitaban esos bebés era agua, y de hecho las medicinas a las que se hace alusión podrían haber contribuido a enmascarar algunos síntomas de deshidratación, razón por la cual no se prescribieron a los bebés del Reino Unido. Pero las corporaciones farmacéuticas, por supuesto, no van a recomendar agua cuando pueden vender pastillas.

El gasto en publicidad ha sido muchas veces importante. Por poner un ejemplo: Melrose advirtió que la cantidad que las empresas farmacéuticas gastaban al año en Tanzania para «instruir» a los médicos sobre las medicinas que debían prescribir era más del presupuesto anual asignado a la Facultad de Medicina, cuyo cometido es instruir a los médicos en otros ámbitos, incluido el uso adecuado de los fármacos.[70] Pero más insidiosos eran los anuncios publicitarios de la India, concebidos para desacreditar los medicamentos genéricos, más económicos, que el Gobierno indio estaba tratando desesperadamente de promocionar.

Nos gustaría pensar que este comportamiento es el resultado de una época menos preparada, pero en la actualidad los abusos continúan. En 2002 trabajé con el cómico y activista Mark Thomas y con Médicos Sin Fronteras en un programa de televisión sobre el *dumping* de medicamentos, un fenómeno que ha permitido a las corporaciones farmacéuticas aprovechar los vacíos fiscales para deshacerse de las medicinas inútiles o caducadas, que envían a los países más vulnerables, a veces sumidos en un desastre humanitario.[71] Esto salía más barato que pagar por destruir las medicinas, sobre todo porque las compañías implicadas podían beneficiarse de un alivio fiscal al aducir que se trataba de una donación, al tiempo que recibían todo tipo de elogios por su altruismo.

Las medicinas que habían caducado –muchas de ellas hacía varios años– o que contenían instrucciones en un idioma que no se hablaba en el país de destino no eran pocas. En algunos casos las consecuencias de esta práctica podían ser graves, pues se recetaba a la gente una medicina que no era la adecuada. El informe contenía datos relativos a toneladas de fármacos inútiles, como estimulantes del apetito que se entregaron en Sudán en plena hambruna, o implantes de silicona para el pecho que se enviaron a los servicios sanitarios de Malawi.

Los países en vías de desarrollo tienen otra utilidad para las compañías farmacéuticas: sirven de plataforma de pruebas. Tal vez el ejemplo más famoso sea el de Kano (Nigeria) durante un terrible brote de meningitis. Desesperada por probar un fármaco nuevo que nunca se había utilizado en niños, Pfizer aprovechó la circunstancia y envió algunos científicos a la zona. El *Washington Post* describió así el campamento médico de Kano, en plena epidemia:

> Tras un portón asediado por una multitud de dolientes había dos clínicas muy distintas: una institución humanitaria, Médicos Sin Fronteras, había levantado un centro de tratamiento destinado únicamente a salvar vidas. Después los investigadores de Pfizer Inc., una gran empresa farmacéutica estadounidense, levantaron otro. Estaban aprovechando la epidemia de meningitis que asolaba Nigeria para ensayar en niños un fármaco que Pfizer consideraba un antibiótico nuevo prometedor y que aún no se había aprobado en Estados Unidos.[72]

Murieron algunos de los participantes de ese ensayo, unos a los que se había administrado el medicamento nuevo de Pfizer y otros que tomaron el fármaco habitual. Otros niños sufrieron daños permanentes en brazos y piernas. Pfizer asegura que no fue el fármaco lo que les mató, sino la meningitis. A fin de cuentas, es una enfermedad terrible y había una epidemia. Pero como cada vez alzaban la voz más padres, cada vez más periodistas e investigadores se interesaron por el caso, y aumentó el desasosiego. Parecía que Pfizer había procedido de un modo muy distinto al que hubiera estado obligado a seguir en Occidente. En el centro de la preocupación estaba el doble rasero en materia de consentimiento y respeto que Pfizer parecía haber aplicado en Kano. No se ofrecieron formularios de consentimiento informado a los pacientes.[73] Pfizer se limitó a decir que no había sido posible, porque los padres no sabían inglés y no podían hablar ni escribir. Pero algunos de los padres afectados negaron este punto.

Hubo, además, mucha controversia respecto a las dosis administradas y al hecho de que Pfizer no modificara el fármaco cuando vio que no funcionaba, aparte de irregularidades en los datos y en la decisión de lanzar un experimento con tal premura en una circunstancia tan complicada. Como dijo una enfermera que trabajaba para Médicos Sin Fronteras en la epidemia de Kano, «en una epidemia, que es una situación en la que hay un porcentaje alto de personas que van a morir, no se pone uno a hacer experimentos. Estamos hablando de seres humanos.»[74]

Quizá la evidencia más irrecusable fue un escrito que envió un especialista de Pfizer en enfermedades de la infancia al director del programa, en el que se quejaba sin paliativos de aquel ensayo.[75] Como consecuencia, fue despedido.

No parece que haya forma de probar si las muertes y otros efectos colaterales fueron resultado de los ensayos o de la enfermedad de base contra la que se intentaba luchar. Pero Pfizer fue demandada por las familias, que consideraron que la corporación había actuado al margen de la ética.[76] Además, el fármaco nunca se autorizó para uso pediátrico en Estados Unidos. Un informe secreto del gobierno nigeriano concluía que Pfizer había llevado a cabo «un ensayo ilegal de un fármaco no registrado».[77] Hasta el día de hoy los habitantes de Kano han mostrado su escepticismo hacia las medicinas occidentales, lo que dificultó la introducción de la vacuna contra la COVID-19. Un estudiante universitario de la zona dijo al *Washington Post*: «Con lo que pasó aquí, no me fío de nada que venga de Occidente».[78]

Tal vez lo más horrendo de todo ha sido ver que Kano no fue un caso aislado. Una investigación que el *Washington Post* llevó a cabo en la época para detectar experimentos con fármacos en África, Asia, Europa del Este y Latinoamérica reveló la existencia «de un sistema de ensayo que va en aumento, con escasa regulación y dominado por intereses privados que nunca cumple lo que promete a pacientes y consumidores. Son experimentos realizados con medicamentos de riesgo y con escasa información independiente, en pacientes pobres y sin formación que en muchos casos se someten a ellos sin ser conscientes de que los usan como conejillos de indias. Y todas las promesas de atención médica de calidad acaban revelándose, fatalmente, huecas.»[79]

El período de posguerra no puede considerarse precisamente la edad dorada de la responsabilidad social y el comportamiento ético por parte de las farmacéuticas. Fue un momento en que se levantaron imperios y la industria hundió sus raíces en todos los aspectos de la sociedad, con el fin de afianzar su dominio. El argumento clave, que se utilizó una y otra vez, fue la afirmación de que su investigación de primera línea representaba un activo nacional y dotaba de un aura de competitividad a escala internacional al país donde se estableciera su cuartel general. Y según el mismo argumento, no había diferencias entre los intereses del sector farmacéutico y los intereses económicos nacionales del estado.

Lo que comenzó siendo un debate, en tiempos de la Guerra Fría, sobre la necesidad de desarrollar la tecnología necesaria para superar al bloque oriental, sirvió también durante la crisis económica de mediados de la década de 1970: con todos los países sumidos en la recesión económica no tenía sentido matar a la gallina que tantos huevos de oro había puesto, o al menos esa era la normativa imperante. Además, lejos de censurar los beneficios desmesurados que obtenía la industria, los gobiernos deberían celebrarlos, y darse cuenta de que la imposición de una normativa sofocaría la innovación que tan necesaria era para crecer.[80]

Estos debates sentaron las bases para las dos principales normas estadounidenses que afectarían a la industria de 1960 en adelante. La primera fue la Ley de Bayh-Dole, aprobada en 1980, que dio a instituciones privadas el derecho a patentar su trabajo siempre que sus descubrimientos hubieran sido encargados y financiados por el gobierno. Antes de eso cualquier descubrimiento era propiedad del estado o bien de dominio público. Esto hizo que aumentara el número de patentes concedidas a diestro y siniestro. Según un informe del instituto de investigación Common Wealth, «en Estados Unidos la Oficina de Patentes y Marcas tardó 155 años en conceder sus primeros cinco millones de patentes, y sólo 27 años en expedir los siguientes cinco millones. Y sin embargo, es escasa la evidencia de que en ese período de 27 años se produjera una gran explosión de invenciones innovadoras.»[81]

En 1984 se aprobó la Ley de Hatch-Waxman. Aunque su preocupación era, en teoría, facilitar el registro de medicamentos genéricos, esta ley dio a los titulares de las patentes una herramienta más precisa para asegurar la exclusividad en el mercado y prolongó el período de vigencia de las patentes, con lo que se aceptaba de modo implícito el argumento de que la normativa anterior había reducido la posibilidad de que las grandes farmacéuticas obtuvieran beneficios.

Pero estas leyes no se limitaron a dar más poderes a las grandes corporaciones farmacéuticas: también contribuyeron a cambiar la naturaleza de la industria. Ya hemos visto que a partir de 1950 fueron el *marketing*, la publicidad y las relaciones públicas los que se llevaban la mayor cuota del presupuesto de la industria farmacéutica, superior a la destinada a investigación y desarrollo. Sin embargo, esa investigación se encontraba en el centro del poder de la industria junto con la base de producción. Ambas combinadas eran los principales activos de la industria. Lo que ocurrió después lo cambiaría todo.

A partir de la década de 1980 –lo mostraré en el próximo capítulo– tuvo lugar una transformación económica que fue mucho más allá de la industria farmacéutica. Se impuso una nueva mentalidad económica, que abrazaron con entusiasmo Ronald Reagan en Estados Unidos y Margaret Thatcher en Gran Bretaña. La idea del intervencionismo gubernamental, incluso como último recurso, se consideraba una locura. En el futuro se depositaría toda la confianza en las corporaciones y en su capacidad para autorregularse. Los mercados se consideraban el mejor mecanismo para tomar decisiones económicas y sociales. Los mercados financieros se veían como la forma más pura de mercado, y su influencia se iba a expandir y a superar los límites de la economía, provocando una sacudida muy necesaria en el sector público, considerado ineficaz e inútil.

Lo más importante para esos mercados financieros no era la investigación y la producción, sino la propiedad intelectual que quedaba en manos de las corporaciones. La investigación y la producción pasaron a un segundo plano. Los investigadores fueron sustituidos por abogados y financieros. Para la sociedad en general esto abría una profunda grieta en la financiación de las investigaciones, que al menos en parte tendría que compensarse con fondos públicos. En el ámbito de la producción la grieta se cubrió gracias a países como la India. Pero esos avances eran muy irregulares, y las grandes farmacéuticas aprovecharon su poder político para garantizarse el control absoluto.

En consecuencia, las corporaciones nos tenían cogidos por las solapas: para empezar, cada vez destinaban menos recursos a hacer lo que las había convertido en un factor útil a la sociedad, pero seguían teniendo el control de la producción de medicinas. Como veremos después, la naturaleza disfuncional de esta relación se vio claramente cuando los gobierno se vieron obligados a aumentar los recursos destinados a investigación y producción de medicamentos para la COVID-19 en 2020.

Hoy, por primera vez desde 1970, podemos encontrarnos en un punto de inflexión en el que tendríamos la posibilidad de rediseñar el sistema de producción de medicinas, despojando de su poder a estos gigantes farmacéuticos. Porque en definitiva, a pesar de todos sus centros de poder, el sector farmacéutico depende de la buena voluntad política. Y esa buena voluntad no abunda. La revista *Lancet* se hizo eco de los editoriales publicados en muchos periódicos de todo el mundo durante los dos últimos años, cuando poniendo la mira en el núcleo del modelo operacional del sector farmacéutico, afirmó: «La motivación de lucro de los actores de dentro y de fuera del sistema de atención sanitaria continuará generando un exceso de producción de fármacos adictivos que revestirá un gran perjuicio, a menos que se reformen de raíz los sistemas regulatorios».[82]

La publicación se había fijado en la manera en que el poder del sector farmacéutico estadounidense –tanto a escala federal como estatal, en organismos reguladores, en universidades, o en el sector farmacéutico, en grupos en defensa de los pacientes e instituciones profesionales– había desempeñado un papel destacado en el empeoramiento de la crisis de opioides. Hay un ejemplo especialmente escalofriante:

> Cuando la Drug Enforcement Administration estadounidense advirtió que las empresas de distribución de opioides estaban violando la ley al no informar de los ingentes cargamentos sospechosos que llegaban a ciertas comunidades, dichas empresas pidieron al Congreso que aprobara una ley recortando el poder de la organización para llevar a cabo dichas investigaciones. La industria farmacéutica aportó 1,5 millones de dólares a las campañas de 23 políticos que patrocinaron la nueva ley, incluidos 100.000 dólares para Tom Marino, que lideró la aprobación de la ley en la Cámara de Representantes.[83]

El informe ofrecía una serie de recomendaciones detalladas sobre cómo resolver el problema, como recortar la actividad promocional, limitar la influencia de la industria sobre la formación de los médicos, cerrar la puerta giratoria entre legisladores e industria, y que el gobierno se encargara de hacer un seguimiento de la producción de fármacos y reducir los riesgos. Además, señaló específicamente la necesidad de «poner topes a las donaciones políticas [e] impedir a la industria farmacéutica que financiase de manera encubierta a las organizaciones que la apoyaban». Estas propuestas, como las del senador Kefauver hace sesenta años, golpeaban la línea de flotación de la estructura estado-industria que protegía a las grandes farmacéuticas. Aunque muchas de las recomendaciones iban dirigidas al gobierno estadounidense, el informe podía aplicarse a todos los países que habían acogido a las principales farmacéuticas.

Voy a finalizar este capítulo con las palabras de Diarmaid McDonald, del grupo para la defensa del paciente Just Treatment (Tratamiento justo), porque me dan esperanzas, ya que demuestran que en último término el poder de la industria es limitado y podemos desafiarlo. Esto es lo que me dijo:

> Puedes retirar los beneficios fiscales, la normativa de apoyo, la financiación pública, lo que quieras: la mayor parte de las industrias podrán seguir funcionando. Pero si las despojas del espacio regulador que confiere a las grandes farmacéuticas el poder que tienen, su modelo de negocio se desmorona, porque sus beneficios y sus precios astronómicos se basan en una escasez creada artificialmente por monopolios protegidos por el estado. Eso es todo. Por ese motivo gastan tanto dinero en tratar de influir en el proceso político.[84]

2

Un fondo de cobertura *a una farmacéutica pegado*

En 2007 el fabricante de coches de lujo Porsche se encontraba celebrando sus éxitos. Su líder, Wendelin Wiedeking, había sacado a la compañía del estancamiento –en ese momento la empresa sólo daba pérdidas y estaba ya en las últimas– y la había convertido en una de las compañías más rentables del mundo. A finales de 2007, Porsche anunció unos beneficios de más de 5.000 millones de euros.[1]

Pero por muchos éxitos que hubiera cosechado Porsche, una inspección detallada de las cuentas de la empresa mostró que las cosas no eran lo que parecían. Algunos periodistas financieros revelaron que la empresa había obtenido en derivados de operaciones de compraventa el triple de lo que había ganado vendiendo coches. Un año después esa ratio se había exacerbado aún más.[2] La BBC informó de que la automovilística había ganado en bolsa seis veces la cantidad que había obtenido vendiendo coches. De hecho, el artículo citaba a conocedores del tema que afirmaban, medio en broma, que Porsche se había convertido en «un fondo de inversión que tenía "adosada" una empresa que fabricaba coches».[3]

Porsche había estado comprando acciones de Volkswagen bajo cuerda, en un intento de absorber a dicha empresa, mucho mayor, haciendo que su precio en bolsa aumentara en el proceso.[4] Pero para poder financiar esta adquisición la compañía se había endeudado hasta arriba. De hecho, el volumen de la deuda en el momento en que se produjo el derrumbamiento de la compañía, en 2008, acabó con el fracaso de la adquisición. A pesar de todo, durante el tiempo que duró este entramado, Porsche estuvo sentado sobre una montaña de acciones sobrevaloradas que según el papel representaban una fortuna para la empresa, pero quedaría en nada en cuanto Porsche tratara de convertirlo en efectivo.

A principios de 2008, en pleno cénit de la exuberancia financiera en la economía global, la fabricación de coches de lujo era una actividad lucrativa. Pero como expone un analista, «el negocio de los coches era bueno, pero la ingeniería financiera era mejor aún».[5] Y eso era una estupenda noticia para el CEO de Porsche, Wiedeking, que había negociado un contrato que vinculaba su sueldo a los beneficios de la compañía, lo que significaba que en todas esas negociaciones financieras le llevaron a ser el ejecutivo mejor pagado de Alemania. Incluso cuando a Wiedeking se le acabó el juego y el negocio se vino abajo, dejando a Porsche con una deuda de 10.000 millones de euros, recibió un finiquito de 50 millones de euros. A pesar de todo, un periódico financiero publicó: «[Wiedeking] valía todo lo que costó».[6]

El caso de Porsche se convirtió en una *cause célèbre* entre todos los interesados en una nueva tendencia de la economía global conocida como financierización. Aunque muchos de nosotros no tengamos ni idea de cómo lleva a cabo sus operaciones un fabricante de coches de lujo, el ejemplo de Porsche no era en absoluto el único. De hecho, en toda la economía se estaba apreciando una tendencia similar. Y eso importaba no sólo a escala individual, como empresa, sino también en la economía y en la sociedad en general, donde tuvo un enorme impacto.

El término financierización ha sido muy cuestionado, y se han escrito miles de páginas de investigación académica para intentar definirlo. Es un debate que no se va a abrir aquí, pero sí voy a explicar con detalle algunos de los cambios que tuvieron lugar en el sector farmacéutico.

Aunque es difícil imaginar la financierización sin la existencia de un sector bancario grande y poderoso, el proceso no se limita en absoluto a él. Gran Bretaña ha disfrutado de un sector financiero más que poderoso durante muchas décadas, pero eso no se tradujo en una financierización de su economía hasta la década de 1980. La financierización se refiere a la extensión de la lógica de los mercados financieros más allá de los bancos, afectando a la economía en general. Esto supone que cada vez más aspectos de nuestra economía y una cuota mayor de la sociedad tienen una motivación financiera, porque todo lo que valoramos se trata como si fuera un mercado financiero gigantesco.

Cuando la lógica de las finanzas alcanza y domina sectores que no son financieros, las empresas reciben cada vez más presión por parte de los inversores, que son los mayores propietarios de sus paquetes de acciones, o por sus acreedores, para que den prioridad al aumento de los beneficios por encima de cualquier otra consideración. Por su parte, los accionistas muestran cada vez menos interés en invertir en una industria o un sector específico, y tienden a hacerlo en lo que dé los mayores beneficios. Esto está más cerca de la especulación pura y dura, porque juega con el aumento y la caída de los precios, que de la inversión a largo plazo, y obliga a las compañías a competir entre ellas por unos beneficios cada vez más altos.

Naturalmente, en una economía capitalista los beneficios siempre han tenido su importancia para cualquier empresa, pero la financierización es otra historia. Mientras en otros tiempos una empresa farmacéutica competía sobre todo con otras empresas farmacéuticas por fabricar medicinas más rentables, en la economía moderna –y tanto para inversores como para acreedores– las farmacéuticas compiten contra todas las empresas de la escena, independientemente de que fabriquen coches o galletas u ofrezcan servicios financieros. No se las juzga por el nivel de los productos que fabrican, sino por los beneficios a corto plazo que pueden generar sus operaciones para los inversores. Y si para obtener un mayor beneficio hay que recurrir a derivados de operaciones de compraventa, a absorber otra empresa o liquidar sus activos, o a negociar con las propias acciones para mantener alto su precio, que así sea: la economía financierizada dicta que las empresas procedan así en lugar de producir algo tangible.[7]

Esto significa no sólo que las empresas automovilísticas puedan hacer más dinero comprando acciones que fabricando coches, sino que los supermercados pueden obtener más beneficios comprando y vendiendo terrenos, o las empresas de telefonía móvil pueden ganar más vendiendo seguros que vendiendo teléfonos. Miremos donde miremos, la especulación y la renta se convierten en una apuesta de inversión más interesante que cualquier actividad productiva.

¿Y eso importa? Sí, porque distorsiona el objetivo de inversión de una empresa, y porque más que crear una mano de obra más sofisticada o una planta más productiva, lo que ocurre es que se vierte el dinero en sectores de la economía absolutamente improductivos que, a su vez, incrementan aún más su valor. Esto contribuirá también, por ejemplo, a cambiar lo que los jóvenes deciden estudiar o dónde desean emplear su talento. En otras palabras, altera el modo en que nuestra sociedad emplea sus recursos.

La financierización no sólo cambia la forma que tienen las empresas de pensar y actuar: cambia también la actitud de los gobiernos. Bajo el dominio de la financierización los mercados financieros se han convertido en la respuesta a todo, desde la financiación de la atención sanitaria hasta la lucha por detener el cambio climático, incluso aunque los problemas sociales se atiendan mejor con una mayor regulación de las finanzas y no con una mayor liberalización.

La financierización también representa que circula por el mundo un mayor flujo de dinero: mucho, mucho más dinero. Antes pensábamos en la globalización de las décadas de 1980 y 1990 como un factor que incrementaba exponencialmente el turismo, pero se trataba más bien de un incremento del poder financiero. Entre 1980 y 2007 los flujos de capital internacionales aumentaron de 500.000 a 1.200 millones de dólares.[8] En 1973 la ratio del valor de las transacciones en moneda extranjera respecto al comercio global era de dos a uno; en 2004 había subido a noventa a uno. Y en 2017, mientras el valor total del comercio global era de 18 billones de dólares *al año*, las transacciones en moneda extranjera que estaban haciendo posible este comercio ascendían a 5,1 billones de dólares *al día*. En otras palabras, este dinero no fluye para hacer posible la producción y distribución de mercancías, sino que se ha convertido en un fin en sí mismo, diezmando en el proceso el valor de la producción. El aumento de la movilidad y la escala del dinero que circula por el mundo ha dado lugar a una enorme volatilidad de la economía global, con crisis más frecuentes cuyo coste lo pagan, de un modo desproporcionado, los más pobres.

Al final lo que hace la financierización es crear más deuda. A partir de la década de 1970 la deuda se ha inflado no sólo a escala gubernamental, sino también a escala doméstica, en los hogares –tarjetas de crédito, anticipos del sueldo, hipotecas y créditos para la universidad– y en el sector corporativo, donde las empresas utilizan sus deudas, cada vez más, para financiar sus operaciones y enriquecer a sus accionistas. En 2021 la deuda global era de 226 billones de dólares, más de dos veces el valor de la economía mundial.[9]

Esto tiene graves consecuencias en la estabilidad económica, pero en el ámbito político la deuda también es importante porque ofrece un mecanismo para poner cierta disciplina en la economía.[10] Para pagar una deuda uno tiene que hacer lo que exigen los acreedores: ganar tanto dinero como sea posible, sin importar las consecuencias. Es más: la lógica financiera se aplica por la fuerza a gobiernos, empresas y hogares a través de la deuda. El poder de la deuda ha desempeñado un papel importante, como veremos, a la hora de sentar las bases de la economía neoliberal desde la década de 1990 hasta hoy.

Tal vez no sea una sorpresa que esto haya exacerbado las desigualdades, tanto entre países como entre los habitantes de un mismo país, porque los que tienen el capital tienen la capacidad de prestarlo, mientras los que no lo tienen deben pedirlo prestado. Así, los que lo tienen se hacen más ricos, y aunque la deuda permite a los que no lo tienen seguir gastando, porque así mantienen a flote la economía de consumo, las desigualdades subyacentes continúan empeorando, cada vez más. En efecto, esto permite posponer el momento de enfrentarse a las desigualdades, al tiempo que las agudiza.

Volveré más tarde al tema de las implicaciones sociales de la financierización, pero ahora vale la pena detenerse y destacar que este proceso ha tenido consecuencias muy graves para la sociedad. Ha cambiado la actividad económica, que antes dependía de la producción y la invención basadas en una mano de obra con formación y talento y ahora es un modo de hacer dinero con el dinero y que se conoce como la economía del rentista: la riqueza se produce a partir del dinero y no por producir algo tangible. Por otra parte, esto ha desplazado el poder del trabajo hacia el poder del capital, de la gente de a pie a los superricos, con profundas implicaciones en la estabilidad económica, en nuestros derechos democráticos e incluso en la forma en que los individuos perfilan su papel en la sociedad.

Un equipo de investigadores de la Universidad de Sheffield entre los que se encontraba el activista radical Richard Murphy, contable y defensor de la justicia fiscal, estudió con detalle cómo ha afectado este proceso de financierización a diversas compañías no financieras.[11] Su trabajo es importante para entender lo que supone esto para el sector farmacéutico. Han destacado tres cambios fundamentales en el funcionamiento de las empresas.

En primer lugar, las empresas han empezado a dar mucha más importancia a pagar a los accionistas. En los últimos veinte años más o menos hemos visto que accionistas e inversores han recuperado con creces su inversión. El equipo investigador observó que una gran empresa de las muchas que hay en Estados Unidos había entregado el 87 por ciento de sus ingresos a accionistas en la década que precedió a 2019. Es una cantidad respetable, un dinero que no puede reinvertirse ni gastarse en mejorar el negocio. En el otro extremo las cosas están aún peor: en una considerable minoría de casos los beneficios de los accionistas *superaron* a los beneficios obtenidos por la empresa en cuestión.

Las corporaciones farmacéuticas son un ejemplo especialmente extremo de esta situación. En un estudio aparte, que sólo tuvo en cuenta las compañías que figuraban en el mercado británico de valores, dos gigantes farmacéuticos con sede en Gran Bretaña –GlaxoSmithKline y AstraZeneca– se encontraban dentro de esa categoría: pagaron a sus accionistas más del 100 por cien de sus ingresos netos.[12] Yo repetí el ejercicio con los resultados, correspondientes a los años 2016-2020, de las cinco empresas que estudiaré en este capítulo: AbbVie, Gilead, Pfizer, GSK y AstraZeneca. Todas ellas pagaron a sus accionistas en ese período de tiempo más dinero del que habían ingresado, en el caso de AbbVie, hasta un 165 por ciento.[13]

Parece una contradicción: ¿cómo puede una corporación pagar a sus accionistas más dinero del que ha ganado durante el año? Esta pregunta puede tener varias respuestas, pero posiblemente las acertadas sean el segundo y el tercer rasgo de la financierización de los que identifican los investigadores de Sheffield: el crecimiento del efectivo y la deuda y el crecimiento de algo llamado «bienes intangibles».

Ya he mencionado antes la deuda. La financierización ha contribuido a que se inflen las deudas baratas y, en ocasiones, muy arriesgadas. Normalmente, cuanto mayor es una empresa, más dinero puede pedir prestado, y en el marco de nuestro modelo económico pedir dinero prestado tiene muchos incentivos. En teoría, las empresas emplean la deuda para invertir y propiciar una recuperación adecuada de lo invertido, lo que permite saldar la deuda y obtener un beneficio razonable. En la práctica, pueden emplear la deuda para costear la bonanza de sus accionistas y establecer la diferencia entre lo que la compañía está ganando en un año en concreto y lo que va a entregar a sus accionistas. También pueden utilizar la deuda para ganar influencia, adquirir empresas de la competencia y, en consecuencia, crecer más y aumentar su poder. Esto puede atraer o no a nuevos accionistas. Utilizar la deuda para pagar a los accionistas en lugar de invertir en mejorar la empresa no es una buena estrategia a largo plazo, si lo que se busca es tener una empresa más productiva. Pero esto es lo que sucede, en la práctica, en la economía financierizada.

Para comprender el alcance de este problema vale la pena recordar las conclusiones de un estudio de Rodrigo Fernandez y Tobias J. Klinge.[14] Al examinar la contabilidad de veintisiete de las mayores corporaciones farmacéuticas del mundo entre 2000 y 2018, incluidas la mayoría de las que se mencionan en este capítulo, se observó que la deuda había crecido de 60.000 a 520.000 millones de dólares. Esta tendencia era especialmente pronunciada en las diez principales compañías, donde la deuda había subido de los 50.000 a los 310.000 millones de dólares, una cantidad muy superior al crecimiento de esas mismas compañías durante el mismo período de tiempo. Las reservas financieras de esas compañías también se habían visto incrementadas en gran medida: de 83.000 a 219.000 millones de dólares: también en este caso el mayor aumento lo registraron las diez corporaciones principales.

Los investigadores sugieren que esto es la prueba de que reservándose más deuda y más efectivo, estas corporaciones dejan de reinvertir los beneficios en lograr mejores medicinas, equipamientos o personal, y sin embargo se quedan con el dinero líquido que pueden destinar a comprar otras empresas, derivar dinero a paraísos fiscales o destinarlo a enriquecer a sus ya adinerados accionistas. Cuando se compara este montón de dinero con la cantidad de activos «reales» que poseen dichas compañías, como fábricas o laboratorios, se aprecia que «las mayores compañías farmacéuticas tienen, cada vez más, más reservas financieras que medios físicos de producción para fabricar los medicamentos».

El hecho de que tanto dinero se dedique proporcionalmente a menos investigación y menos fármacos explica por qué el precio de los medicamentos ha aumentado tanto. No tiene nada que ver con el coste de producción de los fármacos, pues de hecho los precios de los medicamentos no están relacionados con los costes de la investigación: se trata más bien de la financierización de la industria.

Pero hay un tercer aspecto de la financierización: el aumento de los bienes intangibles. Voy a explorar esto con mucho más detalle en el capítulo 5, pero por ahora diré que se refiere a un conjunto de activos que poseen las empresas en los que uno no puede poner un dedo, pero que se han convertido en parte muy importante de sus beneficios. Incluyen, por ejemplo, la marca de la empresa, su reputación, o los conocimientos que aplican a lo que quiera que producen, factores todos ellos que no están al alcance de sus competidores. No es tan sencillo como poseer una fábrica, ni siquiera como tener un número de trabajadores en plantilla; el valor de estas cosas se puede calcular con relativa facilidad. Pero ¿cómo calcula uno el valor de poseer, pongamos, la marca Levi's? ¿Cómo puede uno poner precio a lo que significaría para sus beneficios de los próximos diez años el reconocimiento del nombre de McDonald's?

Francamente, es casi imposible. Pero eso no significa que no existan técnicas contables diseñadas para atribuir una cifra bastante atinada a este tipo de intangibles. Para algunas empresas, incluidas las grandes farmacéuticas, esto ha adquirido una importancia enorme, especialmente cuando se trata de la llamada propiedad intelectual que protege una fórmula o el conocimiento y la tecnología pertinentes, sobre las que sus propietarios disfrutan de un monopolio. De hecho, esto es lo que más se valora en el sector, por encima de los científicos y los laboratorios, y en consecuencia lleva asignado un precio. Y como es muy difícil establecer ese precio, muchos de estos activos acaban siendo sobrevalorados, una excelente noticia para cualquier inversor a corto plazo porque significa que la compañía parece encontrarse en mejor situación de lo que realmente está.

Eso podría ser aceptable si uno va a invertir en una nueva tecnología increíble o en mejorar su productividad. Pero si solamente lo destina a enriquecer aún más a sus adinerados accionistas, lo único que hace es hundir su propia empresa –igual que sucede con la deuda– porque el valor real que conserva la compañía es limitado.

De hecho, esta concentración masiva de la industria farmacéutica –que cada vez tiene menos empresas y de mayor tamaño– ha demostrado ser perjudicial para el desarrollo de nuevos fármacos. En un artículo de la revista *Science* se cuenta la historia de un importante fármaco para el cáncer que se quedó varios años olvidado en un frigorífico, porque nadie reparó en él.[15] Y la razón fue que, al comprar a un posible competidor en 2003, Pfizer se encontró en posesión de gran cantidad de investigaciones en curso cuyo potencial médico no valoró. Varios años después algunos científicos de fuera de la compañía estaban realizando una investigación puntera que obligaría a Pfizer a ponerse en guardia: estudiaron las conclusiones que languidecían en sus estantes y las convirtieron en un fármaco decisivo. La historia terminó bien gracias a la investigación independiente, pero se perdieron años en los que muchos pacientes podrían haber recibido ayuda si en Pfizer «no hubiera estado todo el mundo tan preocupado por fusionarse, comprar, trasladar, reorganizar y pensando si les despedirían o no».[16]

Los intangibles, sobre todo la propiedad intelectual, están en el núcleo del modelo de la industria farmacéutica.[17] En las veintisiete mayores compañías farmacéuticas los intangibles aumentaron de 48.000 millones de dólares en el año 2000 a la increíble cifra de 857.000 millones de dólares en 2018. Esta segunda cifra no se aleja mucho del PIB de un país tan rico como los Países Bajos. La concentración de ese tipo de activos en las diez mayores empresas farmacéuticas ascendió de los 38.000 millones de dólares a los 522.000. Como proporción de los activos totales de una empresa, los intangibles aumentaron del 13 al 51 por ciento mientras el crecimiento de la parte correspondiente a la capacidad productiva física (fábricas y laboratorios) se redujo enormemente.

Esto significa que las grandes farmacéuticas gastan cada vez más en recursos destinados a aumentar el valor de sus activos intangibles, en lugar de emplearlos en actividades productivas. Un informe que se centra en las doce medicinas más vendidas en Estados Unidos concluye que sus fabricantes presentaron casi 1.500 solicitudes de patentes sobre ellas –de las cuales la mayoría se aprobaron– sólo para ampliar el plazo de validez de sus monopolios por encima de los veinte años a los que tienen derecho.[18]

Un ejemplo de esta tendencia es la patente de un fármaco que es ilegal actualmente: la psilocibina, que es el componente psicoactivo de las setas alucinógenas y que cada vez se investiga más como medicamento para tratar la depresión. El grupo Compass Pathways, financiado por inversores de primera línea entre los que se cuenta Peter Thiel, cofundador de PayPal y político financiero de derechas, ha presentado un número ingente de patentes muy controvertidas para intentar copar el mercado.

A estas solicitudes de patente les acompaña una gran controversia, porque las setas alucinógenas son un organismo que crece en la naturaleza y que, teóricamente, nadie debería poder patentar. Pero Compass está intentando patentar los *procesos* por los que se extrae la droga y algunas de sus aplicaciones terapéuticas. Muchos son tan generales que resultan absurdos, como el que se refiere al lugar donde se lleva a cabo la terapia, que especifica que «la sala deberá tener muebles suaves», «la habitación se ha decorado utilizando colores apagados», «la sala cuenta con un sistema de sonidos de alta resolución» o «la sala cuenta con una cama o un diván».[19] Uno de los accionistas principales dijo: «Muchas compañías psicodélicas que hay por ahí nunca serán capaces de sacar al mercado un producto nuevo en cuanto tengan las patentes», mientras un periodista comentaba que la carrera por conseguir la patente de la psilocibina «demuestra los fallos del sistema de patentes, y la forma en que puede retorcerse para beneficiar a los monopolios».[20]

Los investigadores de Sheffield aducen que este proceso no está haciendo más eficiente nuestra economía en general, ni más eficaz, ni más productiva: más bien lo contrario. En esencia «presenta una imagen del corporativismo estadounidense en la que este se devora a sí mismo».[21] Y lo mismo puede aplicarse a las británicas o, en menor medida, a las europeas. Lejos de construir un entramado empresarial sostenible, esta tendencia representa algo más parecido a una estrategia de tierra quemada, que deja a las corporaciones sin capacidad para cumplir la función que nosotros creemos que están cumpliendo; en lugar de eso se están convirtiendo en gigantescas máquinas de generar dinero para sus inversores.

La financierización también entraña graves riesgos. Como han expuesto Murphy y sus colegas, el modelo económico basado en la crisis hará que las «recesiones sean más profundas y mayores los costes para los gobiernos».[22] Una economía que fabrica menos productos útiles y emplea a menos personal especializado se acabará encontrando profundamente debilitada, con menos resiliencia y más cerca del colapso absoluto. Y por ende, todo esto acelerará «la distribución desigual en la sociedad de los ingresos y los riesgos», porque el dolor lo sentirá la gente de a pie, no los que han ganado en este modelo desquiciado de casino. En esta sociedad los que corren el riesgo son los trabajadores.

Lejos de ser «los campeones nacionales, los centros de investigación y desarrollo y los impulsores de la productividad en el Reino Unido», las compañías farmacéuticas se han convertido en estructuras «cada vez menos resistentes», «más intangibles, y no parece que estén mejorando la productividad de las firmas».[23] No obstante, debido al modo en que funciona la economía actual, siguen siendo agentes extraordinariamente poderosos «y conservando su posición de guardianes de los mercados finales, dada su capacidad para realizar tremendas operaciones de *marketing*» que impiden a los pequeños competidores cuestionar sus posiciones. Veremos lo perjudicial que resultó este modelo en la pandemia, aunque eso no debería haber sorprendido a nadie. Las grandes farmacéuticas eran parte de una industria que ya se había hundido en el escándalo y se había vuelto adicta a los beneficios mucho antes de la era de la financierización. Su modelo de negocio las convertía en candidatas naturales a la adopción de una versión turbo de este proceso, convirtiendo a sus agentes en fondos de inversión con empresas farmacéuticas adosadas.

Estamos en mayo de 2021. Richard A. Gonzalez, presidente y CEO del gigante farmacéutico AbbVie, se muestra perplejo en su comparecencia ante un comité del Congreso estadounidense que le hace unas preguntas sobre cómo se fija el precio de los medicamentos. Las restricciones de la COVID-19 obligan a Gonzalez a declarar por videoconferencia, pero no parece esforzarse mucho en disimular su incomodidad cuando la representante Katie Porter, del condado de Orange, saca su pizarra y sus notas adhesivas.

Porter se hizo famosa en sus apariciones por la forma en que estructuraba las preguntas que hacía a los CEO en relación con su sueldo y su actividad corporativa: ponía notas adhesivas en un tablero para lanzar directamente a la diana los mensajes de enriquecimiento de las empresas, tal como lo hace una profesora de primaria con un alumno descarriado. La revista *Rolling Stone* lo expuso así: «Hay pocas cosas en Washington más peligrosas que Katie Porter con una pizarra blanca».[24]

En la fecha que nos ocupa Porter se encuentra en un terreno especialmente fructífero: interroga a Gonzalez sobre el aumento de precios que impuso su compañía a un fármaco para el cáncer llamado Imbruvica. Comienza preguntando por el precio del Imbruvica. Un ciclo estándar, de tres pastillas diarias, costaría en 2013 la bonita cantidad de 98.000 dólares anuales... Bastante elevado, podría pensar uno. Pero lo que realmente quiere saber Porter es cómo en sólo ocho años el precio ha subido hasta los 181.000 dólares.

La respuesta, como de costumbre, parece encontrarse en los costes de investigación y desarrollo en que habría incurrido AbbVie. Pero Porter ya ha recibido esa respuesta antes, y no se va a quedar callada. A fin de cuentas, el gasto habrá tenido algún impacto en I+D... Y pregunta: ¿Tiene ahora el medicamento menos efectos secundarios? No, responde Gonzalez. ¿Tienen los enfermos que tomar menos pastillas? No, tampoco.

Lo que se desprende del interrogatorio es que AbbVie no ha mejorado el Imbruvica. Es más, ni siquiera inventaron el fármaco: compraron una compañía mucho más pequeña que fue la que lo creó. Y como dice Porter «AbbVie corrió cero riesgos para desarrollar el medicamento: lo compraron ya aprobado para su comercialización porque sabían que era rentable; aumentaron el precio para costear un plan de I+D que no han llevado a cabo; tampoco han mejorado la fórmula en lo más mínimo. Pero han duplicado el precio».

Luego vienen las notitas adhesivas. Porter pega en la pizarra un circulito rosa que representa los 2.500 millones de dólares que AbbVie ha gastado entre 2013 y 2018 en investigación y desarrollo para mejorar el Imbruvica. Y sugiere que, dado que el Imbruvica no parece haber mejorado en ese período de tiempo, una buena parte de esa «investigación» se limita a las «innovaciones e indicaciones concebidas para mantener a la competencia fuera del mercado y desarrollar nuevas oportunidades de venta», en lugar de destinarse a cualquier modificación que una persona normal podría considerar lo que se llama «investigación y desarrollo».

Porter está en lo cierto. AbbVie presentó 165 patentes para el Imbruvica con el único fin de mantener a la competencia fuera de la escena, con lo que ganó para la compañía nueve años que se suman a lo que se considera el periodo normal de exclusividad.[25] Los expertos predicen que sólo en esos nueve años los pacientes estadounidenses gastarán 41.000 millones de dólares en el fármaco de esa marca.[26] A las grandes farmacéuticas les gusta alardear de que hacen un gasto estratosférico en investigación y que eso justifica el precio de las medicinas. En el caso del Imbruvica las ventas de sólo un año dejan en nada todo lo que haya podido gastarse la compañía en investigación y desarrollo.

Porter se lanza ahora a presentar una serie de cifras que la empresa ha gastado en el mismo período de tiempo, entre 2013 y 2018. Incluye un presupuesto de 1.600 millones para litigios y acuerdos, casi siempre vinculados a imponer y proteger los monopolios de la compañía, y un presupuesto de 4.700 millones de dólares, más 334 millones adicionales para «compensaciones a ejecutivos». Es decir, el sueldo, y otros beneficios, de los altos directivos.

Pero la nota que más llama la atención es una azul, enorme, que representa la cantidad de 50.000 millones de dólares y que incluye las cantidades de dinero directamente pagadas a los accionistas (dividendos) y el dinero gastado por la compañía en comprar sus propios valores de renta fija, lo que contribuye a subir el precio de cada participación, ganar más dinero y generar más dividendos para los accionistas. Esta enorme olla de dinero es lo que nos dice, con más claridad que cualquier otro dato, que la industria farmacéutica no sufre grandes dificultades a la hora de recuperar las cantidades estratosféricas que invierte en investigación. De hecho, como dice Porter en su conclusión, «el cuento de hadas de las grandes farmacéuticas consiste en inventar una I+D de primer orden que justifica unos precios astronómicos, pero la realidad es que usted gastó la mayor parte del dinero de su empresa en ganar dinero para usted y sus accionistas».

Katie Porter no es, en absoluto, la única persona del panorama político estadounidense preocupada por el modelo farmacéutico. De hecho, el asunto se ha convertido en uno de los problemas más graves de la política de su país, y no faltan motivos. Gran Bretaña, como muchos países occidentales, tiene cierta capacidad negociadora para bajar el precio de los nuevos medicamentos. En su caso, el medio más utilizado es negarse a promocionarlos como «disponibles» a través del NHS si considera que no valen lo que cuestan.

Y no sólo eso: el público británico está protegido del comportamiento de la industria farmacéutica por el NHS, que compra los medicamentos en nombre de los enfermos. Uno de los motivos por los que los británicos adoran su sistema de seguridad social es precisamente que el mercado no interviene en las decisiones que se toman en materia de salud. Cuando se constituyó, después de la Segunda Guerra Mundial, Gran Bretaña adoptó este tipo de sistema social en el que el dinero que uno gana no incide en el tipo de atención médica que recibe. Como dice un amigo mío: «He tenido que recurrir al NHS en muchas ocasiones, incluso para una cirugía seria, y nunca se mencionó el dinero. Lo único que importa es la atención que precises». No nos sorprende que muchos británicos lo perciban como el logro más grande de un gobierno y que, a pesar de los muchos intentos que se han hecho de imponer una privatización parcial que ha perjudicado a la calidad del servicio, nunca se ha llegado a la privatización total.

Esto no significa que no haya problemas. La falta de disponibilidad de medicinas nuevas e importantes es un problema grave para los pacientes que necesitan acceder a ellas. Los costes de los medicamentos para el NHS aumentan a mayor velocidad que su presupuesto, creando una tensión extrema en un servicio público ya tensionado.[27] Entre 2011 y 2016 la cantidad que el NHS inglés entregó a compañías farmacéuticas privadas aumentó en 3.800 millones de libras, que es más del doble del déficit total del NHS (1.850 millones de libras).[28] En 2020 el precio de las medicinas del NHS ascendió a 20.900 millones de libras: un incremento anual de casi el 10 por ciento, mientras que el coste de las medicinas de uso hospitalario subió un 14 por ciento, un salto importante.[29] Dicho brevemente, el modelo farmacéutico está creando un problema muy grave en el sistema de salud británico, que amenaza con intensificar las presiones para que se privaticen algunos servicios del sistema.

El sistema de salud estadounidense, por el contrario, se ha construido sobre la idea de que el mercado –que se deja a su libre albedrío y con sus recursos– proveerá. En la práctica esto significa que los pacientes son presa de las gigantescas corporaciones que les van a cobrar lo que el mercado permita. El resultado es catastrófico para casi todos: es el sistema de salud más caro del mundo y sus resultados son los peores de todos los países industrializados.[30]

En línea con este sistema sanitario, las compañías farmacéuticas cobran en el mercado estadounidense los precios más altos del mundo.[31] Ni el gobierno ni los hospitales tienen mucha capacidad –si es que tienen alguna– para negociar estos precios a la baja, y la ausencia de regulación otorga más poder a las grandes corporaciones. El resultado es que la financierización de la industria es más extrema en Estados Unidos que en ningún otro lugar, y los enfermos están expuestos a los costes resultantes de esta fórmula de muchas formas distintas, desde la presión de la publicidad a la corrupción de los profesionales sanitarios o el coste inasumible de los tratamientos para muchas enfermedades graves. Esto contribuye a explicar por qué los precios de los medicamentos se han convertido en un tema fundamental en las campañas electorales estadounidenses, que se realizan «puerta a puerta», y por qué algunos políticos como Katie Porter, Bernie Sanders y Nancy Pelosi se han interesado tanto en averiguar cómo amasa tanto dinero el sector farmacéutico.

En un informe del Congreso publicado en julio de 2021 los representantes descubrieron que las acusaciones de Porter hacia AbbVie podían aplicarse a todo el sector.[32] Entre 2016 y 2020 las catorce primeras compañías farmacéuticas gastaron 577.000 millones de dólares en recompra de acciones y dividendos, 56.000 millones de dólares más de lo que habían destinado a investigación y desarrollo.[33] Hubo una empresa, Amgen, que gastó en recomprar acciones, en dividendos y en compensaciones a ejecutivos casi seis veces el dinero que destinó a I+D en 2018. Si este ritmo de gasto continúa igual, estas catorce compañías habrán gastado 1,15 billones de dólares en recomprar acciones y en dividendos entre 2020 y 2029.

Otro informe confirma esta tendencia en todo el sector de las grandes farmacéuticas, y muestra que los pagos a accionistas de las veintisiete mayores corporaciones se incrementaron casi en un 400 por ciento, de 30.000 millones de dólares a 146.000 millones anuales entre 2000 y 2018.[34] Estas veintisiete firmas transfirieron la escalofriante cantidad de 1,5 billones de dólares a sus accionistas en ese período de tiempo. En otras palabras: como sucede en la economía en general, liberar deuda no ha logrado que la sociedad sea más productiva ni más igualitaria. Como señaló la portavoz Nancy Pelosi durante una rueda de prensa destinada a presentar el informe: «¿Cómo pueden las farmacéuticas afirmar sin inmutarse, después de gastar 577.000 millones de dólares en recompra de acciones y dividendos durante los últimos cinco años, que la bajada de precios de las medicinas para los usuarios estadounidenses tendrá que hacerse a costa de recortar en investigación y desarrollo?»[35]

El informe del Congreso destacaba otras tendencias de actuación relacionadas con esta. En primer lugar, aunque los costes de la investigación seguían sin ser despreciables para muchas de estas compañías, la definición de I+D servía para tapar multitud de pecados: a veces significaba, simplemente, «encontrar el modo de suprimir la competencia de productos genéricos y biosimilares al tiempo que se siguen subiendo los precios, en lugar de llevar a cabo una investigación innovadora».[36] Veremos otros ejemplos más adelante.

En segundo lugar, los autores del informe apreciaron una acusada tendencia al alza en el sueldo de los directivos de estas corporaciones. Desde 2016 hasta 2020, la compensación a los ejecutivos alcanzó un total de 3.200 millones de dólares, y la compensación anual aumentó un 14 por ciento durante el mismo período de cinco años. AbbVie pagó a su CEO, Richard Gonzalez, más de 66 millones desde 2018 hasta 2020, al tiempo que subía el precio del fármaco para el cáncer (Imbruvica) en un 14 por ciento. Esto es importante no sólo por ser obsceno, sino porque hay una relación causal que llega al núcleo mismo del funcionamiento de la financierización. Los autores del informe del Congreso lo dejaron muy claro:

> los ejecutivos de las compañías farmacéuticas reciben incentivos por aumentar el precio de los medicamentos en Estados Unidos a través de unas estructuras de bonificación que incrementan los objetivos de ingresos año tras año. Estos ejecutivos justifican públicamente el aumento de los precios por ser necesario para financiar los programas de I+D, pero las investigaciones del Comité mostraron que una parte significativa de los ingresos de las empresas farmacéuticas se derivan a los accionistas y ejecutivos en forma de recompra de acciones, dividendos y compensaciones en función del cargo.[37]

No se trata sólo de que el rendimiento financiero se emplee como cota de referencia para el sueldo: se trata, además, de que una buena parte de la compensación a los CEO se paga directamente en acciones. Por otra parte, cuando un CEO lleva varios años en el puesto, las acciones que le fueron otorgadas con anterioridad también se benefician de los dividendos y de las recompras de acciones. En algunos casos esto suma decenas de millones de dólares al sueldo, ya de por sí multimillonario, de un CEO.[38] No nos sorprende por tanto que mientras el sueldo de los ejecutivos se ha inflado considerablemente en el sector corporativo de todo el mundo durante las últimas cuatro décadas, el sueldo de un CEO del sector farmacéutico en concreto se ha incrementado muy por encima de la media.[39]

Hasta ahora hemos asumido que la investigación y el desarrollo son la parte «buena» de lo que hacen las corporaciones farmacéuticas. Pero como apuntó Katie Porter cuando preguntó al director de AbbVie, una buena parte de los presupuestos que las grandes farmacéuticas destinan a investigación representa, de hecho, «innovaciones e indicaciones concebidas para mantener a la competencia fuera del mercado y desarrollar nuevas oportunidades de venta».

En otras palabras, cuando la industria habla de la investigación que lleva a cabo no suele tratarse de lo que nosotros creemos, es decir, un grupo de científicos que trabajan para desarrollar nuevas combinaciones químicas que pueden tratar o curar enfermedades. Gran parte de la investigación se destina a incrementar el valor de los activos intangibles de la compañía, haciendo cambios sin importancia en las fórmulas, para que se puedan renovar las patentes y prorrogar su vigencia, eliminando así a la competencia. Estas son las medicinas del «yo también», de las que hablábamos antes, un simple retoque a una fórmula que ya existe sin ofrecer ningún beneficio nuevo frente a lo que ya había en el mercado, o presentando algo apenas diferente. Un ejemplo es el

Asacol, que se utiliza para tratar la enfermedad de Crohn y otras que cursan con inflamación en los intestinos. Cuando el medicamento se estaba acercando al límite de su patente, los fabricantes crearon uno nuevo, llamado Delzicol, que era una tableta de Asacol dentro de una cápsula. Como dijo un experto en innovación: «si uno abría la cápsula salía la tableta de Asacol original».[40]

Estos medicamentos suponen unos importantes beneficios, dado que el riesgo financiero que entrañan es mucho menor. La investigación sugiere que sólo un dos o un tres por ciento de las nuevas medicinas son verdaderos descubrimientos, mientras que alrededor de un 10 por ciento ofrecen una modesta ventaja sobre los tratamientos existentes.[41] Según un estudio realizado en Alemania en 2017, la mayoría de los nuevos fármacos, alrededor del 57 por ciento, no ofrecía ningún valor terapéutico añadido; otro 16 por ciento sólo ofrecía beneficios marginales o no cuantificables, o eran incluso menos efectivos.[42] Otro estudio muestra que sólo uno de cada cuatro nuevos fármacos que se lanzaron en el Reino Unido entre los años 2001 y 2011 eran «muy innovadores».

A lo que se destina la investigación útil que se lleva a cabo es a las enfermedades crónicas que sufren los ricos, o la gente que vive en los países ricos. Un campo en el que se realiza mucha investigación es el cáncer, que se considera como fuente lucrativa de los medicamentos superventas. Billy Kenber documenta precisamente hasta qué punto esta investigación se basa únicamente en cambios y mejoras insignificantes. Dadas las emociones que entran en juego cuando se trata de alargar un poco la vida de un paciente de cáncer, las compañías farmacéuticas pueden permitirse el lujo de fijar precios astronómicos, se enfrentan a una menor carga regulatoria y pueden presionar a los sistemas sanitarios para que adopten medicamentos que representan una mala relación calidad-precio. Y como apunta Kenber, «más de la mitad de los 68 medicamentos aprobados por la Agencia Europea de Medicamentos entre 2009 y 2013 no habían determinado si podían aumentar la supervivencia ni si podían mejorar la calidad de vida. Entre los que incrementaban las cifras de supervivencia, la mitad permitía alargar la vida del paciente en ocasiones sólo unas semanas: un dato demasiado modesto para considerarse significativo desde el punto de vista médico».[43]

Entre tanto se ignoran las enfermedades que no se consideran candidatas a generar un fármaco estrella, aunque algunas de esas enfermedades puedan culminar en pandemia, como veremos más adelante. Entre 2000 y 2011 sólo un 4 por ciento de los productos recién aprobados –37 de 850– tenían como objetivo una serie de enfermedades a las que no se presta atención y que afectan a los países con un nivel de ingresos medios o altos.[44] La tuberculosis y la malaria, por ejemplo: matan a millones de personas, pero las víctimas son en su mayoría pobres, por lo que hay poco beneficio en cualquier fármaco que se produzca para tratarlas. En los últimos cincuenta años sólo se han desarrollado dos tratamientos nuevos para la tuberculosis, pero tenemos catorce para tratar una enfermedad que no mata a nadie: la alergia al polen.[45]

Un experto, William Lazonick, dijo al *New York Times* que el problema no es que se esté llevando a cabo una investigación insuficiente, sino que no se está llevando a cabo en el seno de las grandes compañías farmacéuticas: «en estas empresas, que muestran los beneficios más altos y se quedan con la mayor parte de las ganancias, se investiga poco para buscar nuevos fármacos».[46] La investigación se lleva a cabo muchas veces en empresas pequeñas o en departamentos universitarios, respaldados por una fuerte financiación estatal: «El Gobierno estadounidense ha puesto en marcha el sistema de innovación nacional más extraordinario de la historia».[47] Esto no ha animado a las grandes farmacéuticas a invertir: más bien al contrario. Los departamentos de I+D de los principales gigantes farmacéuticos se han ido reduciendo cada vez más. Un estudio ha comprobado que sólo diez de los cuarenta y cuatro productos estrella de Pfizer y 18 de los más punteros de Johnson & Johnson se descubrieron en un departamento propio.[48] Las grandes compañías farmacéuticas estadounidenses sólo han emprendido investigaciones en un 20 por ciento de los fármacos que se han aprobado durante una década, a partir de 2009.[49]

El presupuesto que las grandes farmacéuticas destinan a la investigación suele ser opaco, pero cuando uno intenta escarbar un poco ve que los presupuestos destinados a I+D pueden estirar la definición de «investigación» hasta el punto de rotura. Consideremos este obtuso fragmento del informe anual de AbbVie correspondiente a 2018 como ejemplo de hasta qué punto manipula la industria farmacéutica el concepto de I+D:

> Los gastos destinados a investigación y desarrollo en 2018 aumentaron sobre todo debido a un desajuste de 5.100 millones de dólares en activos intangibles relacionados con IPR&D (I+D en el proceso) adquiridos como parte de Stemcentrx en 2016, tras la decisión de detener las contrataciones en el estudio TAHOE. El desajuste se debió sobre todo a que había menos probabilidades de conseguir una aprobación por parte del organismo regulador para Rova-T y otros activos obtenidos en la adquisición que se encontraban en fases iniciales del proceso.[50]

La suma de 5.100 millones de dólares –una cantidad brutal de dinero– representa la mitad del presupuesto que la corporación destinó a I+D en 2018, de modo que vale la pena desenmarañar un poco lo que dice el párrafo anterior. Lo que AbbVie parece haber hecho es adquirir una compañía, pagando una cantidad muy superior a lo justificable, basándose en el hecho de que dicha compañía tenía los derechos de propiedad de ciertas investigaciones que –se dio por hecho– eran muy rentables. En realidad la adquisición resultó ser mucho menos lucrativa de lo esperado, de modo que redujeron su valor. Esto no guarda relación alguna con la definición que la mayoría de la gente da a la expresión «investigación y desarrollo», es más, no tiene ningún punto en común con la actividad productiva. Se ha convertido en práctica habitual clasificar los gastos de absorción de una empresa como gastos de I+D, mientras aproximadamente una quinta parte de los gastos invertidos en I+D se incluyen en el rubro «sin categoría», convirtiendo en inviable todo intento de examinar su validez.[51]

Se nos dice, una y otra vez, que las compañías tienen que aumentar los precios para obtener beneficios que puedan reinvertirse en innovación, en mejorar sus equipos, en contratar personal. Pero en la era de la financierización se impone exactamente lo contrario: junto a los beneficios astronómicos obtenidos por los accionistas y los elevados sueldos de los ejecutivos, tenemos una crisis en la investigación farmacológica, porque las grandes empresas viven de las medicinas patentadas y no hacen nada por sustituirlas cuando dichas patentes expiran.

Siendo presidente de EE. UU., Donald Trump aprobó en 2017 una reducción fiscal mastodóntica, recortando al máximo los impuestos a las corporaciones estadounidenses. Se suponía que esos recortes evitarían la fuga de empresas, generando así empleo e investigación que redundarían en una nueva riqueza. Oxfam analizó cuatro de las mayores empresas farmacéuticas para ver qué habían hecho con el dinero ahorrado. Descubrieron que Johnson & Johnson, Merck, Pfizer y Abbott Laboratories habían recibido una suma de alrededor de 7.000 millones de dólares gracias a esos recortes.[52] Encontraron poca evidencia de que las corporaciones hubieran dejado de derivar sus ganancias a paraísos fiscales o que las hubieran invertido en Estados Unidos; lo que hicieron, más bien, fue priorizar las compensaciones a inversores, entregando 52.000 millones de dólares en dividendos y recompra de acciones, mientras la gráfica de sus gastos en I+D continuaba plana. En otras palabras: trataron los fondos recién obtenidos como si fueran una caja registradora para sus inversores.

A comienzos de 2022 todo apuntaba a que los gigantes farmacéuticos iban a embarcarse en otro festín de gastos con las montañas de dinero sobre las que estaban sentados en ese momento.[53] La suiza Novartis anunció planes para recomprar hasta 15.000 millones de dólares de sus acciones en el plazo de dos años, y Bristol-Myers Squibb, con sede en EE. UU., autorizó una recompra de acciones por la misma cantidad.[54]

En una época anterior, con todo lo que las grandes farmacéuticas se habían embolsado, los medicamentos que habían introducido sin la menor ética, la corrupción de los profesionales médicos y la excesiva medicalización de las emociones humanas normales, se dedicaban a inventar y fabricar nuevas medicinas. Todo eso ha cambiado. Lo que hacen estos gigantes es comprar los derechos para fabricar medicinas que han descubierto otras compañías. Compran empresas de menor tamaño utilizando una enorme reserva de efectivo y deuda y en el proceso inflan los precios de los medicamentos cuya propiedad intelectual les pertenece. Luego desvían enormes sumas de dinero a sus accionistas, con lo que el beneficio a los superricos es desproporcionado. A consecuencia de estas actividades los precios de los medicamentos suben hasta llegar a niveles inalcanzables, y la innovación y la colaboración científica quedan asfixiadas. Dada la fuerte integración de estas corporaciones en los mercados financieros, se trata de entidades cada vez más volátiles en una economía global que se basa, cada vez más, en las crisis.

A corto plazo, los resultados financieros para los accionistas han sido espectaculares. Las grandes farmacéuticas ya eran una industria de alta rentabilidad. Entre 1954 y 1999 su margen de beneficio aproximado fue del doble de la media de las grandes empresas de otros sectores en el mismo período de tiempo: no está mal, cabe pensar.[55] Pero desde 1999, momento en que la industria comenzó a financierizarse, las cifras se han disparado y las compañías farmacéuticas disfrutan ahora de un margen medio de beneficios que supera el triple de lo anterior. Los autores de este estudio quieren dejar claro que «aunque las empresas farmacéuticas perdieran una quinta parte de sus beneficios, seguirían superando en un 75 por ciento a las de los demás sectores, y si perdieran casi un tercio de sus beneficios seguirían ganando al menos tanto como el resto de industrias. Recordemos que estos beneficios son, por definición, lo que queda después de la inversión en investigación y desarrollo».[56]

Otro estudio llegó a la misma conclusión por otras vías: entre 2000 y 2018 treinta y cinco grandes compañías farmacéuticas han obtenido 11,5 billones de dólares, de los cuales 8,6 billones –el 77 por ciento– fueron beneficios. Esto representa un nivel de rentabilidad muy superior al que ofrecen las grandes compañías con sede en EE. UU., que en el mismo período arrojaron un margen medio de beneficios del 37 por ciento.[57] No parece que la industria esté buscando fondos para la I+D.

Los efectos de este modelo de negocio llegan mucho más allá de la producción de medicamentos. Aunque líderes políticos como Margaret Thatcher prometieron crear una «democracia de inversores» en la que las pequeñas inversiones que realizaba cualquier ciudadano de a pie acabarían dando a todos una participación en las fortunas del mercado de valores, esto no describe la sociedad en que vivimos. Nunca lo ha hecho. Es más, la concentración de la riqueza se está agudizando, y al dar prioridad a los intereses de los inversores, las desigualdades se están intensificando más.

En Estados Unidos el 10 por ciento de los ciudadanos más ricos posee ahora mismo un 89 por ciento de las participaciones, y el 1 por ciento de la parte superior de la pirámide tiene más de la mitad.[58] Tal vez no nos sorprenda constatar que esto refuerza otras formas de desigualdades sociales: hombres que poseen muchas más acciones que mujeres, blancos más que negros o personas de cualquier minoría étnica. El tremendo incremento de la riqueza en el mercado de valores durante la pandemia aumentó los niveles, ya espeluznantes, de las desigualdades sociales, y el comportamiento de la industria farmacéutica ha desempeñado un papel importante en esa desigualdad.[59] Lejos de recaer sobre los estratos más bajos, en la era de la financierización la riqueza se ha concentrado en lo más alto.

Las empresas

Hasta aquí hemos estado viendo los problemas y cambios económicos que afectan a la industria a vista de pájaro. Pero ¿qué aspecto tiene el panorama si lo observamos más de cerca y analizamos las empresas farmacéuticas y los medicamentos que producen, uno por uno? A continuación estudiaremos tres corporaciones estadounidenses –Pfizer, Gilead y AbbVie– para comprobar los efectos de la financierización en las empresas y lo que es más importante: las consecuencias que ello tiene en los pacientes a los que se supone que sirven.

Pfizer

Gracias la COVID-19 el nombre de Pfizer resulta ahora familiar a cualquiera, pero es una de las corporaciones farmacéuticas más antiguas del mundo, que comenzó su existencia a mediados del siglo XIX en Nueva York. Conoció un *boom* durante la guerra civil estadounidense debido a la elevada demanda de cloroformo y analgésicos o de desinfectantes, como el yodo. El ácido cítrico de Pfizer se hizo muy popular para los refrescos, y su proceso de fabricación acabó desempeñando un papel determinante en la producción de vitamina C y penicilina.

Ya hemos visto cuál fue el papel de Pfizer en la fabricación de vacunas contra la COVID, dado que la suya debió de ser la más agresiva de todas. Pero ya entonces la compañía no era ajena al escándalo. En 2009 se vio envuelta en un caso acusada de estafar al NHS y poner en peligro el acceso a fármacos para la epilepsia. Pfizer fabricaba un medicamento llamado Epanutin, marca con que se comercializaba la fenitoína, que se produjo por vez primera en 1908 y cuya utilidad quedó comprobada para el control de los brotes en 1936. Hoy en día este fármaco ya no es el elegido por los médicos, pero para muchos pacientes suele ser un salvavidas porque evita los ataques y sigue empleándose como tratamiento de choque para la epilepsia. A pesar de haber sido sustituido por medicamentos más modernos, en torno al 10 por ciento de los enfermos de epilepsia del Reino Unido –decenas de miles de personas– siguen dependiendo de él.[60] Por fortuna, el fármaco le cuesta muy poco al NHS: unos 3 peniques por cápsula. Pero lo que era bueno para el NHS era malo para Pfizer: aquel medicamento no proporcionaba a la empresa suficientes beneficios. Sin embargo, tras un acuerdo voluntario con el NHS concebido para ayudar a dicha institución en una situación de escalada de precios, Pfizer se comprometía a no subir el precio de los medicamentos con nombre comercial, como el Epanutin.

Para cumplir el compromiso con el NHS Pfizer trazó el siguiente plan: negoció con una empresa pequeña a la que darían permiso para vender el medicamento –al que retirarían el nombre comercial– y se beneficiarían del hecho de que el fármaco iba a seguir siendo un monopolio *de facto* durante muchos años, para así subir el precio.

Billy Kenber documenta cómo este truco de quitar el nombre comercial a los medicamentos para subir los precios se convirtió en habitual en empresas muy financierizadas del sector en aquel momento.[61] Lo que convertía a la fenitoína en un candidato especialmente prometedor para aplicarlo fue que el control de la epilepsia se basa normalmente en la precisión, y no es aconsejable cambiar la medicación una vez que se encuentra la que va bien al paciente. En otras palabras: los profesionales de la salud estarían dispuestos a pagar un plus para que sus pacientes siguieran empleando un fármaco en el que confiaban y que sabían que era eficaz. Pero esto exigía a Pfizer agudizar el ingenio. Por un lado, tenía que convencer al NHS de que se trataba de un medicamento *distinto*, para que el aumento de precio resultase aceptable; por el otro tenía que asegurar que se trataba del mismo medicamento, para ampliar el monopolio que ya tenía gracias a los pacientes que recurrían a él.

Al final Pfizer hizo un trato con una compañía farmacéutica llamada Flynn: Pfizer seguiría fabricando el medicamento y Flynn lo compraría –el medicamento, pero no la marca comercial– y lo comercializaría dentro del sistema sanitario. No sorprendió que las agencias reguladoras británicas no se mostraran felices con el arreglo. Kenber ha documentado las negociaciones con Flynn, en las que las agencias reguladoras británicas advertían de que retirar la marca comercial al fármaco podría provocar entre los pacientes alarma y confusión. Pero los de Flynn jugaron fuerte. Amenazaron con dejar de suministrar el producto. Kenber cita a un responsable de la agencia reguladora, que escribió al Ministerio de Salud: «Aunque se trata de una actuación absolutamente irresponsable por parte de Flynn, no vemos que tenga una solución fácil».[62] Así que el plan fue aprobado.

La subida de precios que impuso Flynn fue increíble. El gasto del NHS en cápsulas de fenitoína ascendió de unos 2 millones de libras al año en 2012 a unos 50 millones de libras en 2013, y el precio de una caja de pastillas de 100 mg subió de 2,83 a 67,50 libras antes de bajar a 54 libras en mayo de 2014.[63] Los distribuidores y farmacias del Reino Unido se enfrentaron a una subida de precios de entre el 2.300 y el 2.600 por ciento.

La Comisión para los Mercados y la Competencia investigó el caso, y concluyó que los precios en el Reino Unido eran mucho más elevados que en cualquier otro país de Europa. En diciembre de 2016 Pfizer recibió la sanción más alta que jamás impuso dicha agencia: 84,2 millones de libras esterlinas. A Flynn se le impuso una multa de 5,2 millones de libras.[64] Pfizer y Flynn apelaron, y en junio de 2018 el Tribunal de Apelación de la Competencia mantuvo que ambas empresas tenían posiciones dominantes en el mercado, pero concluyeron que no eran posiciones de abuso, de modo que anuló las sanciones. En marzo de 2020 el tribunal de apelación mantuvo la decisión de anular las sanciones, pero reabrió el caso para comprobar si la decisión de la comisión respecto a los precios impuestos por las empresas había sido excesiva. Y en este caso el juez determinó: «Es fácil perder de vista la dura realidad, que era que literalmente de la noche a la mañana Pfizer y Flynn habían incrementado el precio de las cápsulas de fenitoína en un factor de entre siete y veintisiete, aproximadamente, cuando se encontraban en posiciones dominantes cada una en su mercado».[65] En agosto de 2021 la CMA emitió, otra vez, un veredicto provisional: Pfizer y Flynn habían violado la ley de la competencia, aprovechando un vacío legal para aumentar ilegalmente el precio cobrado al NHS.[66] Y no sólo eso: el caso llevó al gobierno a pensárselo dos veces, resolvió el vacío legal que Pfizer había utilizado y aprobó unas leyes que permitieran a los ministros imponer precios más bajos a los medicamentos genéricos.[67]

Pfizer fue una de las empresas que antes aceptó la financierización priorizando el deseo de cosechar beneficios a corto plazo sobre la investigación a largo plazo. En el momento en que se infló el precio del fármaco para la epilepsia Pfizer estaba obteniendo un tercio de sus ingresos mediante el aumento del precio de otros fármacos ya existentes, y no tenía apenas nuevas investigaciones en programa.[68] En esa época era su CEO Ian Read, que recortó en un tercio el presupuesto destinado a investigación y redujo brutalmente la plantilla para poder aumentar los beneficios a accionistas.[69] A Wall Street le encantó la estratagema.[70] Y mientras la mayor corporación farmacéutica del mundo dedicaba menos recursos que nunca a investigación médica, sus beneficios no hicieron más que aumentar.

Cuando medicamentos muy demandados, fabricados por la compañía, comenzaron a escasear, Pfizer intentó comprar la innovación en otras plazas. En 2014 intentó lanzar una OPA hostil a AstraZeneca, expresando su deseo de evitar los impuestos en EE. UU. como principal razón para dar ese paso, que habría permitido a Pfizer mantener gran cantidad de su efectivo fuera de Estados Unidos, en un «entorno fiscal competitivo».[71] Cuando falló el intento de adquirir AstraZeneca, Pfizer lo intentó con otra empresa, Allergan, para convertir a Irlanda en su sede a efectos fiscales. El CEO de Pfizer subrayó que la empresa se encontraba en una «tremenda desventaja» a causa de la legislación fiscal estadounidense.[72] De hecho, el plan de Pfizer era que Allergan absorbiera a Pfizer, y cambiar después el nombre de Allergan por el de Pfizer,[73] y fue abortado tras un cambio en la normativa estadounidense que impedía la evasión fiscal.[74]

La «desventaja» fiscal de Pfizer no impidió que la corporación distribuyera entre sus accionistas casi cinco veces la cantidad que pagó al fisco en EE. UU. De hecho, Pfizer repartió mucho más del cien por cien de sus beneficios entre sus accionistas durante esa década.[75] Quizá esto no sorprenda a nadie, visto que la fortuna del CEO de Pfizer se encontraba en aquel momento muy vinculada a las fortunas de los inversores de su corporación. En 2014 Ian Read disfrutaba de un cheque de beneficios de 22,6 millones de dólares, un 77 por ciento del cual procedía de bonificaciones y opciones sobre acciones.[76]

Como dijeron entonces los expertos en financierización William Lazonick y Öner Tulum, «si Pfizer tiene restricciones de tesorería, es mucho más probable que el origen del problema sean las "esposas de oro" de la remuneración de los ejecutivos basada en acciones de bolsa». El modelo sigue vigente. Los pagos que hace Pfizer en recompras y dividendos ascendían a 70.000 millones de dólares en los cinco años anteriores a 2020, dejando en nada los 41.000 millones de dólares que destinó a I+D.[77]

Gilead

En marzo de 2015, Jeffrey Sachs, profesor de económicas mundialmente conocido, escribió en el *Huffington Post*: «Gilead tiene la cura para la hepatitis C. Ahora necesitamos una cura para Gilead».[78] Calificó a la corporación de «monopolio puro, duro y sin piedad», y explicó cómo había «dejado morir a millones de personas, tanto en EE. UU. como fuera» mientras se forraba con un fármaco para la hepatitis C de precio muy superior al estándar y por el que no pagaba los impuestos correspondientes.

Gilead Sciences se fundó en 1987, y se especializó en vender antirretrovirales para el VIH. Durante algunos años estuvo presidida por Donald Rumsfeld, infame ministro de defensa durante el mandato de George W. Bush, concretamente durante la «Guerra del Terror». La estrategia de la empresa, según el modelo de financierización, se basaba en adquirir otras empresas con su correspondiente propiedad intelectual y luego fabricar medicamentos con esos conocimientos, aumentando enormemente los precios. En 2017 el Instituto para el Nuevo Pensamiento Económico escribió: «Gilead ha construido su negocio gracias a la adquisición de empresas».[79] Cinco compañías habían «descubierto y desarrollado, en gran medida, los fármacos que generarían prácticamente todos los ingresos de Gilead a lo largo de sus treinta años de historia».

Uno de los fármacos más importantes que tiene ahora Gilead es el sofosbuvir, para tratar la hepatitis C, que se vende con los nombres comerciales de Sovaldi y Harvoni. La hepatitis C la provoca un virus que se transmite por la sangre y que daña el hígado. Algunos pacientes vencen al virus sin tratamiento, pero alrededor de un 70 por ciento desarrolla una infección de por vida, y puede sufrir enfermedades graves de hígado que pueden suponer un riesgo vital. Se estima que hay en el mundo 58 millones de personas con hepatitis C crónica. Al año se producen aproximadamente 1,5 millones de nuevas infecciones, y en 2019 murieron de esta enfermedad 300.000 personas. Hay fármacos como el sofosbuvir que han cambiado mucho la situación de los pacientes, y han erradicado el virus en la mayoría de ellos. El problema es que muy pocos pueden permitírselo.

Incluso en un país rico como Gran Bretaña, el NHS se echó a temblar ante el elevado precio del medicamento, que se esperaba que costara 1.000 millones de libras por cada 20.000 pacientes tratados.[80] Eso significaba que sólo los más enfermos tendrían acceso al fármaco. Claire Groves, que se convirtió en activista del grupo defensor de los pacientes Just Treatment, tuvo que aguantar tres años de agonía esperando obtener el medicamento: «Mi médico no dejaba de decirme que estaba muy enferma, pero no lo suficiente para optar al tratamiento con el sistema público de salud».[81] Michelle Tolley, de 52 años y madre de tres hijos, se encontraba aún en peor estado cuando descubrió que tenía hepatitis C.[82] La enfermedad ya le había provocado una cirrosis y se encontraba muy mal, pero el precio del fármaco había dado lugar a una situación de racionamiento, y le dijeron que tardarían en ponerle el tratamiento.

El sofosbuvir lo habían desarrollado en Estados Unidos unos científicos de la universidad que recibieron financiación pública, pero se pasaron a una pequeña empresa de biotecnología llamada Pharmasset.[83] Pharmasset gastó 62 millones de dólares en el medicamento, y calculó que terminar de desarrollarlo costaría 216 millones más. Gilead compró Pharmasset en 2011 por sólo 11.000 millones de dólares. La compra resultó muy lucrativa, porque cuando llevaban unos diecinueve meses en el mercado Sovaldi y Harvoni habían recaudado el doble del precio de compra: 22.000 millones de dólares. Public Citizen predijo: «Los ejecutivos de Gilead van a seguir saqueando, como si fueran bandidos».[84]

Gilead introdujo el Sovaldi en el mercado estadounidense al precio de 84.000 dólares por un ciclo de doce semanas de tratamiento, lo que representa 1.000 dólares por pastilla. Según Sachs, el coste de fabricar el medicamento se acercaba más al dólar por pastilla, algo que se confirmó una vez que se introdujo la competencia de los genéricos en algunos países productores.[85] El rechazo público contra aquel precio desorbitado fue tan fuerte que acabó en investigación por parte de un comité del Senado estadounidense, una investigación que duró dieciocho meses y que supuso el escrutinio de 20.000 páginas de documentos de la empresa. Ron Wyden, miembro del comité financiero del Senado, concluyó:

> La evidencia muestra que la compañía siguió un plan concebido para fijar el precio y acometer la comercialización de su fármaco para la hepatitis C con un objetivo fundamental: obtener los máximos ingresos por la venta, sin tener en cuenta el coste humano. No hay ningún documento –mensajes de correo electrónico, actas de reunión o presentaciones– donde se encontraran evidencias concretas de que algunos aspectos financieros básicos, como los costes de I+D o la adquisición multimillonaria de Pharmasset (que fue quien desarrolló el fármaco en primera instancia), se tuvieran en cuenta a la hora de poner el precio. Gilead sabía que ese precio impediría el acceso al tratamiento a millones de personas y provocaría grandes problemas a Medicare y Medicaid.[86]

El comité advirtió sobre todo que el precio de Gilead se fijaba en parte como instrumento para elevar por adelantado su próxima fórmula contra la hepatitis C, Harvoni, al que pusieron un precio aún más alto: 94.500 dólares por ciclo. El resultado, naturalmente, supuso una grave limitación del acceso en Estados Unidos a un medicamento tan decisivo.

Los medicamentos contra la hepatitis C resultaron transformadores para Gilead.[87] Entre 2013 y 2015 los ingresos globales que obtuvo la compañía se triplicaron, alcanzando los 32.600 millones de dólares, mientras los beneficios totales para la corporación se multiplicaron por cinco, llegando a los 21.700 millones de dólares. Las ventas combinadas de Sovaldi y Harvoni representaron el 56 por ciento de los ingresos totales de la compañía en 2014 y 2015, y los fármacos para la hepatitis C generaron casi 62.000 millones de dólares en ventas entre 2013 y 2020. No nos sorprenderá que, como descubrió el comité del Senado, Gilead estuviera dispuesta a enfrentarse a cualquier presión pública. En un mensaje de correo electrónico que vio el comité unos días después de que se lanzara el Sovaldi, un alto ejecutivo había escrito: «No vamos a plegarnos a las presiones del activismo. Mantendremos nuestra posición hagan lo que hagan nuestros competidores y digan lo que digan los periódicos».[88]

Y el insulto se añadió a la injuria: Gilead trasladó parte de su propiedad intelectual a Irlanda para reducir su carga fiscal. De acuerdo con el grupo activista Americans for Tax Fairness, esto había ahorrado a la compañía 10.000 millones de dólares entre 2013 y 2015, exactamente cuando sus beneficios se habían disparado con la venta de los medicamentos para la hepatitis C, gracias sobre todo al gasto público efectuado a través del sistema sanitario estadounidense.[89]

Jeffrey Sachs estaba especialmente preocupado por el coste humano de la hepatitis C, que afecta a 5 millones de americanos y a 160 millones de personas en todo el mundo, y dijo a los lectores que había una epidemia «descontrolada en algunas comunidades». El precio suponía la negación de los medicamentos «incluso a pacientes con enfermedad hepática avanzada, con lo que les estaban imponiendo no una sentencia de enfermedad prolongada innecesaria, sino de muerte».[90] Mientras Gilead firmaba licencias voluntarias con países pobres, permitiendo producir los medicamentos más baratos, el sistema seguía estando bajo el control de la corporación, con estrictas restricciones sobre el acceso para los 49 millones de personas que vivían con la enfermedad en cincuenta países de ingresos medios.[91] En efecto, dijo Sachs, Gilead y el sistema político estadounidense «han acabado con el uso adecuado de las patentes, convirtiéndolas en una auténtica licencia para matar, algo que nunca podrá aceptar una sociedad que esté en su sano juicio».

En Gran Bretaña Michelle Tolley consiguió el medicamento que le salvó la vida tras hablar en una emisora local de radio durante su campaña por los derechos a recibir tratamiento. Por desgracia, hubo muchos que no tuvieron tanta suerte. Como dijo Michelle: «Creo que es una vergüenza que las compañías farmacéuticas puedan monopolizar el precio de los fármacos. Tampoco está bien que el lugar donde uno vive determine si puede ser seleccionado para recibir el tratamiento».[92]

A Gilead le encanta presumir de sus presupuestos para investigación y desarrollo e incluye en su memoria las empresas de I+D que ha ido comprando. Pero si uno desglosa las cifras verá que la recompra de acciones y el pago de dividendos superó a su presupuesto para I+D en los cinco años que van de 2016 a 2020 –33.000 millones en el primer caso, 22.000 millones de dólares en el segundo–, aunque entre 2017 y 2020 los presupuestos fueron muy similares.[93] Durante el mismo período pagó a sus accionistas un 114 por ciento de sus ingresos netos.

AbbVie

Ya hemos visto cómo Katie Porter puso en su sitio al CEO de AbbVie por el precio de un fármaco para el cáncer, el Imbruvica.

AbbVie es una compañía relativamente nueva, que surgió en 2013 al separarse de una corporación mucho más antigua, Abbott Laboratories, establecida en Chicago en el siglo XIX y especializada en medicinas fabricadas con ingredientes activos obtenidos de las plantas, especialmente opiáceos. Hoy en día continúa fabricando instrumental médico y productos sanitarios.

AbbVie es reincidente en comprar medicamentos a otras empresas y luego utilizarlos para manipular los precios. Tal vez su producto más conocido sea el Humira, empleado para tratar enfermedades autoinmunes como la de Crohn y la artritis reumatoide. Un fármaco como Humira es una mina de oro para una empresa farmacéutica: trata una dolencia crónica, vitalicia, y los pacientes pueden necesitarla durante muchos años.

Tal vez no nos sorprenda que antes de la COVID Humira fuese el fármaco más lucrativo del mundo, generando casi 20.000 millones de dólares en 2017.[94] Humira se basaba en una nueva tecnología revolucionaria conocida como anticuerpos monoclonales (mAb) que son anticuerpos creados artificialmente y que pueden adherirse a un objetivo específico. Pero esa tecnología –como sucede con la mayoría de los grandes avances– no tenía nada que ver con la corporación que ahora está amasando tanto dinero con Humira. De hecho, surgió en las décadas de 1980 y 1990 en Cambridge, donde fue pionera, gracias a Greg Winter.[95] El trabajo se llevó a cabo sobre todo en el Medical Research Council Laboratory del Reino Unido, y se financió con grandes cantidades de dinero público. Y aunque esta institución percibe algún canon por las muchas medicinas que tienen como base los mAb, comparado con los ingresos que está obteniendo AbbVie es pura calderilla.

Humira es, de hecho, el diseño de una compañía escindida, formada por investigadores y que se llamó Cambridge Antibody Technology (Tecnologías de Anticuerpos de Cambridge), que trabajaba con una empresa alemana llamada BASF Pharma. A finales del año 2000, Abbott Laboratories, compañía matriz de AbbVie, compró la división de BASF que tenía las patentes, por la suma de 6.900 millones de dólares.

En su informe de 2021 un comité del Congreso de EE. UU. para supervisión y reforma echó un vistazo a lo que venía después.[96] Y descubrió que, igual que había sucedido con el fármaco para el cáncer Imbruvica, AbbVie había gastado en I+D para Humira «una mínima fracción de los ingresos netos que le estaba proporcionando el fármaco». AbbVie dijo que había gastado en I+D poco más de 5.000 millones de dólares para Humira entre 2009 y 2018, pero el comité no pensaba lo mismo:

> algunos documentos internos muestran que una buena parte de los gastos que AbbVie destinó a la investigación del Humira se emplearon en realidad en ampliar el monopolio de la compañía en el mercado, limitando el acceso a cualquier producto biosimilar que pudiera representar una competencia y aplicando para ello una serie de «mejoras» a Humira. Una presentación interna demostró que el único objetivo de esa estrategia de «mejora» consistía en «implantar una serie de barreras para limitar las posibilidades de que la competencia fabricara el producto». La estrategia de mejora de AbbVie tuvo éxito, y contribuyó a que la compañía obtuviera cientos de patentes (o la posibilidad de solicitarlas) para Humira, que ralentizarían el avance de sus competidores biosimilares comercializados a precio más bajo en EE. UU. hasta al menos 2023... lo que costaría al sistema de salud estadounidense al menos 19.000 millones de dólares.[97]

Así, aunque la patente estadounidense del Humira expiró en 2016, esta «investigación» permitió crear nuevas versiones de la misma medicina que podrían beneficiarse de una nueva protección y un número mayor de patentes relacionadas con los diversos usos del fármaco, procesos de fabricación, ingredientes y fórmulas alternativas. La empresa también fue acusada de utilizar tácticas de «pagos por demora», es decir, por pagar a sus competidores si retrasaban la venta del producto, a pesar de que un organismo antimonopolio ya había dirimido que AbbVie no actuó ilegalmente.[98]

Con el control de Humira ya seguro, AbbVie comenzó a subir el precio año tras año. En Estados Unidos Humira cuesta unos

77.000 dólares la dosis para un año, es decir, un 470 por ciento más que cuando se lanzó el fármaco en 2003.[99] En Gran Bretaña es más barato, pero aun así ronda las 11.000 libras anuales, lo que la convierte en la medicina más cara para el NHS durante el período de tiempo comprendido entre 2014-2016, con un gasto total de 800 millones de libras en sólo dos años. A escala mundial, el medicamento representó unos beneficios de 96.000 millones de dólares (72.000 millones de libras) hasta 2016.[100]

El informe del Congreso también acusó a AbbVie de vincular las compensaciones a ejecutivos al incremento de los precios del fármaco. Desde 2013, decía, AbbVie había pagado a sus más altos ejecutivos más de 480 millones de dólares en compensaciones, con bonificaciones vinculadas directamente a los ingresos netos del Humira.[101]

AbbVie había llevado a cabo una serie de fusiones y adquisiciones de empresas, y los dividendos combinados de todo ello, añadidos a la recompra de las opciones sobre acciones, sumaron en total más dinero del que se destinaba al presupuesto de I+D para los cinco años citados (2016-2020).[102] En esos mismos años pagó a los accionistas un 165 por ciento más de lo que había ganado en ingresos netos. Hay un salto poco habitual en el presupuesto de 2018, que puede explicarse con la nota al pie a la que ya se ha hecho referencia en el apartado de cuentas de la compañía: más de 5.000 millones de dólares por un «cargo por desajuste en la valoración de activos intangibles» relacionado con I+D y que se estaba produciendo en el momento en que compraron una empresa que resultó ser menos significativa de lo esperado. Cualquiera puede adivinar cuánto les importa el presupuesto de I+D.

En los últimos años cada vez está más aceptada la idea, entre los historiadores, de que el desarrollo temprano de la medicina moderna no carecía de vínculos con la antigua práctica de la alquimia. La alquimia es un tema complicado de entender hoy en día, pero una rama de este arte místico estaba interesada en desarrollar una panacea que pudiera tratar cualquier enfermedad y prolongar la vida eternamente. Tal vez no sorprenda que esta práctica desempeñara su papel en la invención de la química y de la medicina moderna.

Otra creencia de muchos alquimistas, la que más se recuerda hoy, era la posibilidad de convertir un metal base en oro. Esta parte de la alquimia ofrece una metáfora muy adecuada para la industria farmacéutica moderna: una industria que toma los recursos públicos y, mediante una práctica secreta y casi mística que –nos quieren hacer creer– son ellos los únicos que pueden llevar a cabo, produce enormes cantidades de dinero para sus ejecutivos, inversores y financieros.

Recientemente se han visto varios casos judiciales que hemos citado como evidencia de cierto cambio en la relación de la sociedad con la industria farmacéutica. Martin Shkreli quedó vetado de por vida en la industria farmacéutica, un veto que luego se extendió a todas las empresas públicas, y tuvo que pagar 64,6 millones de dólares del dinero que había amasado subiendo el precio del Daraprim, un medicamento que salva muchas vidas.[103]

La familia Sackler se preparaba para pagar 6.000 millones de dólares para enmendar el daño que causó la crisis de los opioides como parte de un trato que les permitiría cerrar todas las demandas que se habían interpuesto contra ellos, mientras a las familias de las víctimas de la epidemia se les daba el derecho de entrar en un careo con los Sackler y explicarles su historia.[104] Otras compañías involucradas en la crisis de los opioides, incluida Johnson & Johnson, están también en proceso de cerrar estos acuerdos. Mientras, como hemos visto, el caso Flynn propició incluso un cambio de la legislación británica que permitió al gobierno bajar el precio de los medicamentos genéricos por los que el NHS había pagado de más.

Estos casos, ¿representan un cambio generalizado? ¿O es más de lo mismo? ¿Se multa a las manzanas podridas y se juguetea en los márgenes para clausurar un modelo de explotación, sólo para abrir otro? Las batallas judiciales y los cambios legislativos han sido habituales en las respuestas del estado ante el comportamiento de la industria, pero ese comportamiento ha seguido empeorando, cada vez más.

Tal vez bajo la superficie se empiezan a agitar las aguas: hay un reconocimiento de que el modelo farmacéutico ya no puede hacer frente a las emergencias que nos amenazan a todos. Se ha consumido, ha sido devorado por el virus de la financierización. El sector farmacéutico está lejos de ser el único que ha aceptado este modelo, pero la naturaleza de su actividad y su particular dependencia de los activos intangibles como la propiedad intelectual lo han convertido en el vehículo perfecto para canalizar la riqueza de la sociedad en general hacia los bolsillos de los superricos. Sin embargo, hay otros sectores de la economía que han sido fagocitados del mismo modo que las compañías farmacéuticas, incapaces de proporcionar la resiliencia y la seguridad que tantos están pidiendo a gritos. Delegar las decisiones importantes a los caprichos de los mercados financieros nos ha llevado a las puertas de la catástrofe. En algún momento el cambio se hará inevitable: la única duda es qué aspecto tomará.

Ninguna situación ha demostrado esto con mayor claridad que la crisis de la COVID-19. Al tratar de hacer frente a la pandemia, la peor que ha asolado el mundo en 100 años, los gigantes farmacéuticos no sólo dejaron a la vista su auténtica naturaleza ante la mayoría de los países que aguardaban desesperados una vacuna para tratar un virus que estaba provocando la muerte y la enfermedad a una escala que rara vez se había experimentado en la historia moderna: las grandes farmacéuticas llegaron a perder la confianza del que una vez fuera su mayor aliado, el presidente de Estados Unidos.

3
Fue la codicia, amigos

Marzo de 2021. El primer ministro británico, Boris Johnson, había concluido una de sus ruedas de prensa habituales durante la COVID-19, flanqueado por sus asesores científicos, y se disponía a mantener una reunión por Zoom con sus diputados sin cargo oficial. Gran Bretaña estaba sometida todavía a fuertes restricciones, y el invierno había sido duro y solitario para mucha gente. Pero parecía verse una luz al final del túnel. En tiempo récord se habían fabricado vacunas eficaces y Gran Bretaña, el primer país del mundo en vacunar a un ciudadano, estaba inoculando a decenas –pronto serían centenas– de miles de personas cada día.

La popularidad del gobierno de Johnson había sufrido grandes altibajos debido a ese peculiar toque de caótica teatralidad que ha caracterizado su carrera, con una personalidad de teflón siempre desconcertante. Pero con el paso del tiempo la COVID-19 había ido consumiendo la paciencia de buena parte de la sociedad. Johnson encabezó una de las mayores cifras de muertes vinculadas al coronavirus en el mundo entero. Al principio, el primer ministro optó por el *laissez-faire* para lograr la llamada «inmunidad de rebaño». Parecía estar convencido de que si todo el mundo se infectaba rápidamente sería más fácil bandearlo. Cuando se vio que esa estrategia estaba a punto de derribar el sistema sanitario cambió bruscamente e implantó un confinamiento largo y estricto. Johnson recuperó el apoyo de los votantes cuando él mismo estuvo a punto de morir de COVID-19, pero volvieron a retirárselo cuando se supo que su principal asesor Dominic Cummings había violado las leyes de confinamiento cuando enfermó de coronavirus y Johnson no le reconvino.

Hacia finales de 2020 Johnson volvió a olvidarse de la prudencia: retiró muchas de las medidas de protección y se vio obligado de nuevo a dar un giro a su decisión e imponer otro confinamiento largo, oscuro y frío, durante el invierno. Pero a finales de marzo el lanzamiento de la vacuna ya estaba en camino, y dio la impresión de que Johnson había superado otra etapa.

De manera que Johnson estaba con ganas de bronca cuando se dirigió a sus parlamentarios, incluida la derecha libertaria que había protestado tanto contra las restricciones. En una conferencia por Zoom les lanzó un poco de carne cruda y, según parece, les dijo: «La razón por la que tenemos una vacuna eficaz es el capitalismo, es la codicia, amigos».[1] «Han sido las grandes farmacéuticas las que han dado el impulso necesario, y no me refiero sólo al *Chief Whip*», añadió señalando a su colega, que había sido granjero y estaba a su lado, comiéndose un bocadillo de queso y pepinillos.[2]

Johnson no tardó en pensarlo mejor: «La verdad es que lamento haberlo dicho. Olviden que lo he dicho.» A fin de cuentas, Gran Bretaña y su ahora famosa empresa farmacéutica AstraZeneca estaban en ese momento en el centro de una cáustica disputa con la Unión Europea precisamente porque los líderes europeos pensaban que a Gran Bretaña se le había dado un tratamiento preferente a la hora de vender las primeras vacunas. El rápido lanzamiento de la vacuna tenía lugar, o eso le parecía a la UE, a expensas del lanzamiento en sus propios países. Fue una discusión bizantina en toda regla, teniendo en cuenta que la mayoría de los países del mundo estaban a un millón de kilómetros de garantizar dosis adecuadas de vacunas.

Es imposible saber si Johnson lamentó aquel comentario de la codicia en ese preciso instante, pero lo que sí sabemos es que no se desdecía de la idea subyacente. Y es que se convirtió en el fundamento de su discurso ante el Partido Conservador poco después, en ese mismo año, cuando afirmó:

> Ha sido el sector privado el que lo ha hecho posible. Detrás de estas vacunas hay una serie de compañías con sus accionistas y, sí, también banqueros. Hay que tener muchas reservas de liquidez, y sólo se encuentran en la City londinense. Fue el capitalismo lo que garantizó que tuviéramos una vacuna en menos de un año y la respuesta por tanto no es atacar a los creadores de riqueza, sino animarles, porque son los responsables del incremento de la riqueza del país, que nos ha permitido experimentar el principio de Pareto con estas mejoras.[3]

Pero Johnson se equivocaba. No fue ni el capitalismo ni la codicia lo que hizo posible que existieran esas vacunas que tanta esperanza llevaron a la gente en marzo de 2021. De hecho, ni las corporaciones farmacéuticas altamente financierizadas ni sus inversores de la City crearon la vacuna británica ni ninguna otra vacuna. Pero, como veremos más adelante, la codicia y el capitalismo desempeñaron un importante papel en el lanzamiento de la vacuna, porque se aseguraron de que el acceso a ellas fuera tan desigual que muchos activistas comenzaron a llamarlo «el *apartheid* de las vacunas».

Para muchas personas con preocupaciones suficientes en su día a día la COVID-19 pareció surgir de la nada. Habíamos oído hablar de epidemias en otras partes del mundo –gripe aviar, gripe porcina, ébola, SARS, MERS, virus del Zika– pero ninguna de ellas había afectado a nuestras vidas. Nos habíamos asustado un poco, hubo ciertos brotes de preocupación, unos cuantos artículos apocalípticos que anunciaban la llegada de una nueva peste... Pero nada llegó a suceder y nuestras vidas siguieron su curso.

Al menos, las vidas de la mayoría de nosotros. En la comunidad médica, sin embargo, en los escritos de algunos académicos expertos, incluso entre algunos de mis amigos activistas, subyacía la creencia de que en algún momento llegaría una pandemia que cambiaría el mundo y que, lejos de reducir las posibilidades de que eso ocurriese, la estructura de la economía mundial nos llevaba cada vez más deprisa a la catástrofe.[4] También hubo, para los que prestaron atención, una serie de avisos sobre cómo afectaría esa pandemia a una sociedad con tantas desigualdades y sobre el funcionamiento de la industria farmacéutica, que supondría un obstáculo fundamental en la gestión rápida de una pandemia y, sobre todo, en la gestión equitativa.

Cuando uno da un paso atrás se da cuenta de que no es sólo la industria farmacéutica, sino toda nuestra economía la que parece programada para hacer que se produzca una pandemia. De hecho, la financierización nos ha puesto peligrosamente cerca del colapso en una serie de frentes, y el más importante de todos es el cambio climático. Cuando se pone en el centro del modelo económico el aumento de los beneficios a corto plazo aumentan también los incentivos para depositar los costes de la actividad económica en otra parte: en el resto del mundo, en el sector público, en el medioambiente o en las generaciones futuras. Los mercados financieros están interesados en lo que pueden sacar hoy. El precio lo pagarán otras personas, en otro lugar o en otro momento.

No es la primera vez que nuestra civilización se ha enfrentado a este problema. Ya en la década de 1940 uno de los principales expertos en economía política del siglo XX, Karl Polanyi, intentó organizar las lecciones que nos dejaban las revueltas sociales de las décadas anteriores en *La gran transformación*. Para Polanyi el problema se centraba en lo que sucede cuando los políticos «permiten que el mecanismo del mercado sea el único rector del destino de los seres humanos y su entorno natural». Su conclusión fue que esto tendría como consecuencia «la demolición de la sociedad».[5]

Para Polanyi las catástrofes bélicas del siglo XX, especialmente el horror del fascismo, no podían explicarse sin tener en cuenta el período de rápida globalización, monopolios corporativos y poder financiero a los que la Primera Guerra Mundial había puesto fin. La ideología del mercado era completamente utópica, y para Polanyi una sociedad controlada por el mercado representaba la muerte del ser humano, que quedaría apartado del contexto cultural y político que nos hace humanos. Conduciría también a una total mercantilización y a la destrucción de nuestro entorno. No es sorpresa que Polanyi creyera que mucho antes de que pudiéramos imaginar una sociedad puramente de mercado la gente echara mano de cualquier fuerza que les protegiera de estas fuerzas mercantiles. Precisamente eso hizo posible el ascenso del fascismo.

Por este motivo Polanyi tiene mucho que enseñarnos sobre las crisis sociales, políticas y económicas que estamos atravesando actualmente. El control de nuestra economía y sociedad por parte de los mercados financieros –la forma más pura de mercado– ha creado *de facto* una disrupción social enorme y una destrucción medioambiental sin precedentes. Y es precisamente esta dinámica, más que la antigua asunción de que «hay demasiada gente en el planeta» lo que ha sentado las bases de la pandemia. La elevada financierización de esta forma de capitalismo a la que nos hemos acostumbrado está volviendo nuestra sociedad y nuestra vida como individuos cada vez más precarias, y elevando el riesgo de pandemias porque se ha incrustado en nuestro entorno y está incentivando sistemas agrícolas cada vez menos sostenibles, promoviendo la privatización de la atención sanitaria al tiempo que se restringen los recursos y forzando cada vez a más gente a marchar a las ciudades con infraestructuras inadecuadas. Es cierto: aún no sabemos cómo se desarrolló la COVID-19; muchos siguen creyendo que fue por un virus que escapó de un laboratorio de Wuhan. Lo que está claro es que la propagación del virus y nuestra incapacidad para contenerlo deben mucho a nuestra economía basada en el beneficio, mientras que el continuo destrozo del planeta significa que las nuevas pandemias seguirán siendo un riesgo mientras sigamos viviendo así.

Si asumimos que la COVID fue, al menos en parte, consecuencia directa de la dinámica de la economía global y la tendencia hacia el aumento de los beneficios, la forma en que actuó la pandemia nos dará mucha información sobre cómo se comporta la economía. Aunque los costes financieros que la pandemia tuvo para el estado hayan sido astronómicos, por no hablar de los costes no financieros en enfermedad y muerte, los mercados financieros hicieron más dinero aún, lo que contribuyó a aumentar las desigualdades. A principios de 2022 Oxfam vio que los diez hombres más ricos del mundo habían duplicado su fortuna (de 700.000 a 1.500.000 millones de dólares) durante los dos primeros años de la pandemia, a pesar de que el 99 por ciento de la humanidad vio cómo se reducían sus ganancias y más de 160 millones de personas quedaron abocadas a la pobreza.[6] La codicia y el capitalismo crearon la pandemia. Y estuvieron a punto de poner más trabas a los esfuerzos para hacer frente a sus efectos.

Mike Davis, historiador y activista estadounidense, se hizo una reputación exponiendo cómo la actitud de dejar en manos del mercado las principales decisiones sociales nos ha acarreado las peores consecuencias. En *Los holocaustos de la era victoriana tardía* exploraba cómo la introducción de nuevas relaciones capitalistas había diezmado los sistemas de apoyo a escala local en el subcontinente indio, mientras la ideología extrema del libre mercado de los gobiernos imperialistas británicos había dejado en manos del mercado la decisión de quién iba a comer y quién iba a morirse de hambre.[7] El resultado fue la pérdida de millones de vidas humanas por hambruna, que no fue consecuencia del retraso y la ignorancia, sino de la modernidad, el capitalismo y el mercado.

En *El monstruo llama a nuestra puerta: la amenaza global de la gripe aviar*, publicado en 2005, Davis defendía que eran las tendencias destructivas que se apreciaban en la economía global moderna las que habían hecho inevitable la pandemia.[8] La obra de Davis conmovió a un grupo de activistas de tal forma que se pusieron a trabajar en una campaña que denominaron Pandemic Action. Davis les convenció no sólo de que la esperada pandemia ya había llegado, en forma de una gripe aviar, sino de que la naturaleza de la economía global se encargaría de que la humanidad hiciera frente a esa situación de un modo radicalmente distinto, en función de dónde viviera uno. Entre otras demandas pedían «el fin de las patentes que restringían el acceso a medicamentos fundamentales» y «la financiación urgente, por parte de los más ricos del mundo, para mejorar los sistemas sanitarios y de vigilancia en los países de Asia y África que pudieran correr más riesgos». Firmaron su manifiesto algunos líderes del activismo, como Noam Chomsky, Naomi Klein, Walden Bello y el propio Mike Davis.

Pandemic Action se adelantó a su tiempo. La gripe aviar no fue «la gorda». Pero los puntos que señalaron los activistas respecto a las medidas que había que tomar para eliminar las posibilidades de que se produjera una pandemia, y para garantizar que los elevados costes que una pandemia de esa magnitud no recaerían en los más pobres del mundo, resultaron proféticos.

El problema que Davis había identificado no fue sólo que no se estaban tomando medidas radicales para reestructurar nuestra sociedad con el fin de poner freno a la esperada pandemia. Era aún peor, y más corto de vista: ni siquiera estábamos investigando para fabricar medicamentos que pudieran emplearse en una pandemia así. ¿El motivo? Sencillamente, nadie iba a hacer dinero con ellos. En una entrevista realizada en abril de 2020, antes de que se hubieran inventado medicinas eficaces para hacer frente a la COVID-19, Davis explicó: «una compañía farmacéutica no tiene ningún incentivo para fabricar algo que sólo se va a emplear una vez, pudiendo invertir en otros ámbitos que ofrecen beneficios ilimitados a lo largo de los años, como las que se destinan a enfermedades del corazón o a la disfunción sexual de varones de edad avanzada, como yo mismo».[9]

Tenía razón. En situaciones de crisis el mercado ha fracasado estrepitosamente, bien porque se pasa de frenada, como en la crisis financiera de 2008, bien porque provoca las reacciones más horrendas, como la de enviar alimentos desde los lugares donde más se necesitaban, como ocurrió en las hambrunas de finales de la era victoriana, durante el Imperio Británico. En la pandemia de la COVID-19 sólo una intervención estatal a gran escala podía evitar que la economía sufriera un colapso. E igual que en 2008, se gastaron cantidades de dinero público sin precedentes para salvar a los bancos que habían dado lugar al desastre. Esto sugiere que todos, salvo los ideólogos más fanáticos del libre mercado, entienden que el mercado es, en el mejor de los casos, un mecanismo tremendamente limitado para tomar decisiones sociales de gran calado.

Cuando importa, entra en escena el estado. Pero en la era de la financierización hay un gran problema con la forma en que se produce esta entrada. Primero, el estado sólo interviene para «corregir los fallos del mercado». En lugar de utilizar recursos públicos para reinventar el sistema y hacer que funcione con eficacia, la intervención estatal ahorra al mercado las consecuencias de su propio comportamiento desastroso, y luego deja a los financieros que continúen gobernando la sociedad. Miremos la forma en que el gobierno británico paga rutinariamente la fianza por los fallos inevitables de la privatización del ferrocarril, poniendo una parte de la empresa en manos públicas para luego volver a venderla cuando el sistema se estabiliza. Mientras los ricos se marchan los pobres acaban pagando el precio de estas intervenciones mediante la austeridad y el agotamiento de los servicios públicos.

El segundo problema es que no todos los estados pueden intervenir de esta forma. Durante los últimos cuarenta años se ha instado a muchos países a que reduzcan su propia capacidad de intervenir o de planificar: se les ha dicho –y a veces obligado a ello– que lo dejen todo en manos del mercado, entregando los recursos y poderes estatales que les permiten intervenir con éxito. Y así, en una situación como la de la COVID-19, pierden literalmente la capacidad de tomar las medidas necesarias para proteger a sus ciudadanos. El resultado final, en palabras de Chomsky, es un sistema de «socialismo para los ricos, libre mercado para los pobres».

Esta lógica no sólo se aplica a la reacción general de los gobiernos ante la COVID-19, sino más específicamente a las vacunas que tanta importancia alcanzarían si queríamos atajar cuanto antes la pandemia. El mercado, en forma de industria farmacéutica, fracasó en todas las fases. No consiguió fabricar vacunas, no consiguió fabricar las dosis necesarias y no consiguió distribuirlas de un modo ni siquiera parecido a lo equitativo. Este último fracaso significó que no íbamos a ser capaces de detener la COVID-19 ni a evitar el surgimiento de nuevas y peligrosas variantes del virus.

Los políticos reconocieron estos fracasos sin ambages. Por eso los gobiernos y los organismos internacionales comenzaron a verter cantidades nunca vistas de recursos públicos en el desarrollo de las vacunas y la producción necesaria para corregir los «fallos del mercado». Desde luego, sin esta intervención las cosas habrían sido mucho peor. Pero más que utilizar estos recursos para transformar el sistema, la obsesión con hacer que el mercado funcionara supuso que los gobiernos los emplearan para convertir en ricos a unos pocos y no para crear un entramado que podría haber sido más útil para la gente y que nos hubiera colocado en una posición más fuerte para enfrentarnos a futuras emergencias médicas.

La creación de la vacuna

El mercado nos había fallado mucho antes de que estallara la COVID-19. En enero de 2020 podríamos habernos encontrado en una posición mucho mejor para hacer frente a un brote de coronavirus, pero la estructura de la industria farmacéutica no lo permitió.

Académicos radicales y activistas no fueron los únicos que sabían que se avecinaba una pandemia. La posibilidad ya estaba causando la alarma entre los expertos que asesoraban a los gobiernos. En el mundo de los negocios ya habían expresado su preocupación varias personalidades. Incluso dentro del gobierno estadounidense se estaban haciendo planes para enfrentarse a esa situación, aunque los preparativos quedaron seriamente perjudicados por los recortes de la administración de Donald Trump.[10]

Pero cuando se habló de medicamentos, el sector farmacéutico mostró una indiferencia casi total hacia los coronavirus, y de hecho hacia cualquier posible candidato a provocar una pandemia, porque se consideraba que no iban a ser rentables. Las vacunas se habían convertido ya en un páramo de la investigación para la industria, porque no se percibían como algo rentable. Uno de los motivos por los que estas dos áreas clave no se consideraban rentables era que no crearían mercados lo suficientemente grandes entre las poblaciones ricas. Como escribió Robin Henig, «Preguntad a un virólogo qué hace que valga la pena tener en cuenta una epidemia y os responderá, con su cinismo característico, "la muerte de una persona de raza blanca"».[11]

A principios de la década de los 2000, el Sur Global fue golpeado por varias epidemias. Los coronavirus habían provocado ya dos de estas epidemias, que pasaron de animales a humanos en forma de SARS en China (2002) y de MERS en Oriente Medio (2012). Ambas pudieron contenerse antes de convertirse en pandemia. Pero hicieron sonar las alarmas en departamentos universitarios y en instituciones internacionales como la Organización Mundial de la Salud (OMS). En 2016, como escribió la periodista Charlotte Kilpatrick, especializada en salud, la OMS lanzó una advertencia «destinada a todas las empresas farmacéuticas del mundo, para que estuvieran preparadas».[12] El organismo identificó dieciséis patógenos, incluidos algunos coronavirus, que supusieron una grave amenaza para la salud del planeta, todos muy poco estudiados.

Esto dejó a la vista la profunda preocupación de la comunidad científica: esa industria que, se suponía, estaría inventando medicinas nuevas que nos protegieran de la enfermedad, no estaba haciendo su trabajo. «Dos años después, en 2018, los gigantes farmacéuticos tenían en marcha cero proyectos de investigación para combatir los coronavirus».[13]

Cuando la COVID-19 comenzó a extenderse más allá de China, un investigador del grupo activista estadounidense Public Citizen, Zain Rizvi, mostró su preocupación. Echó un vistazo a las investigaciones que se estaban haciendo para hacer frente a los coronavirus. Averiguó que en el año anterior, 2019, sólo hubo activos seis ensayos clínicos para fabricar medicinas para los coronavirus en los que estuviera implicada alguna farmacéutica, y todos ellos dependían en gran medida de la financiación pública. Me dijo: «Sé que sonará raro, pero tuvimos mucha suerte con la COVID-19. Estábamos en una situación en que no teníamos la menor garantía de obtener una vacuna tan pronto». Naturalmente, dijo, nadie afirma que pudiéramos haber desarrollado un medicamento contra la COVID-19 sin haber identificado la enfermedad, pero «con las inversiones adecuadas, si hubiéramos prestado la debida atención a la posibilidad de que antes o después estallara algún tipo de epidemia, podríamos haber adelantado mucho camino. Podríamos habernos encontrado en mejor situación. Pero el hecho es que no llegamos al núcleo de los problemas de la industria».[14]

Incluso hoy, cuando el coronavirus ya se ha convertido en una de las principales preocupaciones de la industria –obviamente–, las grandes farmacéuticas no están haciendo prácticamente nada en relación con otras enfermedades infecciosas emergentes. Coronavirus aparte, hoy en día sólo hay quince proyectos en marcha centrados en las otras enfermedades que la OMS considera prioritarias, y diez enfermedades que no están en ningún plan de I+D.[15]

Los fallos de la industria no terminan aquí. En 2020 las vacunas de todo tipo ya se habían convertido en productos sin importancia para las grandes farmacéuticas. Hubo un tiempo en que fueron un producto insignia para la industria, pero el elevado coste de ensayar los medicamentos, combinado con el escaso potencial de rentabilidad, supusieron que se priorizaran otras áreas más lucrativas. Por decirlo claramente, las vacunas no dan dinero; desde luego no el suficiente para aumentar los beneficios de la industria farmacéutica. En 2019 la venta global de vacunas representó una ganancia de 54.000 millones.[16] Comparémoslo con los 92.000 millones en total que generaron en 2019 las diez medicinas más vendidas.[17] Las vacunas entrañan muchos más riesgos: son difíciles de fabricar y su potencial de rentabilidad es menor. Y esa es la razón por la que el número de empresas que fabricaba vacunas cayó de veintiséis en 1955 a dieciocho en 1980, y luego a cuatro en 2020. Estas cuatro empresas controlaban aproximadamente el 80 por ciento del mercado de vacunas.[18] Una de estas empresas, GlaxoSmithKline, con sede en Gran Bretaña, había limitado su respuesta a la epidemia. El investigador jefe del área de vacunas dijo a los medios: «Lo que hemos aprendido con el ébola, con la gripe pandémica, con el SARS, antes incluso... es que es muy disruptivo, y no es así como queremos que el negocio siga adelante».[19]

Parte de la razón para ello fue que las vacunas, en el mejor de los casos, inmunizan a la gente de por vida. Incluso con los virus que más rápido mutan, la mayor parte de la gente no necesita más de una inyección al año. Es casi lo contrario a lo que hace la actual industria, que alivia una enfermedad crónica pero sigue siendo necesaria, idealmente, durante el resto de la vida del enfermo. En 2018 sólo un 1 por ciento de la industria farmacéutica global centró su I+D en enfermedades infecciosas emergentes.[20]

En primavera de 2020 Tahir Amin y Rohit Malpani dejaron claro que el sistema farmacéutico no era capaz de enfrentarse a un mundo de pandemias: «A pesar de las claras advertencias de que podría acercarse otra pandemia viral, la industria farmacéutica ha retirado las inversiones en tratamientos y vacunas nuevas», porque:

> En el mercado actual, donde impera el capital, invertir en prepararse para una pandemia o para desarrollar medicamentos con los que hacer frente a enfermedades olvidadas, como la tuberculosis o la malaria no es, ni lo ha sido nunca para las compañías farmacéuticas, algo prioritario, a pesar de que otras enfermedades de este grupo de olvidadas ocasionaron más de 2 millones de muertes al año, lo que es casi siete veces el número que ha provocado hasta el momento la COVID-19. El ejecutivo de una compañía que tenga que decantarse

por invertir en un tratamiento novedoso para hacer frente a una posible amenaza de pandemia, o por recomprar las acciones de la compañía para aumentar su precio en bolsa, elegirá seguramente la segunda opción.[21]

Si hubiéramos contado con una industria que pusiera el foco en desarrollar los conocimientos que ya habíamos adquirido de enfermedades como el SARS, podríamos habernos adelantado y ganar la partida a la COVID-19.

Para gestionar estos fallos rutinarios del mercado los gobiernos destinaron cantidades ingentes de dinero a la investigación farmacéutica, incluso sin que hubiera pandemia. Estos recursos son la razón por la que ahora tenemos fármacos de utilidad. Como dice Rizvi: «Sin esto, habríamos estado en un auténtico apuro».

En 2017 las principales fundaciones caritativas, como Gates y Wellcome, junto con una serie de gobiernos, establecieron la Coalición para las Innovaciones en la Preparación ante Epidemias (CEPI, por sus siglas en inglés) que financiaría la investigación para buscar vacunas contra enfermedades infecciosas emergentes. Si la industria hubiera estado haciendo su trabajo este paso no habría sido necesario. Hasta Bill Gates, firme defensor de la empresa privada y de la industria farmacéutica, reconoció cuando se lanzó la propuesta: «El mercado no va a resolver este problema porque las epidemias no son frecuentes, y cuando llegan uno no puede permitirse el lujo de poner un precio desorbitado a las herramientas que pueden combatirlas».[22]

Quien más ha gastado en investigación farmacéutica, con diferencia, ha sido el gobierno estadounidense. La mayor parte de ese gasto se canaliza a través de un organismo llamado NIH por sus siglas en inglés: Institutos Nacionales de Salud. Se trata de una enorme agencia de investigación que pone el foco en la atención sanitaria, impulsada por el gobierno nacional, y que alcanzó especial importancia durante el mandato del presidente Roosevelt con el *New Deal*. En 1940 Roosevelt ensalzó a la institución con la conmovedora retórica que se esgrime como símbolo de paz:

> Ha estado entregada, durante su larga y distinguida historia, a mejorar la salud de toda la humanidad, en cuyo servicio no ha aplicado limitación alguna impuesta por las fronteras internacionales; tampoco ha hecho distinciones por razones de raza, credo o color... Ahora que estamos a una distancia en avión de menos de un día de la fiebre amarilla de la jungla, en Sudamérica, de menos de dos días de la enfermedad del sueño del África ecuatorial, de menos de tres días del cólera y la peste bubónica, las murallas que debemos vigilar son civiles, además de militares.[23]

Tendríamos muy pocas medicinas si no fuera por el NIH, que destina anualmente decenas de miles de millones de dólares a la investigación médica. Un proyecto de investigación que analizó más de 200 medicinas aprobadas en Estados Unidos entre 2010 y 2016, advirtió que la investigación del NIH había desempeñado algún papel en el desarrollo de todas ellas.[24] Otro estudio mostraba que más del 90 por ciento de los fármacos nuevos o que se prescriben usualmente había recibido financiación del NIH en las fases iniciales de su desarrollo, que son las más complejas.[25] Pero da igual lo que pidan las autoridades a la industria farmacéutica: saben que el mercado no va a generar la investigación que necesitamos para mantenernos sanos.

Un periodista económico resume así la situación: «Aunque la gente suele mirar con escepticismo al Gobierno, este es un caso en el que su implicación ha cambiado el curso de la historia para bien».[26] Cuando el presidente Trump amenazó con recortar la financiación del NIH en 2017 saltaron las alarmas: se pensaba que esto podría «mermar gravemente el desarrollo de nuevos fármacos que salvan vidas».[27] Expertos como Michael S. Kinch, de la Facultad de Medicina de la Universidad de Washington en St. Louis advirtieron de que «las compañías farmacéuticas llevaban décadas alejándose de las fases incipientes de la investigación», e incluso las empresas de investigación biotecnológica más pequeñas estaban desapareciendo (muchas de ellas, claro está, engullidas por las grandes compañías farmacéuticas, a las que se incorporaban), lo que dejaba al NIH como principal proveedor de fondos para iniciar cualquier investigación.[28]

Hasta 2020, el grueso del trabajo que se había hecho con los coronavirus era el que había llevado a cabo el NIH. Después del brote de SARS se estima que el NIH gastó 700 millones de dólares en investigación y desarrollo. Aunque alguna vez participaron compañías farmacéuticas en el proceso, su implicación fue, como mucho, tibia: igual podía salir adelante que languidecer en una estantería. En 2017 el gigante farmacéutico Sanofi se retiró de una asociación con el ejército estadounidense para desarrollar una vacuna contra el virus del Zika, a pesar de haber obtenido 43 millones de dólares de financiación gubernamental y de haber desarrollado un medicamento prometedor.[29]

Los gobiernos europeos ni siquiera se acercan a los niveles de financiación del NIH, pero aun así destinan a la investigación sumas considerables de dinero a pesar de que las grandes farmacéuticas hayan aumentado enormemente su influencia sobre el modo en que se gastan estos fondos públicos. En 2018 los grandes negocios incluso se opusieron a que se invirtiera *dinero público* en agilizar la investigación de vacunas para patógenos como los coronavirus, según el Corporate Europe Observatory, que escribió que la influencia de las grandes farmacéuticas sobre las inversiones estatales se traduce en que el dinero público se gasta en «una serie de proyectos diversos para desarrollar productos, tecnologías y procesos concebidos sobre todo para el beneficio de las empresas implicadas, mientras las consecuencias que ello tiene en la gente, el medio ambiente y la salud pública casi nunca se toman en cuenta».[30]

Como comentó Rizvi: «nadie sabía que el coronavirus iba a ser la pandemia esperada. No queremos decir que podríamos haber estado preparados para hacerle frente el primer día. Pero podríamos habernos encontrado en una situación mucho mejor».[31]

Y así fue como en la primavera de 2020 una industria disfuncional tuvo que enfrentarse a una pandemia global. Lo que hacía falta era subir un nivel de movilización pública. A pesar de tener un presidente disfuncional, el gobierno estadounidense volvió a tomar las riendas y a marcar el camino. La Operación Warp Speed, una iniciativa en la que se invirtieron 18.000 millones de dólares para incentivar a las grandes farmacéuticas y que iniciaran la investigación, ensayo y producción de vacunas y tratamientos a toda prisa, fue también un compromiso para adquirir grandes cantidades de las dosis que se produjeran.

Warp Speed no era una institución: era, simplemente, un mecanismo para recaudar grandes sumas de dinero rápidamente y con la mínima burocracia posible. Era también una cuestión de conveniencia política: a pesar de que Trump parecía convencido de que la COVID era una conspiración contra él, estaba desesperado por conseguir vacunas y que llegaran a las manos de los ciudadanos antes de la reelección a la que se presentaba en noviembre. En eso fracasó, pero Warp Speed demostró lo que se puede lograr cuando se destinan cantidades prácticamente ilimitadas de dinero a la investigación médica, al desarrollo y la producción de medicamentos. Aunque se repartieran mucho más de 1.000 millones de dólares entre empresas pequeñas para otros productos que no fuesen vacunas, las mayores sumas fueron a parar a los protagonistas de las grandes farmacéuticas. Se dieron a Moderna 2.500 millones de dólares, a Sanofi y GSK 2.000 millones por su vacuna, que no llegó a materializarse, a Pfizer y BioNTech casi 2.000 millones, a Novavax 1.600 millones, a Johnson & Johnson casi 2.000 millones y a AstraZeneca 1.600 millones.[32]

Si la gestión que hizo Boris Johnson de la COVID-19 dejó mucho que desear, la de Trump fue una catástrofe de dimensiones épicas, con la única excepción del Warp Speed. Y como dijo a Bloomberg Peter Hotez, del departamento de Medicina Tropical del Baylor College of Medicine (Houston), «el único aspecto de la pandemia en el que Trump actuó correctamente fue lo que hizo para que las empresas se pusieran a fabricar».[33] Warp Speed no sólo dio dinero para vacunas y tratamientos, sino también para asegurar la dotación de viales y jeringas, y aportó ideas para que el programa de vacunación funcionara.

Pero por muy necesario que fuese Warp Speed, ni siquiera estuvo cerca de ser suficiente. En el fondo se trataba de corregir, y no de reemplazar, el mercado: llenar de dinero a las grandes farmacéuticas con poca transparencia y, aparentemente, sin muchas condiciones en lo relativo a los precios y al acceso. Public Citizen incluso emprendió acciones legales para intentar aprovechar mejor el dinero invertido. Eli Zupnick, portavoz de Accountable Pharma, destacó que Warp Speed «fue para muchos ejecutivos de empresas farmacéuticas el gran día de pago. Sus inconvenientes los cubren los contribuyentes, y sus ventajas ya están en sus bolsillos».[34]

Esto demostró también la existencia de un problema en la relación del gobierno con la industria. Como ya descubrimos en el capítulo anterior, la gran industria farmacéutica no sólo es un sector disfuncional: conserva, además, su papel de guardameta de nuestras medicinas. Es cierto que la industria no ha hecho bien su trabajo, pero tampoco los gobiernos han conseguido crear la infraestructura necesaria para hacer mejor las cosas.[35] Así que seguimos dependiendo de algo que, claramente, no funciona.

Warp Speed fue sólo una parte de un gasto público que suponía una movilización fuera de la norma. En general, se estima que los gobiernos gastaron 93.000 millones de euros en vacunas y tratamientos en poco menos de un año.[36] No todo ese dinero fue a los gigantes, pero no se hizo ningún intento de destinarlo a iniciar la transformación de un sector que, lejos de ser nuestro salvador, carecía por completo de los incentivos necesarios para responder ante una pandemia.

Como ya debería resultar obvio, las empresas que dieron su nombre a las vacunas no fueron las encargadas de crearlas. Pero como tantas veces se nos ha dicho lo contrario, quiero dejarlo muy claro: estas fueron, todas, vacunas creadas con fondos públicos en mayor o menor medida.

Se puede entender que el desarrollo de las vacunas durante una pandemia global haya impulsado a mucha gente a evitar las críticas a la industria que las fabricó. Pero para algunos tal vez no se trata de quién se llevó los laureles, ni siquiera de quién ganó dinero: necesitábamos vacunas, y todo lo demás se convertía en insignificante en comparación. Pero a medida que la pandemia fue remitiendo quedó claro que sí importaba. Porque no era cuestión de quién había inventado qué, ni de quién estaba ganando dinero. Al confiar las vacunas a un número selecto de empresas estábamos confiándoles, también, una serie de decisiones fundamentales: quién iba a fabricar las vacunas, a qué precio, y en qué orden se venderían. Estas cuestiones estuvieron a punto de constituir uno de los problemas políticos más importantes a los que nos enfrentábamos.

Moderna

Moderna es distinta a la mayoría de las grandes empresas farmacéuticas que se convirtieron en protagonistas durante la pandemia, dado que se trata de un caso relativamente nuevo: antes del advenimiento de la COVID no tenía ningún producto en el mercado. De hecho, de no ser por la pandemia, podría haberse convertido en otra empresa de biotecnología que vendía sus logros a otra empresa más grande. Pero la COVID lo cambió todo, y convirtió al ambicioso CEO de la compañía en multimillonario.

La especialidad de Moderna es la tecnología de ARN mensajero, que tanta importancia alcanzó con la pandemia; el nombre de la compañía se inspira en el acrónimo en inglés de esta tecnología, ARNm. La tecnología ha revolucionado el desarrollo de las vacunas y ofrece la posibilidad de inoculaciones o tratamientos de vanguardia para una amplia gama de enfermedades, incluido el VIH, la fibrosis quística, ciertos tipos de cáncer y la malaria.

Las vacunas tradicionales emplean gérmenes débiles o inactivos que tienen que crecer en células animales a escala industrial, lo que a veces lleva muchos meses o incluso años. La tecnología que hay detrás de las vacunas con ARNm es muy distinta: su base es una molécula que utiliza el código genético para enseñar a nuestras células a fabricar unas proteínas que serán las que disparen la respuesta inmunitaria. En cierto modo, nos permite dar a nuestro cuerpo una orden para que luche contra la enfermedad. Esto significa que no hacen falta grandes instalaciones para fabricarla, ni todo el tiempo que requieren los cultivos: las vacunas con ARNm pueden producirse en mucho menos tiempo y con mucho menos dinero que las vacunas tradicionales, y pueden adaptarse con gran rapidez, actualizándose enseguida a medida que mutan los virus.

La vacuna de Moderna, según parece, tardó un fin de semana en concebirse y se terminó antes de que China hubiera reconocido que la enfermedad era contagiosa para los seres humanos.[37] Naturalmente, los ensayos llevaron mucho más tiempo, pero el hecho de que Moderna comenzara a fabricar vacunas rápidamente en unas instalaciones que nunca se habían dedicado a esto ya era una muestra del potencial de esa tecnología. Esto condujo a otras muchas posibilidades interesantes. La adaptabilidad de la tecnología de ARNm permite su utilización para combatir todo tipo de enfermedades, incluidas las más raras, que afectan sólo a un número reducido de pacientes. También permite desarrollar y producir lotes reducidos de vacunas con un enfoque altamente descentralizado.

Con esto no se pretende afirmar que fuera fácil definir la tecnología de ARNm. El modo de introducir una vacuna de ARNm en un cuerpo humano y la necesidad de garantizar que ofrece la protección adecuada sin perjudicar al paciente han supuesto décadas de investigación. Al principio de la pandemia muchos creían aún que tal vez no iba a ser posible. Ahora sabemos que lo es, que las vacunas de ARNm abren un mundo de posibilidades y que pueden transformar la medicina tal y como la conocemos.

Esto significa que ser el propietario de la tecnología se ha convertido en un asunto político de gran importancia. El activista por la salud Achal Prabhala define el ARNm como una tecnología potencialmente muy democrática. Explica la diferencia entre esta tecnología y la de las vacunas tradicionales diciendo que las tradicionales, de antes de la pandemia, eran analógicas, y las de ARNm son digitales. «Naturalmente, las vacunas son complejas y siempre resulta difícil producirlas; pero de todas las tecnologías que hoy están en uso las más complicadas son las más antiguas, mientras las más novedosas –las de ARNm– son las más sencillas», dice Prabhala.[38]

Los ideólogos del mercado libre nos dicen que los emprendedores asumen una serie de riesgos para impulsar la innovación, mientras el sector público, que se ahoga en la burocracia, es poco más que un peso muerto en la economía. Este es quizá uno de los mitos más extendidos del capitalismo: la industria farmacéutica demuestra que es radicalmente falso. La historia del ARNm se remonta a muchas décadas atrás, mucho antes de que se estableciese Moderna. Como ocurre tantas veces, la investigación más temprana y la que más riesgos supuso se llevó a cabo en universidades, con fondos públicos. En todos los descubrimientos de esa naturaleza los científicos se apoyan en los hombros de sus predecesores, por lo que el desarrollo de una vacuna nunca es un proyecto autónomo.

En la década de 1990 la tecnología ARNm se consideraba una especie de páramo científico en el que se habían implicado algunos científicos como Katalin Karikó, que buscó denodadamente fondos para financiarla y que acabó apartada de su cargo en la Universidad de Pennsylvania.[39] Karikó pertenece a un puñado de científicos que se merece el crédito, aparte del Premio Nobel, por su compromiso y dedicación para hacer funcionar esta tecnología.

Moderna se constituyó en 2010. La integraban el científico Derrick Rossi y algunos de sus colegas, que consiguieron reunir el dinero suficiente para llevar a cabo la investigación. Un año después los inversores de la compañía contrataron a Stéphane Bancel como CEO. Bancel era un animal de pelaje distinto al de los científicos que habían trabajado en la tecnología hasta ese momento. Impulsado por la ambición de dirigir una compañía importante, Bancel era un empresario implacable cuyos primeros días en Moderna se caracterizaron por el secretismo, la alta rotación del personal y la más pura determinación de atraer capital de riesgo.[40] El compromiso de Moderna con el mundo exterior parecía más afín a la generación de inversiones que a la investigación científica. Así la describió un antiguo empleado: «Es una empresa de inversiones y puede ser que además, esperémoslo, desarrolle un fármaco importante».[41]

En un sector que recompensa generosamente ese comportamiento –siempre y cuando uno acierte en su apuesta– Moderna medró. Cuando la compañía salió a bolsa en 2018 las cuantiosas acciones de Bancel y de otros ejecutivos sénior de la compañía dejaban claro que les iba muy bien. Cuando se comprobó que la vacuna era efectiva las recompensas subieron como la espuma. En un determinado punto, en plena pandemia, Bancel tenía un valor de más de 12.000 millones de dólares, y aunque las acciones de Moderna habían sido algo volátiles su fortuna seguía siendo de 5.000 millones de dólares a comienzos de 2022.[42] En primavera de 2021 el movimiento People's Vaccine calculó que las vacunas contra la COVID-19 habían generado nueve multimillonarios nuevos. Bancel era el primero de la lista, en la que también aparecían dos de los fundadores de Moderna.[43]

Estas fortunas se construyeron sobre unos índices de beneficio impresionantes: a principios de 2022 Moderna ya anunciaba que las ventas de la vacuna contra la COVID habían reportado, durante todo el año anterior, 17.700 millones de dólares.[44] De esta cifra, el beneficio de Moderna –13.000 millones de dólares antes de impuestos, alrededor de 36 millones de dólares diarios en 2021– representaba un margen de beneficios de en torno al 70 por ciento. Ese era el tipo de margen que uno podía esperar de los productos de lujo, no de unos medicamentos esenciales. Para ponerlo en perspectiva, el margen de beneficio bruto medio de las

500 mayores compañías estadounidenses fue, en 2021, de en torno al 15 por ciento.[45]

Pero esto no fue una sorpresa. Los expertos han calculado que las vacunas de Moderna pudieron haberse fabricado por 2,85 dólares la dosis, pero han resultado ser las más caras del mercado, con precios entre los 19 y los 24 dólares la dosis, que pudo subir hasta los 37 dólares para algunos clientes.[46] En otras palabras, la compañía estuvo cobrando por la vacuna un precio de entre cuatro y trece veces lo que costó fabricarla.

Aún habrá quien diga que esto tampoco importa tanto. Bancel y sus amigos podrían haber hecho su agosto, pero lo cierto es que tenemos una vacuna que ha salvado muchas vidas y ha ahorrado un montón de dinero. Aunque en realidad los beneficios de Moderna son un problema para todos nosotros, porque supusieron un obstáculo para terminar con la pandemia. Como veremos en el capítulo 4, el modelo de negocio de Moderna se ha construido sobre una serie de incentivos perversos, que fomentaron el secretismo y la competición en lugar de la colaboración; la vacuna no vale tanto como cuesta, pero lo peor de todo es que ha creado una desigualdad desastrosa en el acceso a las vacunas, perjudicando así nuestra capacidad para superar la pandemia.

Quizá lo que mejor ilustra el desperdicio y la insensatez que representa el modelo farmacéutico de Moderna sea la serie de demandas en las que se vio envuelta la compañía. La dedicada a los litigios es una partida fundamental del presupuesto de las grandes compañías farmacéuticas, porque conservar el control total de la propiedad intelectual es fundamental para aumentar los beneficios. Moderna parece empeñada en ocultar la verdad sobre los fondos públicos con los que se desarrolló, incluso hasta el punto de emprender acciones legales. Ha sido acusada de incumplimiento de contrato por no exponer con claridad qué parte de financiación pública destinó a su vacuna.[47] Y se negó incluso a reconocer que tres científicos federales eran coinventores en algunas de sus solicitudes de patente, lo que provocó una demanda del gobierno estadounidense.[48] Los científicos han dicho que perciben esos intentos que ha hecho Moderna de apartarles del juego como una «traición» por parte de la corporación.[49]

No se trata sólo de reconocimiento: al excluir de la solicitud de la patente principal a los tres científicos que, según el organismo público, fueron indispensables para el desarrollo del fármaco, Moderna pudo bloquear al gobierno estadounidense, impidiendo que tuviera autoridad sobre aquellos que podían fabricar la vacuna. Como indicó Zain Rizvi, de Public Citizen, «no se trata de alardear. Es una cuestión de importancia del suministro. Las patentes son monopolios para el desarrollo, y en una pandemia es terrible pensar que una corporación privada pueda tener el monopolio de parte de una tecnología para salvar vidas».[50]

Ya estaba en marcha la disputa legal con el gobierno estadounidense cuando una compañía llamada Arbutus abrió otro caso contra Moderna, que decía que había infringido las patentes de la compañía en el uso de su vacuna.[51] Más recientemente, la propia Moderna emprendió acciones legales contra Pfizer y BioNTech, porque decía que sus vacunas habían violado las patentes de Moderna.[52]

El hecho de que todas estas compañías hayan gastado enormes sumas de dinero en litigios para mantener el control de la propiedad intelectual, en lugar de colaborar en el desarrollo de sus medicamentos, muestra lo perversos que son los incentivos que recibe este sistema. Ninguna compañía puede afirmar haber creado un avance científico de tal calado por sí sola. Pero se ha gastado tanto dinero público en financiar el desarrollo de la vacuna que produce Moderna que Public Citizen le dio la denominación de «vacuna del NIH». Según los expertos, «la vacuna fue desarrollada conjuntamente con el NIH, y los contribuyentes estadounidenses están financiando con sus impuestos el 100 por cien del desarrollo de la vacuna».[53] Peter Maybarduk, de Public Citizen, dijo de la vacuna de Moderna: «Es la vacuna de la gente. La vacuna del NIH. No es simplemente la vacuna de Moderna. Varios científicos federales han contribuido a su desarrollo, y los contribuyentes lo están financiando. Todos ellos han desempeñado algún papel. Todos hemos representado algo. Debería pertenecer a la humanidad».[54] O como dijo el economista Adam Tooze, «Dado que Moderna depende en gran medida de la financiación pública, sorprende ver que pueda tener algún poder de negociación. Sin el apoyo público, del tipo que sea, no podría existir como productora de vacunas».[55]

Uno de los científicos que participó en la revolución del ARNm lo explicó claramente cuando hablaba de su contribución al sistema de liberación de ARNm: «Realmente no se puede reclamar el mérito: hablamos de cientos, probablemente miles de personas que han trabajado en equipo».[56] O como dijo Katalin Karikó: «Cada uno añadió algo de forma incremental... incluida yo».

Moderna no fue la única que se benefició del dinero público. Para justificar los beneficios que obtuvo con la vacuna, Pfizer afirmó que no había recurrido a la financiación pública, pero la desarrolló en conjunción con BioNTech, con quien compartió sus beneficios. Y BioNTech recibió 445 millones de dólares del gobierno alemán para llevar a cabo esa investigación. Sin embargo, el apoyo público no se reduce a eso.[57] Como hemos visto, Warp Speed pagó, en teoría, 2.000 millones de dólares para «los primeros encargos», reduciendo radicalmente el riesgo financiero del fabricante.

Un miembro del gobierno estadounidense dijo, exasperado, al *Financial Times*: «Ni siquiera es su vacuna» y añadió que el hecho de que se hubiera llegado a conocer como «la vacuna de Pfizer» había sido «el mejor golpe de *marketing* de la historia de la industria farmacéutica estadounidense».[58]

En Gran Bretaña todo el mundo sabe que «su vacuna» la inventó la Universidad de Oxford. Sus científicos incluyeron a Sarah Gilbert, que había investigado ya en las crisis del ébola y del MERS, y que estaría en condiciones de aplicar a la investigación de la COVID-19 los conocimientos adquiridos.[59] AstraZeneca llegó tarde a la fiesta, pero la vacuna que estaba intentando producir acabó llevando su nombre en la mente del público.

Hay un estudio verdaderamente avanzado, realizado por estudiantes de medicina de las Universities Allied for Essential Medicines, que analizó con detalle la financiación de la vacuna de Oxford. Aunque se enfrentaron a la falta de transparencia que es habitual en el área de la financiación médica, llegaron a la conclusión de que en los fondos que sirvieron para financiar la vacuna de Oxford/AstraZeneca hubo una aportación pública o benéfica de entre el 97 y el 99 por ciento: alrededor de un 37 por ciento de la financiación de I+D procedía del gobierno del Reino Unido y el 25 por ciento de gobiernos extranjeros.[60]

La vacuna definitiva de las grandes farmacéuticas, la producida por Johnson & Johnson, también recibió una cantidad sustancial de dinero público, incluyendo la suma de casi 2.000 millones de dólares de Warp Speed, que incluía dinero para I+D y para la fabricación.[61] El NIH también contribuyó con los ensayos clínicos, desarrolló la tecnología en la que se basa la vacuna y había sufragado a la candidata a vacuna contra el ébola, que fue la que empleó esta tecnología en primer término.

Entre la espada y la pared: la historia de COVAX

Gracias a la inyección brutal de dinero público sumada a una saludable dosis de suerte fue posible producir vacunas eficaces y otros tratamientos de un modo bastante rápido. El poder del estado tenía que corregir como pudiera los errores del mercado.

Pero entonces surgió otro problema: cómo producir la cantidad de vacunas que necesitaba el mundo. No ayudó mucho el que los tres mayores productores de vacunas –Merck, Sanofi y GlaxoSmithKline– fracasaran en el intento de fabricar una vacuna eficaz para la COVID-19. Se dijo que esto sucedía porque las leyes de propiedad intelectual incentivaban a las corporaciones para que se centraran en desarrollar tecnologías que ya controlaban, en lugar de diversificar y probar suerte en otras áreas. Pero sea cual sea la verdad, la propiedad intelectual complicó la situación: la mayoría de los grandes fabricantes mundiales de vacunas no podían aprovechar su capacidad para producir vacunas para la COVID-19 porque sus vacunas candidatas no habían conseguido la aprobación.

Como dijo Anna Marriot, de Oxfam, en febrero de 2021, «las tres mayores corporaciones farmacéuticas, que fabrican vacunas a escala global según precio de mercado son GlaxoSmithKline (GSK), Merck y Sanofi, y entre ellas sólo se han comprometido a producir 225 millones de vacunas este año». La presidenta de UN Aids, Winnie Byanyima, añadió: «Hay que llamar a filas a todas las compañías que tengan capacidad para producir vacunas, para apoyar el esfuerzo hercúleo que necesitamos».[62] Pero no es así como funciona el universo de las grandes farmacéuticas. El mismo modelo de propiedad intelectual que sólo permitía desarrollar las vacunas con grandes cantidades de dinero público también impidió producir la cantidad de vacunas necesarias. También en esto la naturaleza de las grandes farmacéuticas era un impedimento más que una ayuda, justo cuando más necesaria era su capacidad de producción.

Este problema no se resolvió nunca: aunque se firmaron algunos acuerdos para aumentar la producción de vacunas, el mundo tenía que enfrentarse al hecho de que se estaban fabricando muchas menos de las que hacía falta. Esto condujo al tercer problema del mercado: con una demanda tan grande y un suministro limitado, ¿cómo podía garantizarse que los países ricos no acaparasen todas las vacunas disponibles?

Igual que había sido necesario recurrir a la intervención para corregir los fallos del mercado en materia de investigación y desarrollo, o eso se creyó, también haría falta corregir los fallos que supondría permitir al mercado decidir quién podía comprar las vacunas y quién no. Ahí es donde entra COVAX.

COVAX salió de la mente de Seth Berkley y Richard Hatchett: la idea surgió cuando estaban charlando en el bar del hotel Hard Rock del selecto complejo de esquí de Davos (Suiza), en enero de 2020.[63] Davos se ha hecho famoso por acoger anualmente el Foro

Económico Mundial, un encuentro de grandes y buenos, donde políticos y empresarios aparcan sus obligaciones cotidianas y discuten las tendencias, oportunidades y desafíos del sistema. Es una especie de día sin colegio para el capitalismo, que adquirió gran importancia en la década de 1990, cuando se estaban creando las instituciones de la economía global. En retrospectiva parece increíble que la COVID-19 no dominase la agenda, pero en enero de 2020 aún no estaba muy claro lo seria que podía ponerse la situación en todo el mundo, afectando incluso a la economía global. En lugar de centrarse en eso se ofreció a los delegados un discurso de Donald Trump, en el que les instaba a ignorar a los profetas del fatalismo y afirmaba que el cambio climático era una conspiración concebida para destruir la economía estadounidense.

Pero Berkley y Hatchett estaban preocupados. Ambos dirigían instituciones internacionales poderosas dedicadas a crear más y mejores medicamentos y a hacerlos llegar a las zonas más pobres del planeta. Un encuentro de la clase capitalista nos podría parecer la ocasión menos oportuna para que dos personas se preocuparan por el acceso a las medicinas, pero si pensamos eso estamos olvidando que la financierización había infectado el desarrollo internacional del mismo modo que había hecho con las empresas de todo el mundo. Berkley y Hatchett no eran un par de activistas desarrapados tratando de hacer caridad: eran dos figuras arquetípicas del *establishment* que se encontraban en su salsa junto a líderes mundiales y multimillonarios. En 2009 el fundador de Google dijo de Berkley que era una de las cien personas más influyentes del mundo y elogió «la importancia de su experiencia y la enorme tenacidad de su carácter»; Hatchett, por su parte, había ocupado altos cargos en las administraciones de George W. Bush y Barack Obama.[64]

Ambos eran, por tanto, representantes del pensamiento del *establishment* para el desarrollo, y cada uno presidía una institución filantrópica público-privada bien conocida. Richard Hatchett dirige CEPI, de la que ya hemos hablado. Se fundó para enmendar los errores de las grandes farmacéuticas a la hora de invertir en vacunas, aunque fuera apoyando a las empresas responsables de esos errores. Berkley dirige una organización llamada GAVI, una institución que se creó hace veinte años para llevar vacunas a las zonas más pobres del mundo, centrada en enfermedades como la polio, el cólera y la difteria. GAVI cuenta con el apoyo de los países más ricos, incluida Gran Bretaña, pero también con el de la Fundación Gates, que es fundamental. Igual que CEPI, y siguiendo la filosofía del propio Bill Gates, GAVI trata de mejorar el funcionamiento del mercado y no tanto de cambiar el sistema, para lo que colabora con las corporaciones en un intento de garantizar mejores precios a los países del Sur y de buscar formas de mitigar los riesgos asociados al desarrollo de vacunas destinadas a ayudar a los más pobres.

Estas instituciones trabajan por un mundo mejor, pero lo hacen con las manos atadas a la espalda porque se niegan a hacer frente al modelo que ha generado el problema. Asumen que si la financiación pública fuera suficiente, las grandes empresas se conducirían de otro modo. Pero al bailar el agua al modelo actual, lo que hacen es contribuir a perpetuar el comportamiento que están intentando cambiar.

Médicos Sin Fronteras criticó a GAVI por destinar enormes sumas de dinero a Pfizer y GSK cuando compró las vacunas para la neumonía que tanta falta hacían en los países menos favorecidos.[65] Este dinero suponía una buena parte de su presupuesto anual, porque las vacunas están a precios muy por encima de su valor justamente porque Pfizer y GSK controlan el suministro. Sus monopolios son el motivo por el que los países más pobres no tienen acceso directo a las vacunas. Pero más que desafiar al sistema, por ejemplo, apoyando a fabricantes que hacen el trabajo por menos dinero, para comenzar a producir y a poner en tela de juicio el sistema de patentes, lo que hacen es alimentarlo, reafirmando así la fuerza controladora de las grandes farmacéuticas. Esto, a su vez, margina a los gobiernos que necesitan arrebatar el poder a las grandes farmacéuticas para poder crear un sistema sanitario sostenible, y lo que hace es reforzar el poder del mercado aunque este sea un mercado con los errores corregidos. Pero Berkley y Hatchett fueron elogiados por sus esfuerzos.

Sin embargo, tenían razón en una cosa: si la COVID-19 iba a convertirse en pandemia, había muchas posibilidades de que, abandonados a su suerte, los países ricos acaparasen enseguida todas las vacunas que se fabricaran, dejando al resto sin nada. Para resolver esta situación y después de asegurarse el apoyo indispensable de Bill Gates, se lanzó por fin COVAX en abril de 2020. De hecho, COVAX fue sólo un brazo de una organización mucho más grande dedicada a buscar diagnósticos, vacunas, tratamientos y sistemas de atención sanitaria en general; pero para exponerlo de un modo más sencillo me voy a centrar en lo que fue la función nuclear de COVAX: la distribución de vacunas por todo el mundo, de la forma más equitativa posible.

La meta de COVAX era entregar 2.000 millones de dosis de la vacuna para finales de 2021, y no se iban a vender por debajo de su precio. Como apuntó Berkley, «Nunca se había producido una intervención para salvar vidas ante una amenaza sanitaria global tan repentina, que llegara a tanta gente, del Norte y el Sur Global, simultáneamente y tan rápido.»[66]

El plan era sencillo: cincuenta y uno de los países más ricos del mundo pagarían sus propias vacunas, pero aprovecharían la existencia de COVAX para conseguir mejores precios al comprar al por mayor o simplemente como último recurso si las gestiones bilaterales para comprar sus propias vacunas resultaban inadecuadas. Al mismo tiempo, un segundo grupo de países, los noventa y dos con menos ingresos, recibirían vacunas a precio reducido o incluso a coste cero para atender al 20 por ciento de su población. La esperanza era inmunizar a la población más anciana y vulnerable, a los trabajadores sanitarios y otros trabajadores indispensables. Este segundo punto sería sufragado, en gran medida, por presupuestos destinados a ayuda internacional o por filántropos.

Por ahora parece que se trata de un plan bienintencionado que intenta compensar la terrible desigualdad en el suministro de vacunas. Pero COVAX fracasó estrepitosamente en su objetivo: en último término el organismo entregó menos de la mitad de los 2.000 millones de dosis que se había propuesto suministrar en 2021: 907 millones de vacunas.[67] Se trataba sólo del 8,5 por ciento de las dosis que se habían dispensado en todo el mundo en esa fecha.

De hecho, la situación era mucho peor de lo que sugiere esa cifra de 907 millones. COVAX podría haber sido una absoluta catástrofe de no ser por dos factores. En primer lugar, lo que salvó a COVAX fue que a finales de 2021 se aumentó la producción, y un tercio de las dosis de COVAX para 2021 no llegaron hasta diciembre. Esto dio lugar a otro problema, ya que muchos gobiernos se vieron desbordados por los pedidos que llegaban todos a la vez. Durante gran parte de 2021 no se había conseguido vacunar más que a unos pocos.

El segundo factor que contribuyó a la salvación de COVAX fueron las donaciones. La mitad de las dosis eran, en realidad, donaciones (sobre todo de EE. UU., el único país que donó algo que no fuera una cantidad ridícula de dosis).[68] Pero las donaciones no entraban en el esquema inicial de COVAX, y sin embargo el plan se redujo finalmente a que COVAX fuera lo que siempre intentó evitar: un organismo caritativo que ofrecía poco más que las migajas de la mesa de aquellos que habían encargado más dosis de las que precisaban. A finales de otoño de 2021 MSF calculaba que menos del 2 por ciento de los países participantes habían recibido vacunas procedentes de COVAX para todos sus habitantes, mientras dieciocho países seguían esperando la primera dosis de COVAX.[69]

Retrasos, entregas en el último momento, y el ritmo de parada y arranque del proceso hicieron imposible una planificación anticipada para la mayoría de países. El *Washington Post* informó de que en octubre y noviembre de 2021 se habían tenido que desechar aproximadamente 1 de cada 5 dosis de AstraZeneca donadas a través de COVAX, casi todas porque estaban a punto de caducar.[70] Esta situación provocó las suspicacias de la gente hacia la vacuna. Un político de Namibia, por ejemplo, dijo a los investigadores que mucha gente de su país tenía que desplazarse muy lejos para ir a un centro de vacunación y al llegar se encontraban con que no había dosis disponibles: «Esa gente no va a volver otro día», dijo.[71]

La mayoría de los países ricos ignoraron el plan de COVAX, pero aquellos que depositaron en él su confianza desearon no haberlo hecho. En julio de 2021 el presidente de Paraguay, que había pagado 7 millones de dólares por 4,3 millones de dosis pero sólo había recibido 300.000, comentó: «Confiábamos en el mecanismo de COVAX para que hubiera equidad. No puedo quedarme callado: COVAX ha sido un fracaso».[72]

COVAX ha sido la explicación a un problema: el nacionalismo de las vacunas. Si los países ricos no hubieran comprado todas las dosis que había en el mercado, o no hubieran impuesto controles a la exportación para priorizar a sus propias poblaciones, la situación habría sido muy distinta. «Era una idea muy bonita», dijo un académico. Pero «los países ricos se condujeron peor que en la peor pesadilla de cualquiera».[73]

Hay una verdad en esto. La actitud interesada de los países ricos desempeñó un papel desastroso cuando lo que se buscaba era la equidad. Naturalmente, nadie duda de la magnitud de la ambición que COVAX se impuso durante la crisis, pero para muchos expertos el fracaso de COVAX en su modo de abordar estos desafíos, de importancia incuestionable, es algo que lleva incorporado el modelo «asociativo».

Las iniciativas filantrópicas público-privadas del estilo de COVAX han proliferado en la era de la financierización, porque son un medio de resolver los problemas del mundo. La lógica dice que los problemas a los que nos enfrentamos son demasiado grandes para que los resuelvan los gobiernos, sobre todo cuando gran parte de la riqueza se encuentra en manos de las grandes empresas y de los superricos. Si queremos gestionar la desigualdad y la pobreza que afectan al planeta, por no hablar del cambio climático, el estado tiene que aprovechar el poder del sector privado y gestionarlo bien. Desaparecen los viejos modelos de cooperación internacional entre gobiernos y llega una serie de organismos cuyo objetivo ha sido persuadir a los que tienen dinero de que lo empleen en construir un mundo mejor, porque redundará también en su propio beneficio.

En iniciativas de este tipo han invertido enormes sumas de dinero algunos filántropos como Bill Gates, que ha sido uno de los principales contribuyentes. En consonancia con lo que hace que los líderes empresariales y los filántropos se sientan más a gusto, los antiguos foros de negociación han sido sustituidos por pequeños grupos de directivos, muchos de ellos de formación espontánea, que son los que impulsan las iniciativas. Como dijo un experto en vacunas, «era una especie de club selecto en el que no iban a admitir países con ingresos medios o bajos; de modo que acabó pareciendo una reunión para hacer lo que siempre han hecho "los mejores": fomentar las ayudas».[74] Parece casi imposible creer que una institución establecida específicamente para cubrir las necesidades de los países más pobres no contara apenas con la participación de representantes de esos países. Precisamente las personas que más necesitaban una voz que les representara quedaron marginados en el proyecto COVAX. En definitiva, es muy complicado ver esto como algo que no sea una iniciativa de caridad, tocada por el horrible matiz de una mentalidad colonial.

COVAX expone claramente las limitaciones de esta forma de ayuda. Es fundamental aprender esta lección, porque hay mucha gente poderosa que quiere que lo veamos como modelo de gestión de futuras pandemias y, en general, de los sistemas sanitarios globales. Quieren que creamos que la igualdad y la justicia son posibles en un mundo netamente injusto y desigual. Pero la verdadera lección que nos deja la experiencia de Covax es que esto no es cierto.

COVAX trabajaba *a través* de corporaciones farmacéuticas, reforzando así los monopolios que entorpecen la implantación de un modelo de producción mejor distribuido y de un acceso a las medicinas más equitativo. COVAX se abstuvo de desafiar a estos monopolios, que tan claramente estaban dificultando el suministro de vacunas y manteniendo los precios muy altos, y lo hizo limitándose a aceptar su lugar al final de la cola. COVAX se rindió públicamente a las exigencias de inmunidad ante cualquier problema legal que hicieron las grandes farmacéuticas, asumiendo la responsabilidad legal, pero también financiera, ante cualquier reacción adversa. Y lo que es más grave: depositaron su confianza en un grupo reducido de fabricantes, como el Serum Institute de India, que se suponía que proporcionaría la mayor parte del suministro al Sur Global. Apostarlo todo a una única fuente suponía un riesgo enorme. Como veremos, una vez que India se vio afectada por su propia crisis de COVID-19 la estrategia se vino abajo, porque el país impuso prohibiciones a la exportación de vacunas para hacer frente en primer término a su propia situación.

El enviado especial de la Unión Africana, Strive Masiyiwa, lo dejó muy claro:

> Nos han llevado por la senda equivocada. Nos han llevado al huerto. Hemos llegado a diciembre creyendo que el mundo se había unido en el asunto de las vacunas, sin saber que nos habían acorralado en una esquina mientras otros corrían a asegurarse su parte. Eso era lo que iba a hacer COVAX por nosotros, se suponía, y no comprar a un único proveedor de India para decirnos, en junio, que lo sienten mucho pero que India tiene un problema.[75]

Un informe especialmente crítico de Amigos de la Tierra Internacional describe así la estrategia de COVAX: «han querido llevar la vacuna de la COVID a comunidades y pueblos del mundo en vías de desarrollo sin perjudicar al mercado farmacéutico mundial».[76] «El acceso a la atención sanitaria debería declararse bien público a escala global», dice el informe. Pero «COVAX ha reducido la actuación en situaciones sanitarias problemáticas a la capacidad de comprar –en este caso– las vacunas a los propietarios "autorizados". Estas soluciones, que sólo miran al mercado, impiden que la gente vea la salud como un bien público global».

COVAX no fue el único intento internacional, en las primeras fases de la pandemia, de mitigar el barullo que se avecinaba para acceder a las vacunas. Se convirtió en el más destacado precisamente porque no intentaba cambiar el sistema de raíz. Pero hubo otra institución que contempló la posibilidad de abordar un cambio verdaderamente transformador, y que recibió el apoyo incondicional de todo el Sur Global. Sin embargo, las grandes farmacéuticas estaban decididas a impedir que saliera adelante.

A pesar de ser un país pequeño desde el punto de vista territorial, Costa Rica ocupa un puesto destacado en la política internacional. Tras abandonar su ejército permanente hace setenta y cinco años e invertir lo que se ahorra en iniciativas sociales, en la actualidad Costa Rica es líder mundial en acción climática, y prácticamente el 100 por cien de su electricidad la obtienen de energías renovables. Así que tal vez no nos sorprenda que Costa Rica fuera el primer país del mundo en proponer que se abandonara la mentalidad de «el negocio, como siempre» cuando hubo que enfrentarse a la COVID.

El 23 de marzo de 2020 el presidente de Costa Rica, Carlos Alvarado Quesada, de centro izquierda, presentó una propuesta a la Organización Mundial de la Salud para

> compartir los derechos sobre aquellas tecnologías que resulten útiles para la detección, prevención, control y tratamiento de la pandemia de COVID-19. El consorcio requerirá la realización de tareas voluntarias, deberá incluir los derechos existentes y futuros sobre invenciones y diseños patentados, además de los derechos sobre resultados de ensayos, conocimientos, líneas celulares, *copyrights* y memorias detalladas para fabricar test de diagnóstico, dispositivos, fármacos y vacunas. Deberá garantizar el libre acceso, o la licencia en términos razonables y asequibles, en todos los estados miembros.[77]

La propuesta no era del todo nueva. El MPP (Medicines Patent Pool) se estableció en 2010 en un intento de superar los graves problemas de acceso a los fármacos para el VIH que ocasionaba el sistema de propiedad intelectual, mediante un acuerdo de adhesión voluntaria para compartir los conocimientos necesarios para fabricar esas medicinas. A partir de ahí se expandió para incluir otros medicamentos esenciales. Costa Rica proponía que se aplicara este modelo a toda la tecnología que pudiera resultar útil para gestionar la pandemia.

Durante las siguientes semanas Costa Rica construyó el mecanismo de apoyo. En Gran Bretaña 130 miembros del Parlamento, de diferentes partidos, pidieron al gobierno del país que apoyara la propuesta, y en todo el mundo hubo 500 grupos de la sociedad civil que lo respaldaron, hasta el punto de que el famoso economista heterodoxo Joseph Stiglitz comentó: «Para mí, es un paso absolutamente imprescindible».[78]

En mayo la propuesta se había convertido en un organismo nuevo, el C-TAP (COVID-19 Technology Access Pool). Era un consorcio de empresas tecnológicas para combatir la COVID respaldado por treinta y siete países y por el director general de la Organización Mundial de la Salud, Tedros Adhanom Ghebreyesus, que dijo: «Casi todos los días sale alguna noticia sobre la investigación de las vacunas, el diagnóstico o la terapia indicada. Pero ¿podrá beneficiarse todo el mundo de estas herramientas? ¿O se convertirán en otro motivo para dejar de lado a la gente?»

Llegados a ese punto el C-TAP se conceptualizó como una especie de ventanilla única para adquirir medicamentos para la COVID o equipos esenciales como los test de diagnóstico. La idea era que todo lo que hiciera falta para ello –patentes, recetas, experiencia, datos que respaldaran su eficacia– quedara en manos del C-TAP. Cualquier país o fábrica que estuviera interesado en producirlos podría obtener la información necesaria para hacerlo en condiciones de seguridad y eficacia, sin preocuparse por ser demandado.

Este plan no sólo aumentó de forma espectacular la producción: además podría incentivar la innovación. En lugar de operar en un entorno en que imperaban el secretismo y la competencia, los científicos y fabricantes podían compartir sus conocimientos y progresos, y utilizarlos para ir construyendo sobre ellos, independientemente de dónde partieran. En palabras de Alvarado Quesada, «la solidaridad global contribuiría a fomentar el avance científico y el acceso a una serie de bienes públicos para combatir el virus».[79]

Sonaba muy prometedor. Pero había un problema. La adhesión al C-TAP era voluntaria, lo que significaba que, si funcionaba, los propietarios de las patentes y los conocimientos tendrían que aceptar su inclusión en el proyecto. Nadie les pedía que lo hicieran sin cobrar nada, desde luego. Siempre se aceptó que las empresas que aportaran sus conocimientos recibieran un canon, aún por negociar.

Pero lo que se negociara nunca sería suficiente para las grandes farmacéuticas. Albert Bourla, director de Pfizer, fue el primero en ridiculizar al C-TAP: «En este momento creo que no tiene sentido, y además es peligroso.»[80] Pascal Soriot, director ejecutivo de AstraZeneca, también se pronunció: «Si no protegemos la PI no habrá ningún incentivo para la innovación».[81] Thomas Cueni, director del principal *lobby* farmacéutico, la Federación Internacional de Fabricantes y Asociaciones Farmacéuticas, se mostró de acuerdo. Dijo que estaba «demasiado ocupado» para asistir a la presentación del C-TAP: «No estoy seguro, la verdad, de que necesitemos más plataformas...»[82]

Y eso fue todo. Llevábamos dieciocho meses de pandemia, era noviembre de 2021, cuando el C-TAP consiguió firmar su primer acuerdo: fue con el Consejo Superior de Investigaciones Científicas español, para una herramienta diagnóstica.[83] Esta fue la primera licencia global y no exclusiva para una herramienta sanitaria contra la COVID-19. Por lo demás, las grandes farmacéuticas boicotearon lo que podía haber sido un instrumento fundamental en los avances farmacológicos contra la COVID-19.

Así fue como en verano de 2020, con las vacunas en proceso de rápido desarrollo gracias a un desembolso de dinero público sin precedentes, el mundo no tenía aún ningún mecanismo con el que evitar el desastre cuando llegaran. Esto culminó con que los más ricos e influyentes se quedaron con todas las que pudieron agarrar. Y aunque se había establecido que era necesario evitar la desigualdad a la que la economía global nos acabaría abocando, inevitablemente, COVAX se construyó sobre la misma lógica, y al final se demostraría que no podía pelear con las poderosas fuerzas a las que creyó que podría convencer para que cambiaran de actitud. El C-TAP intentó hacer las cosas de manera muy distinta; pero, por desgracia, también dependía de la persuasión y de la voluntad, dos factores que se revelaron altamente ineficaces ante una lógica de libre mercado que estaba a punto de dictar quién recibiría las vacunas y quién no.

En otoño de 2020 ya se habían desencadenado las fuerzas del mercado.

4
Comienza la pandemia

La campaña de People's Vaccine empezó con una carta. Fue a finales de abril de 2022, durante el ramadán: Nabil Ahmed tomó un pequeño almuerzo previo al ayuno y a las seis menos cuarto de esa mañana envió un borrador a sus colegas de Oxfam y UN Aids para que le dieran su opinión. «Yo no era ningún experto en vacunas», me cuenta Ahmed.[1] «Pero redacté la carta. Yo soy siempre el que escribe las cartas. Recuerdo que se me ocurrió el término "People's Vaccine" (vacuna popular) con mi colega Anna, y lo pusimos ahí, y pareció funcionar».

Naturalmente, no fue la primera vez que los activistas hablaban de la COVID:

> Cuando [la pandemia] llegó a Italia, Max, Anna y yo pensamos: «Tenemos que hacer frente a esto, así que vamos a hacer sonar las alarmas». Y escribimos una serie de informes sobre lo que podría suponer una pandemia para los sistemas de salud y las economías de los países más pobres. Pero la vacuna seguía apareciendo en los debates, y nosotros estábamos convencidos de que tendría que quedar libre de patentes lo antes posible, porque Oxfam ya se había enfrentado antes a las grandes farmacéuticas y sabíamos que estas empresas presumían de estar en primera línea en la lucha contra el VIH/sida junto al presidente Mandela y otras personalidades. Sabíamos que era un monopolio poderoso y lleno de codicia. Sabíamos lo que iba a ocurrir.

«Nuestra frágil humanidad espera hoy con impaciencia que se descubra una vacuna eficaz y segura». Así comienza la carta de

Oxfam y UN Aids, que pasa después a su petición: «Los gobiernos del mundo deben estar unidos y protegidos por una garantía global que nos asegure que se fabricará una vacuna que estará disponible rápidamente y será de acceso universal en todos los países, sin cargo alguno. Y esto mismo pedimos para todos los tratamientos y tecnologías necesarios para la COVID-19». «Entonces fue cuando empezaron a llegar las adhesiones», me explica Ahmed.

> Recuerdo que Joe Stiglitz firmó enseguida; quería ayudarnos a conseguir más adeptos. Y eso ocurrió también en todos los proyectos que iniciamos, que hubo gente muy conocida que dio un paso adelante y ofreció su colaboración. Sabían lo importante que era esto. El primer líder mundial que ganamos para la causa fue Helen Clark, de Nueva Zelanda. Quería contribuir, y también atrajo a otros. Queríamos que apareciera en el *Financial Times* en mayo de 2020 y ellos recogieron el guante. Y Cyril Ramaphosa, de Sudáfrica, fue la cara visible de la reivindicación. La influencia de Winnie fue fundamental.

Winnie es Winnie Byanyima, directora de UN Aids, aunque es mucho más que una burócrata de las Naciones Unidas. Byanyima es una luchadora en todos los sentidos de la palabra: lucha contra la pobreza, contra los gobiernos dictatoriales, contra el racismo institucional y la misoginia, contra la corrupción política.[2] Luchó como refugiada cuando en la década de 1970 huyó de las revueltas políticas de Uganda siendo estudiante: una mujer, en un sector dominado por los hombres, que estudiaba ingeniería en la Universidad de Manchester, como miembro de una guerrilla clandestina que pretendía deponer a Milton Obote de la jefatura de Uganda en los ochenta y también en el movimiento feminista británico, que dejó a un lado la lucha por la liberación del Tercer Mundo. Más que nada, Byanyima es una activista que, en los tiempos en que dirigía Oxfam, dijo a un periodista: «Nosotros no creemos que la caridad sea la vía para resolver los problemas. Y vosotros no vais a sacar a nadie de la pobreza con la amabilidad de los más ricos».[3]

Byanyima fue fundamental tanto para inspirar como para impulsar People's Vaccine, y en su apoyo fue franca y directa: «No podemos dejar que los CEO de unas cuantas empresas farmacéuticas decidan nuestro futuro».[4]

Así se concibió una campaña muy poderosa, que captó la imaginación de centenares de miles de personas de todo el mundo. Fue una de las pocas veces en la vida que me ha resultado más fácil exponer un argumento estructural para el cambio que articular un argumento basado en la caridad. La idea de que pudiéramos producir más vacunas, pero que nos lo estuvieran impidiendo las normas de la industria, que permitían mantener el control de los conocimientos a un reducido grupo de corporaciones, era algo obsceno para la mayoría.

«Y la carta encendió la chispa para lo que vino después», me dice Ahmed.

> Estábamos abrumados, la verdad. El presidente de Naciones Unidas dijo en un momento dado «People's Vaccine», y el resto fue muy deprisa. Probablemente lo más grande que he hecho en la vida fue conseguir que un nutrido grupo de premios Nobel firmaran la carta que enviaríamos al presidente Biden. He participado en cientos de cartas... Pero lo cierto es que a menudo hay que persuadir a la gente. Esta vez fue fácil. Los propios firmantes nos ayudaron a redactar la carta.

Continuó:

> Ya hemos demostrado que somos capaces de dar buenos puñetazos. Aún no hemos dado el golpe de gracia, pero todo esto nos ha enseñado alguna que otra lección importante. Nos ha mostrado que el mundo rico no va a sacarnos del neoliberalismo. Eso es algo que tiene que venir del Sur Global. No se fían de los del mundo rico más de lo que se fían de los ricos de su país. Así que sí, tenemos que volver a sacar el tema de las diferencias entre el norte y el sur. Tenemos que volver a combatir el colonialismo. Y hay muchas señales que hablan de un nuevo movimiento anticolonialista. Y montones de gente que

> no entiende que la economía global era una economía colonial. Habéis escogido a los capitanes y generales del Imperio Británico, y ellos han tomado las mismas decisiones.

Hay otros dos puntos importantes relativos al movimiento People's Vaccine que vale la pena comentar aquí. El primero, que fue una organización pero también una idea: Max Lawson, de Oxfam, presidente de la coalición junto a Winnie Byanyima, decía siempre, en broma: «No hemos patentado el nombre». Hay una gran verdad en torno a ese comentario: People's Vaccine no era una organización centralizada con unos portavoces autorizados y una larga lista de personalidades firmantes. Era una red. Todo el que creía en una vacuna para la gente era parte del movimiento, al mismo nivel que los activistas profesionales que aparecían habitualmente en la televisión.

En segundo lugar, People's Vaccine no era una solución definitiva para la crisis sanitaria que devoró el mundo en 2020, aunque las grandes farmacéuticas querían hacer creer que lo era para poder desacreditar la campaña. Su objetivo era cambiar unas normas comerciales injustas, que no sólo incluían la exención del ADPIC, sino algo mucho más amplio: el cuestionamiento de las normas de propiedad intelectual que sitúan los llamados derechos de propiedad intelectual por encima de los derechos humanos. Su objetivo era sustituir unos cuidados sanitarios que se regían por el mercado, un modelo que está fallando a la mayoría de la gente de todo el mundo. Y aunque no logró estos propósitos mientras duró la pandemia, desde luego comenzó a cambiar la historia que nos han contado sobre cómo debe funcionar la sociedad. Como me dijo Ahmed, «Hemos demolido la narrativa que ha prevalecido en nuestro tiempo, y eso es una hazaña: por eso ha unido a tantos activistas».[5]

La exención del ADPIC

Los activistas no eran los que se preocupaban por la capacidad, o la inclinación, que tienen las grandes farmacéuticas y los países ricos para actuar en interés de todo el mundo. En octubre de 2020 India y Sudáfrica se dirigieron a la Organización Mundial del Comercio (OMC) con una sencilla propuesta: que mientras durase la pandemia, los derechos de propiedad intelectual sobre medicinas y equipos que pudieran ser útiles con la COVID-19 quedaran automáticamente anulados. Eso permitiría a ciertos países, capaces de producir esas medicinas y equipos, hacerlo sin temor a ser víctimas de acciones legales o sanciones comerciales.

People's Vaccine hizo su entrada triunfal tras esta exigencia de exención del ADPIC, el «Acuerdo sobre los Aspectos de los Derechos de Propiedad Intelectual relacionados con el Comercio», que fue uno de los acuerdos fundacionales de la OMC. Dicho acuerdo, el ADPIC, extendió su capa protectora sobre las patentes al estilo occidental por todo el mundo, permitiendo a muchas empresas conservarlas durante un mínimo de veinte años durante el cual podrían decidir a quién permitían usar sus invenciones y qué precio pondrían.

Para muchos países ese acuerdo constituía un obstáculo importante para su capacidad de desarrollar determinadas industrias. India y Sudáfrica no pidieron la abolición del ADPIC, a pesar de que había motivos de sobra para ello. Se limitaron a decir que una pandemia es una situación extrema e inusual, para la que hace falta un reglamento extraordinario. Si echamos un vistazo a algunas de las medidas que tomaron los gobiernos de todo el mundo para hacer frente a la pandemia, y que en tiempos de normalidad se hubieran considerado inaceptables, no hay duda de que estaban en lo cierto. Pero toda actuación que desafíe las normas del mercado va encaminada a proteger a los más ricos: para el resto, las reglas son sacrosantas.

Hubo muchos argumentos contra la propuesta de exención de patentes de India y Sudáfrica, pero tres fueron especialmente destacados. El primero decía que la propuesta no serviría para ayudar a terminar con la pandemia porque liberar las patentes no representa que de modo automático se compartan los conocimientos y la tecnología que hay detrás de esas patentes. Las patentes sólo afectan al derecho legal a utilizar ciertas tecnologías, pero no a las tecnologías mismas. Eso era cierto, y los países que lo propusieron lo aceptaron. La exención siempre fue una parte de la solución, nada más: necesaria, pero no suficiente; serían necesarias otras medidas para garantizar el uso compartido de la tecnología.

En segundo lugar, se decía que ya había exenciones en el ADPIC que permitían a los países liberarse de su obligación de cumplimiento en determinadas circunstancias. Los gobiernos siempre tuvieron libertad para emitir las llamadas «licencias obligatorias», que podían permitirles invalidar las patentes si era preciso. Este argumento también contenía un porcentaje de verdad. Pero muchos países en vías de desarrollo que habían tratado antes de anular las patentes se habían enfrentado al acoso, incluso el soborno a sus gobiernos, para obligarles a dar marcha atrás. En una pandemia esto podría traducirse en procesos legales muy largos, y que un país tras otro se vieran obligados a luchar, individualmente y patente por patente, contra la industria farmacéutica. Esta incertidumbre jurídica por sí sola ya complicaba bastante a las empresas seguir adelante con su producción, mientras una exención automática hubiera garantizado la seguridad necesaria para comenzar a producir, algo que de no existir dispararía todo tipo de sanciones.

En tercer lugar se dijo que la exención no tenía sentido, porque no había capacidad para producir los medicamentos y se estaba haciendo todo lo posible por fabricar vacunas lo antes posible. Sencillamente, no había fábricas paradas que pudieran dedicarse a producir las vacunas, según los «expertos».

Ese fue el menos ingenuo de los argumentos que se presentaron, porque estaba claro que no era verdad. Una sola empresa de Bangladesh había prometido ya que podría fabricar entre 600 y 800 millones de dosis al año si se les daba la fórmula.[6] Teniendo en cuenta que los países del G7 sólo habían donado 865 millones de dosis en febrero de 2022, esto podría haber supuesto una enorme diferencia.[7] Y Bangladesh no estaba sola: Indonesia también dijo que podría producir 600 millones al año, mientras los activistas de la India habían identificado a treinta y cuatro fabricantes que podrían haber producido las dosis de Johnson & Johnson.[8]

El problema tampoco era sólo de las empresas del sur. Una compañía danesa dijo que le gustaría contribuir a la producción, pero que no se atendían sus ofertas.[9] La canadiense Biolyse Pharma también fue ignorada, pero no se dio por vencida e intentó trabajar conjuntamente con Bolivia para fabricar la vacuna de Johnson & Johnson bajo una licencia obligatoria.[10] Sin embargo, el gobierno canadiense rechazó la licencia, con lo que quedó demostrado que las exenciones del ADPIC servían de poco.[11]

Con el avance de la pandemia se comprobó que algunas vacunas, sobre todo las que se fabricaron con tecnología de ARNm, eran más eficaces a la hora de reducir los ingresos hospitalarios y las muertes por COVID-19. Era una buena noticia, porque como hemos visto, la producción de vacunas de ARNm no exigía una infraestructura para la producción tan vasta como la de las vacunas tradicionales. Eso significaba, según un estudio realizado por Achal Prabhala y Alain Alsalhani, que más de un centenar de compañías con base en África, Asia y América Latina tenían el potencial necesario para fabricar estas vacunas de ARNm.[12] Y estas eran sólo empresas que habían sido ya puestas a prueba, bien por la OMS o porque ya estaban exportando vacunas a EE. UU. o a la Unión Europea. Además, era algo que podía hacerse con relativa rapidez. Como señalaron los autores del estudio: «Una consecuencia fundamental de la simplicidad es la rapidez: se tarda entre tres y siete días en fabricar un lote del principio activo de la vacuna de Pfizer/BioNTech, frente al mes que hace falta para producir el equivalente de la vacuna de AstraZeneca».[13]

La mala noticia era que la tecnología necesaria para fabricar esta vacuna estaba en manos de tres corporaciones, todas ellas decididas a sacar un beneficio sustancial. La realidad fue que incluso en 2022, por cada dosis de vacuna de ARNm que se enviaba a los países más pobres se entregaron a los países ricos cincuenta y seis dosis.[14]

Al ver los países pobres que una minoría de países ricos estaba acaparando todas las vacunas disponibles, comenzaron a apoyar la propuesta de India y Sudáfrica. A principios de 2021 empezaron a circular mapas por Internet mostrando qué países respaldaban la propuesta y cuáles no, con lo que quedó a la vista la enorme división: el Sur Global o, por decirlo claramente, los países que habían sido colonias, defendieron cada vez con más fuerza su postura de apoyo a la iniciativa. En el Norte Global, formado por los países colonizadores, la oposición era casi absoluta. Y por supuesto era imposible no ver que había un grupo de países que tenían acceso a las vacunas diciendo a los países que no lo tenían que no iban a permitir que saliera adelante una sencilla propuesta que podría ayudar al segundo grupo a producir la suya. Especialmente dura fue la oposición de Gran Bretaña, Alemania y Suiza. El hecho de que estos países tuvieran sus propias corporaciones farmacéuticas nacionales convenció a muchos de que estaban anteponiendo sus propios intereses económicos a la salvación de vidas humanas en todo el mundo.

Hay otras dos cuestiones vinculadas al intento de exención del ADPIC que vale la pena detenerse a comentar. En primer lugar, siempre que se preguntaba al público en general sobre la propuesta, en los países más ricos, donde la resistencia de los gobiernos era mayor, se mostraban firmemente a favor. Una encuesta realizada en mayo de 2021 detectó que una media del 70 por ciento de las personas pertenecientes a países del G7 querían que sus gobiernos compartieran los conocimientos necesarios para fabricar la vacuna.[15] En Gran Bretaña, que siempre se opuso a la exención, este apoyó cruzó las líneas que dividen a los partidos políticos: un 73 por ciento de los votantes conservadores, un 83 por ciento de los laboristas y un 79 por ciento de los demócratas liberales estaban a favor; fue lo mismo que sucedió con el Brexit: un 83 por ciento estaba a favor de quedarse y un 72 por ciento de marcharse. En Estados Unidos un 69 por ciento de la población apoyaba la medida, incluido el 89 por ciento de los votantes de Biden y el 65 por ciento de los de Trump en 2020.

Parecía que para la mayoría de la gente el asunto no era tan complicado. Sobre todo en las primeras fases de la pandemia hubo cierta preocupación respecto a donar vacunas. La gente estaba asustada por lo que pudiera sucederles, a ellos y a sus familias, y querían que las vacunas llegaran cuanto antes. Ese miedo superó las consideraciones de justicia global en el caso de muchos, pero no de todos. Cuando llegó el momento de permitir que otros las fabricaran, la cuestión dejó de ser un juego de suma cero: sólo la idea de que fuera posible impedir a otros países que las fabricaran parecía raro a todo el mundo. ¿Qué sentido tenía? ¿Los beneficios de un puñado de empresas? ¿Cómo demonios podía anteponerse algo así a la posibilidad de fabricar todas las vacunas que fuese posible?

El segundo punto que merece la pena destacar es que algunos de los países que estaban bloqueando la exención decían que ellos podían anular las patentes si fuera necesario. En los primeros días de la pandemia hubo una serie de países, entre ellos Alemania, Israel y Canadá, que se arrogaron autoridad expresa para saltarse las patentes vinculadas a la COVID-19.[16] Otro archienemigo de la exención del ADPIC, la presidenta de la Comisión Europea, Ursula von der Leyen, se enzarzó en una disputa con Gran Bretaña sobre el suministro de vacunas de AstraZeneca y amenazó con hacer cumplir el artículo 122 del Tratado de la UE, que permitiría a la comisión requisar factorías, anular patentes e imponer vetos a la exportación.[17]

Este fue otro ejemplo de la pura hipocresía con la que los líderes occidentales hicieron frente al problema del acceso a las vacunas. Cuando sus propios países se vieron sobrepasados por la magnitud de aquel desafío, pusieron sobre la mesa prácticamente todas las opciones. Pero al Sur Global le repitieron una y otra vez lo mismo: confiad en el mercado, que ya llegará vuestro momento.

Al principio de la pandemia probablemente era utópico creer que todas las dosis de vacunas se podrían distribuir basándose en la necesidad global. Después de todo, las vacunas iban a terminar fabricándose en lugares específicos, en el contexto de la naturaleza neocolonial de la economía mundial, y esos lugares iban a ser países ricos y un puñado de países con ingresos medios como India y Sudáfrica. Habría sido una sorpresa, por decirlo suavemente, que esos países decidieran poner en común las primeras dosis que salieran de la línea de producción y redistribuirlas en función de las necesidades globales. Lo más probable era que los países que fabricaban las vacunas se centraran, primero, en cubrir las necesidades de sus trabajadores esenciales y su población de riesgo.

Y aunque fuese injusto, esto no tendría por qué haber constituido un desastre si los países con los bolsillos más llenos no hubieran encargado más dosis de las que necesitaban y si se hubiera hecho todo lo humanamente posible para aumentar la producción con la debida celeridad. El problema fue que los intereses corporativos eran los que llevaban la voz cantante. El hecho de poseer la propiedad intelectual de las vacunas era mucho más importante que los beneficios que se pudieran obtener vendiéndolas a corto plazo. El incentivo era agarrarse a la tecnología y a los derechos de propiedad sobre las vacunas a toda costa.

Esto quedó claro incluso antes de que se lanzaran las primeras vacunas. Y como los amos de la pista, Pfizer y Moderna, competían por lograr que su vacuna fuese la primera en ser autorizada, los activistas se alarmaron mucho porque ambas compañías habían vendido ya enormes cantidades de la futura vacuna mediante contratos anticipados. Pfizer había vendido el 80 por ciento de las vacunas que, dijo, era capaz de producir durante todo el año siguiente para los gobiernos más ricos del mundo.[18] En el caso de Moderna, esa cifra era del 78 por ciento.[19]

Incluso cuando uno añade a los otros candidatos líderes, que habían vendido su vacuna de un modo algo más equitativo –aquí se incluyen las de Oxford/AstraZeneca, la rusa Sputnik y la china Sinovac– la cuestión seguía siendo la misma: más de la mitad de las ventas totales había ido a parar a los países más ricos, cuya población era inferior al 10 por ciento de la población mundial.[20] Y mientras países como Estados Unidos, Gran Bretaña y Canadá se habían agenciado varias veces la cantidad que necesitaban, afinando sus apuestas para garantizar que se quedarían con los mejores candidatos, la mayoría de los países restantes seguían sin tener segura ninguna vacuna.

La regla general era sencilla: cuanto más rico es uno, más posibilidades tiene de tener vacunas, y en el extremo superior del espectro de la riqueza acabarás consiguiendo mucho más de lo que necesites. Esto sería un problema no sólo para los países que se sitúan en el extremo inferior del espectro: acabaría complicando mucho más la pandemia.

Primavera de 2021: las donaciones

A comienzos del verano de 2021 las naciones del G7 estaban vacunando a sus ciudadanos a un ritmo de 4,6 millones diarios. Los países pobres sólo pudieron vacunar a 63.000 personas al día. Mientras el G7 estaba en vías de tener prácticamente a todos sus ciudadanos vacunados para finales de año, los países pobres tardarían cincuenta y siete años en vacunarlos a todos, si seguían a ese ritmo.

Para agravar los numerosos problemas de COVAX, India había sufrido una catastrófica ola de COVID. No era ni el primer país ni sería el último en asistir a un aterrador colapso de su sistema sanitario en esta oleada de enfermedad masiva; estaba ocurriendo en todo el mundo. Muchas regiones, sobre todo de América Latina, ya habían sido devastadas por el virus. Pero en Gran Bretaña, la crisis de India y sus horrores ocuparon por primera vez la primera página de los diarios, con informes de hospitales que se quedaban sin oxígeno y gente que se moría en su coche mientras esperaba en medio del caos una cama de hospital. Ya nadie podía decir que la COVID-19 era peor en Occidente que en cualquier otro lado ni que, en consecuencia, Occidente necesitara más las medicinas que nos ayudarían a hacer frente a la crisis.

La crisis de India garantizaba el fracaso de COVAX: todo el plan dependía en gran medida de una única compañía, el Serum Institute, que producía suficientes dosis de la vacuna de Oxford/AstraZeneca para vacunar a buena parte del Sur Global. Sin embargo, en lo peor de la crisis, el gobierno indio no podía permitir la exportación de vacunas, ni de cualquier otra cosa que pudiera ayudar al país a suavizar la ola de COVID. India impuso restricciones a la exportación y movilizó las vacunas para su propio, y urgente, despliegue.

Las restricciones de India no se levantaron hasta pasados muchos meses, y fue una demora que dañó la capacidad de suministro de COVAX, que quedó en un goteo de vacunas hasta bien entrado el año. Era algo que se veía venir, al depender casi en exclusiva de un productor, pero eran errores que llevaba incorporado el proyecto COVAX, desesperado porque sus fundadores no iban a hacer nada que pusiera en riesgo el sistema.

El resultado fue un nivel de desigualdad tan grande que llegó incluso a preocupar a muchos en el *establishment* político. La primera preocupación era que al dejar sin protección a grandes extensiones del planeta sería mucho más difícil atajar la pandemia. Algunos estudios ya habían sugerido que se perderían muchas más vidas debido a la COVID si las naciones más poderosas se preocupaban primero por sí mismas, y que era mejor vacunar de un modo más repartido. Un estudio adelantaba que, aunque una campaña de vacunación equitativa podía evitar más del 61 por ciento de las muertes potenciales, con la fórmula de «primero, Occidente» la cifra no pasaría del 33 por ciento.[21] Esto sucedería con mayor seguridad si salían de la ecuación las zonas con menor capacidad para implantar medidas de aislamiento y de distancia social.

Pero incluso para aquellos a los que esta circunstancia no les conmovía, los que estaban convencidos de que algunas vidas valían más que otras, seguía siendo una preocupación el que las nuevas variantes del virus, cada vez más peligrosas, tuvieran más posibilidades de darse en las zonas no protegidas. Como no se aislaran aquellos lugares del mundo que estaban afectados, lo que era en sí mismo el camino más largo para recuperar la economía global, las nuevas variantes podían reproducirse y afectar a la población de aquellos que habíamos tenido la gran suerte de ser vacunados.

Por otra parte, algunos líderes occidentales estaban empezando a temer que la mayoría de las personas a las que se había vacunado en el Sur Global hubieran recibido vacunas rusas o chinas, y no las fabricadas en Occidente. Esto podría empezar a afectar negativamente al llamado «poder blando» de Occidente. La desigualdad en materia de vacunas estaba empezando a preocupar a todos, no sólo a los que creen en un planeta más igualitario. Además, las grandes farmacéuticas no se hicieron ningún favor cuando en abril de 2021 los tres grandes productores de vacunas contra la COVID (Pfizer, Johnson & Johnson y AstraZeneca) repartieron 26.000 millones de dólares entre sus accionistas: suficiente, como expuso People's Vaccine, para vacunar al menos a 1.300 millones de personas, el equivalente a la población de África.[22]

El desastre de India parecía subrayar la importancia de hacer algo que fuese radicalmente diferente. Ya en octubre de 2020, India y Sudáfrica habían presentado su propuesta de suspender las patentes a la OMC. En los meses siguientes casi todos los países del Sur Global apoyaron la resolución, ya de modo explícito o tácito. Y prácticamente todos los países del Norte se opusieron explícita o tácitamente.

Sin embargo, en mayo de 2021, sucedió algo muy grande que cambió el panorama. Joe Biden se había convertido en presidente de EE. UU. en enero. Y aunque Biden no era de la rama izquierdista de los demócratas, había ganado porque prometió sanar las discrepancias y reclamar el papel de su país en las instituciones multilaterales. Prometió trabajar con la facción más izquierdista, que iba en aumento, de su partido, personificada por su contrincante al nombramiento de la presidencia del Partido Demócrata, Bernie Sanders. Y había derrotado a un hombre, Donald Trump, que había desencadenado un terremoto por todo el *establishment* liberal estadounidense, haciendo a una buena parte de él darse cuenta de que no era momento de aplicar las políticas tímidas del pasado. Para frenar una crisis aún más profunda que la que Trump representaba, se imponía un cambio urgente.

Con este trasfondo, en mayo de 2021 la secretaria de comercio de Biden, Katherine Tai, anunció que Estados Unidos tendría que moverse y apoyar las negociaciones sobre la exención del ADPIC. Dijo: «la Administración cree firmemente en la protección de la propiedad intelectual, pero como queremos acabar con esta pandemia, apoyamos la exención de estas protecciones para las vacunas de la COVID-19».[23] Desde luego, esta exención tenía un alcance mucho menor que la que propusieron India y Sudáfrica: se aplicaría sólo a las vacunas y quedaban excluidas las medicinas y tratamientos que podrían ser útiles para gestionar la COVID-19. A pesar de todo, supuso un terremoto político: era la primera vez en décadas que un presidente estadounidense plantaba cara de esa manera a las grandes farmacéuticas, o que sugería que la propiedad intelectual no era sacrosanta.

Recuerdo con asombro mensajes de WhatsApp de activistas de organizaciones benéficas más conservadoras, que hasta entonces habían creído que los que apoyábamos la campaña de People's Vaccine estábamos luchando por lo intangible, y por eso no habían querido expresar su apoyo público a la exención. Ahora veían que su postura era más conservadora que la del presidente de Estados Unidos, y trataban de encontrar un modo de integrar esa demanda en su trabajo. Y lo que es más importante: tras el anuncio de Biden, otros países de Occidente retiraron la exención, o al menos moderaron su oposición a ella.

El anuncio de Biden golpeó a la industria farmacéutica en la línea de flotación. El *lobby* de la industria, PhRMA, publica un informe anual que presenta al representante del comercio estadounidense quejándose de que prácticamente todos los países del mundo han demostrado escasa deferencia a la santidad de la propiedad intelectual, y urgiendo al gobierno de EE. UU. a vigilar a esos países, incluso a instituir sanciones contra ellos, por su mal comportamiento.

Pero los acontecimientos de 2021 llevaron a todos a la más absoluta histeria, y se quejaron de que «las organizaciones multilaterales que una vez hicieron de custodios de un sistema internacional, basado en una normativa, están cada vez más dispuestas a boicotear e incluso eliminar la protección a la propiedad intelectual».[24] Especialmente preocupante era que «el director general de la OMS apoyó incluso públicamente una propuesta extrema e innecesaria: la exención total de algunas obligaciones internacionales relativas a las tecnologías vinculadas a la COVID-19». Otras agencias de las Naciones Unidas, se quejaban, habían «desviado millones de dólares a programas que debilitan las leyes de propiedad intelectual y que tratan de influir en los gobiernos para que rechacen las disposiciones de los acuerdos de comercio internacional que permitirían fortalecer los incentivos para la innovación». Instaban a Estados Unidos a ejercer el liderazgo para evitar que ciertas organizaciones internacionales «debilitaran o incluso eliminaran la protección a la propiedad intelectual que impulsan la economía, basada en la innovación, de Estados Unidos».[25]

Pero estaba claro, para la industria, que el genio había salido ya de la lámpara, y que tendrían que poner toda la carne en el asador si querían limitar los daños. Desarrollaron una serie de argumentos para tratar de suavizar el entusiasmo por la medida. Pero el problema seguía siendo «el nacionalismo de las vacunas», el acaparamiento de fármacos por parte de los gobiernos más ricos. En público tranquilizaban a la gente: que nadie se preocupe por cambiar las reglas. No tardaremos en tener dosis suficientes.

Por ahora, Occidente tiene que donar sus vacunas a aquellos que no las tienen.

Gran Bretaña, que presidía la reunión del G7 en junio de ese año, donde todos los debates los había dominado la pandemia, se convirtió en principal defensor de «donaciones sí, cambios estructurales no».

A medida que se fueron levantando las restricciones impuestas por la COVID-19 en Gran Bretaña, el G7 de Cornualles nos brindó la primera oportunidad de tomar las calles para protestar por la desigualdad de las vacunas. Los activistas, como yo mismo, nos acercamos a la ciudad cornuallesa de Falmouth para poner de manifiesto la hipocresía de los líderes mundiales que se habían reunido a unas cuantas millas de donde estábamos. Y aunque muchos mostraban cierta cautela al sentirse parte de una congregación tan grande, todos intentamos compensar con carteles y pancartas lo que nos faltaba en número: una jeringuilla gigantesca, marionetas y un potente proyector con el que difundimos nuestro mensaje sobre los impresionantes acantilados de Cornualles.

Boris Johnson es bien conocido por su doble rasero, descarado incluso para un primer ministro británico: ya se había visto envuelto en un escándalo cuando se supo que su gurú particular, Dominic Cummings, no había sido capaz de seguir las normas impuestas por el gobierno sobre el aislamiento por la COVID, pero aun así Johnson se negó a despedir a Cummings a pesar del tremendo revuelo que se armó. Después descubriríamos que Downing Street había albergado un sinfín de reuniones ilegales mientras la mayoría de los ciudadanos británicos estaban confinados. Pero ese verano Johnson decidió tomar un jet privado para recorrer las 250 millas que separan Londres de Cornualles y asistir a la cumbre del G7, en la que el cambio climático era uno de los principales puntos del orden del día.

El asunto de las donaciones de vacunas no era muy distinto. Mientras Johnson no paraba de hablar de la generosidad británica, cuando se reunió el G7 Gran Bretaña no había donado ni una sola dosis. Ni tampoco las había exportado, a pesar de haberse quejado tanto de que los demás países estaban aplicando restricciones a la exportación. También había comprado muchas más de las que hacían falta: encargó 500 millones de dosis en un intento de afinar su apuesta sobre qué vacuna sería más efectiva. Pero estaba claro que al menos 270 millones de esas dosis lo eran: al menos, lo suficientemente efectivas para vacunar a toda la población de Gran Bretaña más de dos veces.[26]

A diferencia de la mayoría de los países ricos, Gran Bretaña había recibido 500.000 dosis de Pfizer del plan COVAX.[27] Según los términos de los contratos de COVAX, tenía derecho, legalmente, a esas dosis que en principio se habían destinado a garantizar el acceso equitativo de todos los países a las vacunas. Pero Gran Bretaña era líder mundial en vacunas si nos atenemos al rápido lanzamiento de la suya. Quedarse con las vacunas de ARN mensajero de un suministro que era la única opción para muchos países y en un momento en que casi nadie tenía una sola vacuna (no digamos ya las de ARNm) era más que cuestionable desde el punto de vista ético.

Por otra parte, mientras India entraba en una ola catastrófica de COVID, Gran Bretaña estaba también adquiriendo vacunas del Serum Institute, la compañía de la que dependían tantos países del sur. Cuando India se hundía en la crisis ya se habían entregado a Gran Bretaña unos cinco millones de dosis, y el gobierno británico estaba presionando a India para que entregara un segundo lote, otros cinco millones.[28] Así, cuando se reunió el G7, Gran Bretaña ya había adquirido más vacunas de una reserva que tenía que haber llegado al Sur Global de las que había donado. Unos meses después se supo que Gran Bretaña había tirado a la basura 600.000 dosis porque habían caducado.[29]

La promesa que hizo Johnson a los líderes mundiales de que él lideraría una cruzada para «vacunar al mundo» era una solemne tontería. En vísperas de la cumbre del G7, Johnson intentó asegurarse 1.000 millones de dosis donadas. Esto seguía siendo tristemente inadecuado, pues daba para inmunizar sólo a un 10 por ciento de la población que quedaba por vacunar en todo el mundo. Pero no consiguió ni llegar si quiera a eso, y cuando los delegados se marcharon de Cornualles el número había bajado a 870 millones, de los cuales sólo unos 600 eran realmente «nuevos» y no llegarían hasta el año siguiente. Sin la ayuda de EE.UU. las cifras hubieran sido ridículas. Gran Bretaña prometió 100 millones: lo justo para aplicar una única dosis al 1,5 por ciento de la población mundial o una dosis doble al 0,7 por ciento.[30] Y lo que es peor: la gran mayoría de estas dosis no llegarían hasta 2022.

El G7 fue un ejercicio de cinismo, más bien un ardid para debilitar el avance del cambio que un intento sincero de terminar con la pandemia de un modo equitativo. Por esa razón fue también un punto de inflexión en la opinión global: el momento en que la mayoría de los países se dieron cuenta de que tanto Occidente como las reglas de la economía global habían fracasado. En palabras del anterior ministro británico Gordon Brown, la cumbre «se quedaría en un fracaso moral imperdonable».[31]

Astra Zeneca

De todas las corporaciones occidentales que produjeron una vacuna eficaz contra la COVID, AstraZeneca es la única que hizo una aportación significativa a los esfuerzos de vacunación fuera de Occidente. La vacuna de Oxford/AstraZeneca era barata, costaba unas pocas libras la dosis. Entonces, ¿contradice el modo de enfrentarse a la COVID-19 de AstraZeneca la norma de que la industria farmacéutica lo único que quiso fue sacar hasta el último céntimo de beneficios de la pandemia?

AstraZeneca es una corporación anglo-suiza que se constituyó en 1999 al fusionarse una empresa farmacéutica suiza muy antigua, Astra, con el gigante químico británico ICI, Zeneca. Es una corporación enorme: en mayo de 2020 se convirtió en la compañía con más valor del Reino Unido. Su actual director ejecutivo,

Pascal Soriot, es célebre por haber situado a la compañía en un sendero más sostenible. A pesar de su nacionalidad francesa se ha convertido en una especie de héroe empresarial británico, que se resistió a la OPA hostil que Pfizer lanzó a su compañía y ha invertido en proyectos de investigación que se llevan a cabo en Gran Bretaña. También le gusta contar a los periodistas que es el directivo con el sueldo más bajo de la industria farmacéutica.[32] Según los estándares del sector, su salario de más de 15 millones de dólares en 2020 es realmente bajo, aunque probablemente no sea motivo de mucha simpatía en la sociedad en general, ni siquiera en las propias reuniones de inversores de Soriot.[33]

Soriot heredó una gran compañía farmacéutica tradicional. Tras varios años de gestionar la riqueza de la corporación para sus accionistas, las patentes de AstraZeneca tocaban a su fin, y las estrellas de su catálogo estaban a punto de perder el monopolio. La empresa intentó mantener los beneficios de la manera habitual: en 2012 el Tribunal Europeo de Justicia celebró un juicio del que salió declarado culpable de abusar de su posición de mercado, ya que aplicó la normativa de tal modo que pudo librarse de los competidores genéricos de Losec, un tratamiento para la úlcera de estómago.[34]

En 2010 AstraZeneca se comprometió a pagar 520 millones de dólares por un acuerdo para resolver una acusación de que la empresa había cometido fraude contra los programas de salud del gobierno estadounidense por comercializar ilegalmente un fármaco antipsicótico para un uso que no estaba aprobado y no se sabía si era seguro ni efectivo.[35] Sólo durante el año anterior la compañía había ganado casi 5.000 millones de dólares vendiendo este medicamento.[36] También en 2010 AstraZeneca se había comprometido a pagar 505 millones de libras al fisco británico tras quince años de disputas y demandas de evasión de impuestos.[37] Y en 2016 AstraZeneca perdió un caso en el que había intentado ampliar su monopolio sobre una pastilla para el colesterol y evitar la competencia de otros medicamentos genéricos, después de lo cual aumentó el precio del fármaco en un 15 por ciento para sacar todo lo que pudiera antes de que los genéricos coparan el mercado.[38]

Hasta el momento, nada nuevo. La entrada en escena de Soriot como CEO le rodeó de un aura de ejecutivo que reconoció que la situación no era sostenible.[39] Puso fin a los repartos a accionistas y detuvo el programa de recompra de acciones. También invirtió en nuevas líneas de I+D para producir nuevos fármacos-estrella. Gran parte de esta investigación y desarrollo adquirió la forma de fusiones y adquisiciones corporativas, siguiendo el modelo farmacéutico financierizado, aunque también representó el aumento de las investigaciones que se llevaban a cabo en sus instalaciones. Luego centró las operaciones de AstraZeneca en la creación de fármacos-estrella para enfermedades que afectaban a los países ricos.

Esto supuso, en 2014, el cierre de un laboratorio de la India que estaba comenzando a investigar la tuberculosis, la malaria y una serie de enfermedades tropicales olvidadas, así como la racionalización de sus operaciones de negocio en torno al cáncer y a las enfermedades cardiovasculares, respiratorias y autoinmunes.[40] La decisión llevó a la World Lung Foundation a comentar: «Las empresas farmacéuticas quieren fabricar medicamentos para enfermedades crónicas que los ciudadanos de los países occidentales van a estar tomando toda su vida». Médicos Sin Fronteras (MSF) dijo lo mismo, y añadió: «AstraZeneca nunca retiraría la I+D de esas enfermedades si afectaran a los países ricos o si hubiera más incentivos para fabricarlas. Pero van allí donde ven el mayor beneficio, y eso no está en estos medicamentos».[41]

Cuando llegó la COVID AstraZeneca no estaba trabajando en una enfermedad vinculada a ella. Pero el Instituto Jenner de la Universidad de Oxford había estado trabajando en la investigación de vacunas y de coronavirus, así como en la malaria, la tuberculosis y el ébola. El Instituto Jenner había recibido al menos 67 millones de libras del gobierno británico para este fin.[42] De hecho, ya hemos visto que la vacuna de Oxford se había investigado casi en su totalidad (entre el 97 y el 98 por ciento) con fondos públicos o benéficos, a juzgar por la información disponible. AstraZeneca recibiría después 1.200 millones de dólares del gobierno estadounidense para desarrollar, producir y entregar las vacunas.[43]

En otras palabras, esta vacuna podría haber sido una «vacuna del pueblo». Y parece incluso que Oxford intentó que lo fuera, pues el director del Instituto Jenner dijo a los medios: «Yo personalmente no creo que en tiempos de pandemia tengan que existir licencias de exclusividad».[44]

Y ahí es donde estaba la posibilidad real de hacer algo distinto. Naturalmente, Oxford no tenía capacidad para producir millones de vacunas. Necesitaba un socio, y así entró en negociaciones con una serie de compañías farmacéuticas. Parece ser que el equipo de Bill Gates fue decisivo en la negociación final: se dice que el propio Gates afirmó: «Fuimos a Oxford y dijimos: Vaya, qué buen trabajo estáis haciendo. Pero... lo que necesitáis es asociaros con alguien». Gates es un conocido defensor de los derechos de propiedad intelectual, pero niega que desempeñara un papel decisivo en el acuerdo final.[45] Independientemente de lo que sucediera a puerta cerrada, la cuestión es que todo cambió radicalmente después de las conversaciones con AstraZeneca. No habría una licencia abierta, sino exclusiva.

Claro que AstraZeneca podría haber tomado peores decisiones. Soriot intentó garantizar que los países que no pertenecían al mundo rico tuvieran una cobertura suficiente, y la mayor parte de las vacunas de la compañía se enviaron a países con ingresos medios y bajos; pero, naturalmente, el grueso de este pedido procedía de un fabricante genérico de India, el Serum Institute; e incluso aquí, como ya hemos visto, se dio prioridad al Reino Unido, que reclamaba 10 millones de dosis al Serum. De hecho, la supuesta prioridad del Reino Unido en los contratos de AstraZeneca –que lamentablemente se mantuvieron en secreto– provocó problemas enormes, y supuso el núcleo de una batalla con la UE que afectó negativamente a la confianza en la vacuna.

También es cierto que el precio de la vacuna de AstraZeneca era bajo, en comparación con los de otras empresas. Pero eso no la eximió de otros problemas. Comenzaron a oírse rumores de que a Sudáfrica le estaban cobrando dos veces y media el precio que pagaba la UE, y que a Uganda le habían pedido aún más, mientras India, sumida en una ola catastrófica, tenía que pagar casi cuatro veces el precio de la UE en los hospitales privados que atendían a muchos de sus ciudadanos.[46] Mientras, la promesa de «no tenemos beneficios» de AstraZeneca sólo duró lo que ellos estimaron que duró la pandemia. En noviembre de 2021 la compañía decidió que ese ya no era el caso, y que podría empezar a beneficiarse de la venta de la vacuna mediante nuevos contratos.[47]

Y lo principal: AstraZeneca se negó a compartir los conocimientos, adquiridos gracias a la contribución pública, que había tras la vacuna, lo único que podía haber hecho para marcar la diferencia. El único motivo para no compartirlo era que esperaba que, en algún momento, podría beneficiarse de tener cautiva esa información. Pero a medida que la pandemia fue remitiendo y que la vacuna de AstraZeneca quedó en el punto de mira y fue cuestionada –injustamente, la verdad– dio la impresión de que los beneficios no iban a ser enormes. Entonces, ¿por qué no liberaban las patentes y compartían los conocimientos? Tal vez, en definitiva, porque ese es un paso de gigante que las grandes farmacéuticas son estructuralmente incapaces de dar.

Cuando uno se fija en el modo en que funciona la industria farmacéutica resulta fácil pensar que todos los que las capitanean son, básicamente, inhumanos. A fin de cuentas el modelo de industria se basa en extraer el máximo beneficio posible de unos fármacos que evitan el sufrimiento e incluso la muerte. Pero los líderes del sector tienen antecedentes y perspectivas muy distintas y, aunque la falta de empatía con sus semejantes tal vez haga más fácil su tarea, la mayoría de nosotros quiere creer que somos buena gente.

No hay razones para creer que Pascal Soriot no era sincero a la hora de priorizar el fin de la pandemia sobre el balance económico de su corporación, pero el caso es aún más claro si ello es cierto. AstraZeneca se quedó finalmente acorralada en una situación en la que nadie ganaba. Los inversores se quejaron de que Soriot estaba tratando de «hacer política, y no negocios», mientras bajaba el valor de las acciones y los activistas se quejaban de que la compañía se estaba guardando para sí los resultados de una investigación pública que era crítica para todos.[48]

No parece muy probable que una gran farmacéutica llegue en el futuro tan lejos como AstraZeneca, y es imposible imaginar que cualquiera pudiera hacer algo así salvo por un tiempo reducido y en una situación extrema. De manera que tal vez en este ejemplo tengamos todo lo que cabe esperar del sector. Y desde luego, no es suficiente. Y no porque estas corporaciones estén necesariamente encabezadas por sociópatas obsesionados con el dinero, sino porque este comportamiento está incorporado a la estructura de la industria, que dicta que una corporación no puede poner la salud pública por delante de los beneficios a largo plazo de un accionista.

En febrero de 2021, el delegado de Sudáfrica para la OMC, harto de que le dieran lecciones los países que tenían vacunas de sobra respecto a la necesidad de respetar la propiedad intelectual, hizo un discurso elocuente. Desde luego, el objetivo de COVAX era encomiable, pero las quejas de países como Gran Bretaña –que como habían financiado la iniciativa consideraban que ya habían hecho su parte– se dieron de bruces contra la dura realidad:

> Independientemente de la cantidad de dinero que cualquiera de los países donantes quiera echar sobre la cuestión, el modelo de donación e interés filantrópico no puede resolver la desconexión fundamental que existe entre el modelo de monopolio que subraya y el deseo real de los países menos desarrollados, o en vías de desarrollo, de disponer de lo que producen. Señora presidenta, el problema de la filantropía es que no puede comprar la igualdad.[49]

Pero nada cambiaron estas palabras. El G7 había demostrado ya a los países del Sur Global que era poco probable que se encontrase una solución multilateral. Muchos habían aceptado, probablemente de mala gana, que no se iban a cubrir sus necesidades en la primera ronda de vacunaciones, pero esperaban que una vez que Occidente fuera vacunado hubiera suministros para ellos. Sin embargo, como los países ricos continuaron acaparando dosis –sobre todo a medida que se iba comprobando la mayor eficacia de las vacunas de ARNm– quedó claro que aquella actitud de «yo primero» se estaba convirtiendo en «yo segundo, y tercero, y cuarto».

Esto perjudicó sobre todo a los países de ingresos medios y a los relativamente ricos. «Sudáfrica no está habituada a que la traten como a un país pobre», me dijo la activista sudafricana Fatima Hassan. «Pero de pronto, con la COVID, quedó claro que estábamos todos en el mismo barco: daba igual que fuésemos países pobres o que tuviéramos un nivel económico razonable. Todos quedamos fuera.» Y al terminar el verano de 2021 y fracasar las negociaciones de la Organización Mundial del Comercio, donde no se logró ningún avance, quedó patente que las negociaciones no iban a ninguna parte. Mientras, los plazos impuestos por la OMS y por COVAX para vacunar a una población específica, a veces una proporción mínima de la población de cada país, no pudieron cumplirse en la gran mayoría de los países africanos.[50]

Para percibir el enfado que sentían muchos de los habitantes del Sur Global es importante fijarse en el lenguaje que empleaban los diplomáticos. El número uno de la Organización Mundial de la Salud, el Dr. Tedros Adhanom Ghebreyesus, fue nombrado director general en 2017. El Dr. Tedros, como se le llama normalmente, se convirtió durante la pandemia en una especie de celebridad, y criticó abiertamente la desigualdad en materia de vacunas. El exministro de Etiopía empleaba un lenguaje en absoluto diplomático a principios de 2021: «He de ser muy claro: el mundo está al borde de un fracaso moral catastrófico. Y el precio de esto se pagará con vidas y con entornos vitales en los países más pobres del mundo.»[51]

En septiembre, cuando los jefes de gobierno se reunieron en la Asamblea General de las Naciones Unidas, el lenguaje de Tedros fue replicado por el secretario general de NU, António Guterres, que dijo a la Asamblea:

> Por un lado, vemos cómo las vacunas se desarrollan en tiempo récord. Una victoria de la ciencia y del ingenio humano. Por otro, vemos que ese triunfo se desbarata por la tragedia que supone la falta de voluntad política, el egoísmo y la desconfianza... Esto es una imputación moral del estado de nuestro mundo. Es una obscenidad. Hemos aprobado el examen de Ciencias. Pero suspendemos en Ética.[52]

Los jefes de gobierno de todo el Sur Global hicieron discursos parecidos. El presidente de Perú, Pedro Castillo, de izquierdas, dijo: «La desigualdad es abismal y trágica... ¿Cómo vamos a explicar a la siguiente generación que mientras había una terrible pandemia donde no todos podían acceder a las vacunas, y en medio de una crisis climática sin precedentes, el mundo estaba invirtiendo más dinero en armas?»[53] En el otro extremo, el presidente Duterte de Filipinas, de derechas, estaba igual de indignado: «Los países ricos acaparan vacunas que salvan vidas, mientras los pobres esperan que les caigan las migajas. Ahora hablan de dosis de refuerzo, mientras los países en desarrollo se plantean ir tirando con medias dosis. Esto sorprende por lo increíble, y ha de ser condenado como lo que es: un acto de egoísmo que no puede justificarse desde el punto de vista racional ni moral».[54]

Se estaban empezando a tambalear los cimientos. Mientras a principios de la pandemia todos los gobiernos, salvo los más radicales, habían asumido que el sistema internacional se haría cargo de cubrir, hasta cierto punto, sus necesidades, ahora todos veían que no iba a ser así. Esto comenzó a cambiar la actitud de los gobiernos que habían depositado su fe en el sistema multilateral. Cuando el presidente Museveni, de Uganda, dijo a la asamblea: «Hemos visto que la actitud de algunos en su intento de retener las vacunas a expensas de los países pobres, también denominada nacionalismo vacunal, es errónea, pero es una buena lección para los países en desarrollo que no quieren innovar. Es buena porque hará que se despierten los que están dormidos, esperando que otros los salven.»[55]

Esta pérdida fundamental de confianza en el sistema multilateral tendría consecuencias de largo alcance en un mundo desgarrado ya por la división política, social y económica, que se enfrentaba a una serie de crisis más graves aún y profundas que la de la COVID-19. Cuando se celebró una conferencia crucial sobre el clima, después de posponerla doce meses, en noviembre de 2022, la desigualdad vacunal amenazaba con marginar aún más a los países pobres, cuando sus voces eran las que más tenían que oírse en la cumbre. Muchos empezaron a preguntarse si el sistema político internacional y la economía global no podrían permitirse un sacrificio insignificante por el bien de todos, y qué esperanza quedaba de que el sistema resolviera los desafíos universales a los que la humanidad se enfrentaba en ese momento.

Las grandes farmacéuticas pusieron en marcha su ofensiva publicitaria, y probaron tres argumentos: el primero, que el problema del suministro ya no era tal. En 2021 se producirían en total 12.000 millones de dosis, y a principios de 2022 habría un excedente global con «vacunas suficientes para inmunizar a todos los adultos de todos los continentes»; y en junio de 2022 «el suministro de vacunas podría perfectamente superar la demanda global».[56] Esta tesis no tenía en cuenta un factor: que se estaba fraguando la competición por la tercera y la cuarta dosis, y los países ricos iban en cabeza a pesar de que muchos países seguían sin tener vacunas disponibles para la primera y la segunda dosis. Un suministro adecuado seguía sin suponer un acceso igualitario.

También se eludió cuidadosamente el hecho de que casi la mitad de los 12.000 millones de vacunas procedieran de empresas chinas, que eran responsables de la inoculación de la mayor parte del Sur Global; no fue un éxito del modelo farmacéutico occidental.

El segundo argumento siguió siendo el problema del nacionalismo vacunal, y que no había nada que pudieran hacer las compañías farmacéuticas, sencillamente: nada aparte de instar a los países a que donaran sus excedentes. Esto no era más que pasar la pelota a otro.

El tercer argumento, que fue probablemente el que provocó más enfado, fue echar la culpa a los africanos de a pie por su falta de vacunas. El problema era la desconfianza, según afirmó el CEO de Pfizer Albert Bourla, que afirmó que «el porcentaje de desconfianza en los países con bajos ingresos será mucho mayor, muy superior, al que se registre en Europa, Estados Unidos o Japón».[57] Tom Frieden, anterior director de los Centros para el Control y la Prevención de Enfermedades de EE. UU., describió los comentarios de Bourla como «de una irresponsabilidad sorprendente» y «comparable a quienes durante la crisis del sida decían que los africanos no serían capaces de seguir un tratamiento con antirretrovirales porque no tenían control del tiempo».

Lo cierto es que Bourla no debía contar con ninguna evidencia para afirmar algo así, salvo que algunos países, incluido Sudáfrica, pidieron que se suspendieran temporalmente los envíos de vacunas. Pero la razón de esta petición era en realidad la desigualdad de las entregas. Como no habían recibido casi ningún envío durante gran parte del año, algunos países estaban recibiendo en ese momento grandes cantidades de golpe, en ocasiones con fechas de caducidad muy ajustadas.[58] Esto podría suponer un gran desafío incluso en países con sistemas sanitarios estables y con buena financiación, pero en países con redes sanitarias deficientes era imposible.

Naturalmente, había cierta suspicacia en los países con menos ingresos, pero la evidencia de que en toda África se desconfiara de las vacunas era mucho menor que en algunas zonas de Estados Unidos.[59] Un estudio del Banco Mundial observó que la aceptación era prácticamente total en Etiopía (el 98 por ciento de los habitantes dijo que se pondría la vacuna), muy alta en Nigeria (86 por ciento), Uganda (85 por ciento), Malawi (83 por ciento) y Burkina Faso (80 por ciento).[60] Otro estudio observó que los ciudadanos de países en vías de desarrollo tenían mucha más disposición a vacunarse (80 por ciento) que los de Estados Unidos (65 por ciento). Pero eso no pareció importarle a nadie.[61]

A finales de noviembre la actuación de las grandes farmacéuticas estaba a punto de darse de bruces con la realidad de una nueva variante, conocida como ómicron, que demostraría que la estrategia que se había seguido hasta el momento había sido un desastre no sólo en los países que no pudieron conseguir vacunas, sino en todo el mundo. Antes de ver eso vamos a examinar el caso de la corporación que más críticas recibió durante la pandemia: Pfizer.

Pfizer

De todas las empresas farmacéuticas implicadas en la pandemia ninguna sacó tantos beneficios de los medicamentos para la COVID-19 como Pfizer. Sólo en 2021 la vacuna de Pfizer generó la cantidad de 37.000 millones de dólares, convirtiéndola en la medicina más lucrativa de la historia para un único año. Pfizer predijo que en 2022 obtendría un beneficio de 54.000 millones de dólares de la vacuna y el tratamiento para la COVID.[62] Juntos, estos dos fármacos doblarían los ingresos totales de la compañía, ya muy elevados antes de la pandemia.

Pfizer no llegó tan alto jugando bonito: durante el transcurso de la pandemia fueron saliendo informes que ponían el foco en la compañía, y desde luego no fueron los activistas los únicos en criticarla. Puede que sea un documental de Tortoise el que mejor lo resume.[63] El presentador lo pasó verdaderamente mal cuando intentó mostrar que había hecho todo lo posible por ser justo y ecuánime con la empresa, pero tras una larga serie de entrevistas con personalidades del gobierno y la industria, «lo más generoso que han dicho todas aquellas personas con las que he hablado sobre el comportamiento de Pfizer ha sido esto: "Son una pandilla de mierderos, pero no son los únicos. Simplemente, son más listos que el resto"».

En el capítulo 2 vimos que Pfizer, junto a su socio Flynn, estaba detrás de un aumento exagerado del precio –más del 2.000 por ciento– de un fármaco contra la epilepsia del que dependían 48.000 pacientes del NHS británico. Y ese no fue el único escándalo que afectó a la compañía. MSF se pasó años criticando a Pfizer –también a GlaxoSmithKline– por los precios que habían impuesto a una vacuna de importancia vital contra la neumonía. La neumonía mata a alrededor de un millón de niños cada año, aunque es una enfermedad que puede prevenirse si se emplea lo que se conoce como una vacuna PCV, cuyos derechos poseen Pfizer y GSK. MSF hizo campaña contra el elevado precio de este medicamento, que según afirmaban era en 2015 sesenta y ocho veces más caro que en 2001.[64] Al final la campaña consiguió que se redujeran los precios para los países con menos recursos, aunque la bajada fue claramente insuficiente: MSF dijo que el coste seguía siendo de «9 dólares por cada niño que se vacunara en los países más pobres, y 80 por cada niño de los países con ingresos medios que no estuvieran en el programa».[65] En el momento de escribir este informe 55 millones de niños de todo el mundo seguían sin tener acceso a la vacuna de la neumonía, en gran medida a causa de su elevado precio.

No nos sorprenderá que el Reputation Institute detectara que Pfizer tenía la peor reputación de todas las grandes compañías farmacéuticas analizadas en junio de 2018.[66] Tampoco que cuando Pfizer corrió a la línea de meta para que se autorizara su vacuna contra la COVID muchos activistas temieran lo que eso podría representar para poner un fin justo y equitativo a la pandemia.

En la introducción cité las palabras del CEO de Pfizer, Albert Bourla, que vio la pandemia como una clara oportunidad para intentar recuperar la maltrecha reputación de su compañía.[67] En ese cometido tuvo cierto éxito. Pero también fue muy claro en otro aspecto: Pfizer seguiría ganando dinero. Y se refirió a la vacuna como «una gran oportunidad de negocio».[68] Para justificar esta posición, Bourla sacó pecho por no haber utilizado dinero del gobierno para su vacuna, porque había rechazado algunos de los fondos de la Operación Warp Speed que podrían haber servido para contribuir a la investigación y el lanzamiento comercial del producto. La compañía prefirió hacer una venta directa al gobierno estadounidense y emplear en el desarrollo de la vacuna fondos propios de Pfizer.

Pero el argumento de Bourla era hipócrita. La vacuna, como todas las vacunas de ARNm, se consiguió tras décadas de investigación con fondos públicos. Si hubiera que otorgar el crédito de esta vacuna en concreto a una única compañía, esa sería BioNTech, socia de Pfizer, empresa derivada de un centro universitario alemán que había recibido importantes fondos públicos europeos para esa investigación. BioNTech continúa trabajando con Pfizer y compartiendo con ella los beneficios de la vacuna.[69] Es cierto que Pfizer puso su propio dinero para que se produjera la vacuna, hasta 1.000 millones de dólares según Bourla, pero también obtuvo una serie de contratos de Warp Speed con garantía gubernamental que representaron casi 2.000 millones de dólares en ventas.[70] Como mucho, la inversión de Pfizer era una esquina de la foto, algo minúsculo comparado con las cantidades que la corporación había recuperado. No nos sorprenderá que un antiguo oficial del gobierno estadounidense implicado en el suministro de vacunas dijera, en tono de queja: «La vacuna ni siquiera es suya».[71]

No es difícil constatar de dónde proceden los beneficios de Pfizer. Pfizer asegura que el coste de su vacuna es inferior a las 5 libras esterlinas por dosis. Otros han sugerido que podría ser mucho menor, y algunos expertos afirman que podría fabricarse por 76 peniques la dosis.[72] Pero el gobierno británico pagó 18 libras por dosis en su primer encargo, y 22 en posteriores.[73] Aunque tomemos el precio que declara Pfizer a su valor facial, veremos que el NHS ha pagado un sobreprecio de al menos 2.000 millones de libras: seis veces el coste del aumento de sueldo que el gobierno se avino a dar a las enfermeras en 2021.[74]

Pfizer adujo que tenía que cubrir los costes de desarrollo, y no sólo los de producción, ella sola. Pero si ese fuera el caso parece contradictorio que los precios *aumentaran* con el paso del tiempo. Pfizer aumentó el precio para la UE de 15,50 euros a 19,50 euros por dosis entre la primera y la segunda compra de dosis.[75] Pero más preocupante aún es que el director financiero de Pfizer, Frank D'Amelio, dijera «Hay una oportunidad significativa de que estos márgenes se incrementen una vez que superemos el entorno de pandemia en el que estamos inmersos».[76] Y como sucede en cualquier sector de la industria, el precio parece no tener relación con los costes de producción, y venir determinado por lo que la empresa crea que puede sacar.

Se ha dicho que Pfizer quería cobrar mucho más, y desde luego ha insistido mucho en que estaba cobrando un precio especial, apropiado para la situación de pandemia. Pero quienes conocen bien el caso han dicho que Pfizer intentó vender su fármaco al gobierno de EE. UU. por el increíble precio de 100 dólares la dosis.[77] Tom Frieden, exdirector de los Centros para el Control y la Prevención de Enfermedades, acusó a la compañía de «especulación».[78] Después de eso Pfizer ha cumplido su promesa y se prepara para aumentar los precios, para que cueste entre 110 y 130 dólares la dosis en EE. UU.[79] No está claro qué regla de la economía justifica que un precio se cuadruplique cuando el producto ya lleva varios años en el mercado, salvo la regla del monopolio. People's Vaccine dijo que el nuevo precio era un «robo a mano armada» que proporcionaría a Pfizer un sobreprecio del 10.000 por ciento en su medicina.[80]

Un asesor de inversiones se atrevió a imaginar cuáles podrían ser los beneficios de Pfizer, y decidió que estarían en la zona del 80 por ciento (muy por encima del «alto porcentaje del 20 por ciento» que declararon estar ganando.[81]

Para poder cobrar esos precios Pfizer vendió la gran mayoría de sus dosis a los países más ricos del mundo, una estrategia que le aseguraba no perder beneficios. Pfizer vende una ínfima proporción de sus vacunas a países con bajos ingresos.[82] En octubre de 2021 Pfizer había vendido un mísero 1,3 por ciento de su producción a COVAX.[83] Al Sur Global habían llegado más dosis de Pfizer, pero fue porque el gobierno de EE. UU. las había comprado en grandes cantidades y las estaba donando.

Una concatenación de alegaciones ha dejado a la vista que el resto del mundo incurrió en unos gastos que resultaron devastadores a causa de los beneficios generados por Pfizer. Sorprendentemente, la compañía está acusada de ejercer la desinformación con la vacuna de su rival, AstraZeneca.[84] Pfizer financió un estudio que afirmaba que las vacunas como las de AstraZeneca eran peligrosas para pacientes vulnerables y podían provocar cáncer, una acusación que no se ha justificado, pero que se utilizó para confundir a los profesionales sanitarios de Canadá, por ejemplo.[85] Pfizer dice que la afirmación procedía de un tercero, y que a ellos no se les puede acusar de dolo, pero esto no explica por qué un miembro del consejo de Pfizer se convirtió en habitual de las tertulias televisivas en EE. UU. y que utilizó esta plataforma para desacreditar a AstraZeneca y su vacuna mientras hablaba bien de las alternativas.[86] El asesor jurídico de AstraZeneca acusó a Pfizer de difundir una información engañosa que iba en detrimento de la salud pública, en un momento en que la desconfianza en su vacuna ya era elevada.

Pero hubo otra acusación aún más grave: dijeron que Pfizer había engañado a los países con ingresos más bajos, porque había mantenido negociaciones con COVAX que, aparentemente, iban encaminadas a venderles un número razonable de dosis.[87] La sospecha que algunos entendidos expresaron a la prensa fue que Pfizer se estaba aprovechando de que había estado hablando con COVAX meses antes para subir, escalonadamente, el precio para los países ricos. Nada de esto era fácil de probar, como dejó claro Tortoise media, y Pfizer negó las acusaciones. Pero han sido muchas las historias que se han contado de Pfizer, de cómo daba largas a los países pobres. Un negociador africano afirma que a su país le dejaron «boqueando como a un pez, hasta que nos ahogamos».[88] La gente de COVAX, la OMS y los fabricantes rivales no podían explicar la aparente demora de Pfizer de ningún otro modo. E igual de extraordinario: cuando la compañía descubrió que uno podía sacar seis dosis válidas de un vial de líquido en lugar de cinco, pidieron a COVAX más dinero por exactamente la misma cantidad de líquido.[89]

Lo que también sabemos de sus negociaciones es que impusieron a los países unas exigencias extraordinarias: pedir que se eximiera a las empresas de la responsabilidad corporativa por efectos secundarios «raros» fue una práctica habitual durante la COVID-19. Los gobiernos, incluidos los de Líbano y Filipinas, tuvieron que cambiar su legislación nacional para garantizar esa inmunidad.[90] Pero las exigencias de Pfizer eran especialmente extremas, y especificaban que la responsabilidad no cubría sólo los efectos colaterales inesperados, sino también la negligencia, el fraude y el dolo por parte de la propia compañía. Pfizer buscaba, literalmente, colocarse fuera del alcance de la ley en todos los países a los que iba a vender vacunas.

Una investigación llevada a cabo por el Bureau of Investigative Journalism descubrió que Pfizer había exigido a algunos países latinoamericanos y africanos que contribuyeran con activos soberanos, como los edificios de las embajadas o las bases militares, como garantía que avalara posibles casos de compensación que se reclamaran a la empresa en el futuro.[91] Estas exigencias también representaron una dilatación de las demoras, y en el caso de algunos países, como Argentina y Brasil, supusieron un trato imposible de cumplir. En Argentina se aprobó incluso una ley de inmunidad en el congreso, pero no llegó lo suficientemente lejos como para que la corporación se diera por satisfecha. Las exigencias de Pfizer fueron descritas por un negociador, que dijo que su gobierno estaba «siendo chantajeado» y sometido a un «acoso de alto nivel».

Este tratamiento no quedó reservado sólo a países pobres. Un informe de Channel 4, *Dispatches*, descubrió que Gran Bretaña había aceptado un sistema de arbitraje de un inversor especial en su contrato con Pfizer.[92] Esto significaba que cualquier desencuentro de Pfizer con el gobierno británico podría tratarse no en un tribunal británico, sino en tribunales especiales bajo la vigilancia de los abogados de la corporación. Cuando se han utilizado estos mecanismos de arbitraje especial en otras ocasiones se ha observado una marcada tendencia a favorecer los intereses de las grandes empresas, por encima de los intereses públicos.[93]

Vivimos en un momento en que el poder de una serie de corporaciones gigantescas representa una amenaza significativa para nuestros derechos democráticos. La historia de Pfizer muestra el aspecto que una amenaza adquiere en la práctica. Durante una pandemia, Pfizer se aprovechó de la desesperación de la gente para elevar su poder antidemocrático a un nivel superior. Como dice Hassan, «una empresa privada no puede ejercer un poder tan grande». Winnie Byanyima, número uno de UN Aids, dijo del director de Pfizer, Albert Bourla: «No ha salvado al mundo. Podría haberlo salvado, pero no lo ha hecho.»[94]

Moderna

Igual que Pfizer, Moderna vendió la mayor parte de su producción de vacunas al mundo rico. En septiembre de 2021, un 85 por ciento de la producción total de vacunas de Moderna se había enviado a los países más ricos, sin que prácticamente ninguna dosis llegara a los países con menos ingresos.[95] Aunque la compañía había vendido a COVAX un insignificante 3 por ciento, no se las había entregado.[96]

Cuando los países menos pudientes consiguieron hacerse con las vacunas, parece ser que pagaron por ellas unos precios más que inflados: Colombia declaró que había pagado el doble de lo que habían cobrado a Estados Unidos, y Sudáfrica acabó rechazando el alucinante precio de 42 dólares por dosis.[97] Oxfam calculó que si Colombia vacunaba a su población con la vacuna de

Moderna, el coste acabaría tragándose el 16 por ciento de todo el presupuesto nacional.

A pesar de la enorme financiación pública que había recibido Moderna, sus directivos estaban decididos a sacar provecho, y comenzaron a aumentar poco a poco el precio de sus acciones. De hecho, Moderna es un ejemplo sobresaliente de cómo la búsqueda de buenas noticias del mercado ha triunfado sobre una discusión abierta y honesta de su investigación. Mucho antes de la COVID, un periodista que estaba estudiando el caso de Moderna comentó: «Bajo el liderazgo de [Stéphane] Bancel, Moderna ha sido reticente a la hora de publicar su trabajo en *Science* o *Nature*, pero muy entusiasta cuando se trataba de promocionar su potencial en la CNBC y en la CNN, participando en algunas líneas de las empresas menos serias y de la posible "cura para el cáncer"».[98]

La COVID no contribuyó a apartar el foco de ese punto. En mayo de 2020 la compañía publicó unos resultados parciales en los medios, que los científicos consideraban insuficientes para emitir una opinión con buen criterio. Un anterior ejecutivo de Moderna, que habló sin revelar su identidad en CNN Business, comentó: «Publicar una nota de prensa sobre los datos de la fase I es muy poco habitual... Publicar una nota de prensa con datos parciales de resultados en menos de la mitad de los pacientes es muy, muy poco habitual... prácticamente nunca se ha hecho.»[99]

El anuncio tuvo un impacto muy positivo en las acciones de Moderna. Horas después, cuando el precio subió un 30 por ciento, Moderna vendió 17.600 millones de acciones al público al nuevo –y elevado– precio, con lo que se embolsó 1.300 millones de dólares.[100] Dos ejecutivos de Moderna vendieron casi 30 millones de dólares en acciones y, dos días después, el accionista principal de Moderna –una empresa de capital riesgo llamada Flagship Pioneering, fundada por Noubar Afeyan, cofundador y presidente de Moderna– vendía un millón de acciones, ganando en la operación 70 millones de dólares.

Los ejecutivos de Moderna hicieron el agosto con estos nuevos anuncios, muchas veces con ventas automatizadas en las que se venden acciones cuando se llega a un precio determinado. Los movimientos de Moderna fueron considerados por funcionarios de la anterior SEC (Comisión de Valores y Cambio) «altamente problemáticos», y pensaron además que valía la pena investigarles por posible manipulación del mercado, mientras el presidente de la SEC prevenía a las compañías contra la venta de acciones durante la pandemia, señalando que aunque las ventas fueran legales, no daban muy buena imagen.[101]

Pero ese beneficio no parecía bastar. Es más, era el control sobre el llamado *know-how* lo que más parecía preocupar a Moderna. Cierto que la compañía había asumido el compromiso de no imponer sus patentes durante el curso de la pandemia, y que después lo amplió, con carácter permanente, a los países con menos ingresos. Pero esta medida tenía más que ver, en la práctica, con las relaciones públicas que con una intención de apertura: Moderna se negó a compartir sus conocimientos y sus patentes con la OMS y con los científicos de Sudáfrica que estaban intentando producir una vacuna con tecnología ARNm.[102] De hecho, Moderna solicitó en Sudáfrica patentes que estarían en vigor hasta 2034, preocupando a los activistas, que pensaron que podrían estar preparándose para amenazar al país si lograba fabricar su propia vacuna.[103]

Bajo una intensa presión, Moderna anunció con cierto retraso sus planes de abrir una planta de producción en Kenia, así como un programa para compartir su tecnología ARNm.[104] Pero también estos programas se concibieron para garantizar que Moderna conservaría el control total de la tecnología, la producción y la distribución. El programa destinado a compartir la tecnología dependería de Moderna, que conservaría una parte de la patente sobre cualquier medicamento que se produjera. La factoría formaría parte de la cadena de suministro de Moderna, sin tener en cuenta las necesidades de la población africana. Cuando llegó el momento de tomar una iniciativa verdaderamente transformadora, como el centro sudafricano que se trata en el capítulo 7, Bancel dijo a un periodista que «fue un mal empleo de su tiempo».[105]

Ómicron

Hacia finales de noviembre de 2021 se identificó en Sudáfrica una forma de COVID-19 nueva y mucho más contagiosa, que desde allí se extendió rápidamente a Europa y al resto del mundo. Los científicos especularon con que la COVID-19 probablemente había mutado en el cuerpo de una persona inmunodeprimida, quizá un enfermo de VIH que no había podido vencer al virus debido a la combinación de un sistema inmune debilitado y a la falta de inmunidad añadida que podría haber representado la vacuna. Ese era el momento que todo el mundo temía que llegara. Y aunque eso dio la razón a los activistas que habían estado pidiendo que se aumentara y compartiera cuanto antes la producción de vacunas, no fue suficiente consuelo: todo el mundo temía otra Navidad marcada por el aislamiento, las hospitalizaciones masivas y la muerte.

Ómicron entró en el carrusel de noticias el fin de semana anterior a la cumbre de la OMS que se iba a reunir en Ginebra. Era irónico, porque la cumbre de la OMS tendría que haber estado dominada por la cuestión, aún no resuelta, de la exención del ADPIC. La incapacidad de este organismo para lograr una flexibilidad mínima en su normativa con marcado estilo de gran negocio, incluso de forma temporal, durante una crisis, había obstaculizado el avance de la fabricación de vacunas. El resultado fue el surgimiento de una variante que en ese momento podría ocasionar la cancelación de la propia cumbre de la OMC. Unos días antes de que se reunieran los delegados, Suiza impuso la prohibición de viajar a varios países del sur de África y, en cuestión de horas, la cumbre se pospuso indefinidamente.

La OMC se había constituido en un mundo muy diferente: un momento de euforia por el libre mercado a mediados de la década de 1990, cuando algunos habían proclamado incluso «el fin de la historia», más allá del cual el capitalismo y la democracia liberal vivirían en armonía para el resto de los tiempos. El sueño fracasó definitivamente en 2008: esa fue la consecuencia de dejar que el mercado se regulara solo, y todo el mundo pudo verlo: una desigualdad sin precedentes, colapso financiero, que daría paso a un período de inestabilidad política que el cambio climático empeoró, y luego la pandemia. Pero la OMC parecía estar bloqueada, incapaz de apoyar el tipo de resiliencia y de equilibrio económico que tan necesarios eran. La OMC siempre había tenido sus críticos, pero cada vez más países se preguntaban si tenía futuro a largo plazo.[106]

Ómicron desató una nueva ola de miedo ante la desigualdad constante que se seguía produciendo en el desarrollo de las vacunas, sobre todo porque impulsaría una nueva oleada de compras de vacunas por parte de los países ricos, que ya habían empeorado mucho esa desigualdad. Se reveló que en las seis semanas que faltaban hasta Navidad, las zonas del mundo donde había más personas vacunadas –Reino Unido, Estados Unidos y la UE– habían recibido más dosis de vacunas que todos los países africanos en todo el año.[107] El exprimer ministro británico Gordon Brown describió la desigualdad como «una mancha en nuestra alma global», mientras Amnistía Internacional acusaba a las grandes farmacéuticas de alimentar una «crisis de derechos humanos sin precedentes».[108]

En cierto sentido el mundo tuvo suerte con ómicron: la variante era mucho más contagiosa, pero mucho menos grave que las anteriores cepas, aunque este fuera un pobre consuelo para aquellos que murieron o que sufrieron síntomas crónicos o duraderos como resultado del contagio. Pero en ese momento todo el mundo se dio cuenta de que no existía una garantía total de que esa fuera a ser la última variante, y la siguiente podría ser una cepa con consecuencias mucho peores.

Con todo, en la OMC había poco movimiento. Y no era difícil entender por qué: ómicron no era una mala noticia para todos. Las vacunas de ARNm ya parecían revelarse mucho más efectivas que sus rivales a la hora de brindar protección contra la hospitalización y la muerte. Con ómicron esta diferencia se hizo aún más clara, lo que ejerció una presión añadida sobre el suministro, precisamente, de las vacunas que ya eran las que más escaseaban en el Sur Global. En la mayor parte de los países ricos todas las dosis de refuerzo tenían que ser ya de tecnología ARNm. Sólo en las dos últimas semanas de 2021, Pfizer y Moderna anunciaron siete acuerdos nuevos, que incluían 330 millones más de dosis, que se enviarían a los países europeos en 2022.[109]

Eran buenas noticias para Pfizer, BioNTech y Moderna. Una semana después de que se anunciara la nueva variante, el CEO de Moderna ganó más de 800 millones de dólares, porque las acciones de Moderna ascendieron de pronto, pues se pensó que la gente necesitaría nuevas vacunas y seguramente de manera asidua.[110] Stéphane Bancel se encargó de alimentar esta opinión en la prensa al proclamar que las vacunas existentes seguramente lucharían con la variante, pero que Moderna estaba trabajando en otras alternativas. Bancel vendió 10.000 acciones al día siguiente de anunciarse la variante, embolsándose más de 3 millones de dólares.

El resto de los accionistas de la compañía también salieron bien parados. Ocho accionistas de Moderna y Pfizer sumaron a sus fortunas 10.000 millones de dólares en total, mientras el fondo de inversiones más grande del mundo, Blackrock, incrementó el valor combinado de sus acciones en ambas corporaciones en más de 2.500 millones de euros en la semana posterior al anuncio.[111] Los otros accionistas principales eran sobre todo fondos de inversión y de cobertura, lo que demuestra que el dinero real que hacían las grandes farmacéuticas fue a parar a los que ya eran superricos.

En los meses siguientes al brote de ómicron el foco de los gobiernos y activistas de los países más pobres comenzó a cambiar de sitio. Mientras en la OMC se celebraban conversaciones interminables para un compromiso desesperado, tardío y asfixiante sobre la exención que nunca terminaba de materializarse, muchos llegaron a la conclusión de que el cambio no vendría de intentar convencer a los líderes del mundo rico de que hacía falta un cambio de normas a escala global. El Sur Global tendría que comenzar a hacer las cosas de otra forma, para acabar con esos monopolios globales. El llamado centro, o *hub*, de ARNm (RNAm Hub) de Sudáfrica, apoyado por la OMS y constituido con el compromiso de compartir sus conocimientos con todo el mundo, se convirtió en pilar central de la lucha por un sistema farmacéutico distinto. El continente africano se convertiría, de hecho, en el principal campo de batalla entre las grandes farmacéuticas y un modelo de I+D médico más soberano.[112]

Aparte de las vacunas, un aspecto importante de la historia de la COVID-19 es la gama de tratamientos antivirales. Ahora mismo hay muchos en el mercado, con diversos grados de eficacia, que han supuesto una importante diferencia en las cifras de muertos en hospitales.[113] De hecho, cuando no había acceso a las vacunas tendría que haberse priorizado el suministro de antivirales a los países más pobres, para que los esfuerzos que estaban realizando para combatir la pandemia recibieran algún tipo de apoyo. Por desgracia siguieron el mismo camino que las vacunas, aunque en menor escala. Como ya previno Zain Rizvi, de Public Citizen al comienzo de todo esto, «la comunidad global camina como un ejército de sonámbulos hacia otra gran brecha en materia de tecnología médica».[114]

Un tratamiento que llegó a ser muy conocido fue el remdesivir, producido por Gilead. Como otras muchas vacunas, sin embargo, el programa de I+D para fabricar el remdesivir no hubiera sido posible sin el apoyo del gobierno estadounidense. Hubo varias agencias que invirtieron decenas de millones de dólares en el desarrollo y los ensayos del fármaco, primero para comprobar si podía emplearse con el ébola, en tiempos previos a la COVID, luego contra la COVID-19.[115] El gobierno estadounidense desempeñó un papel crítico en la identificación y el desarrollo del remdesivir como tratamiento contra la COVID, aportando tanto dinero como apoyos en especie, cuando Gilead decidió abandonar las investigaciones porque se pensaba que no iba a ser rentable. A pesar de ello, Gilead trató protegerlo con una amplia patente; las patentes que están actualmente en vigor se extienden hasta 2035.[116]

Uno de los momentos más sorprendentes del proceso de desarrollo del remdesivir fue la ocasión en que Gilead trató de obtener el estatus de «producto huérfano» para su fármaco.[117] Se trata de un estatus especial, que se aplica en EE. UU. y que garantiza derechos añadidos de monopolio, y se introdujo como vía para incentivar la investigación de medicamentos que podrían tener un mercado limitado. Es difícil pensar en una enfermedad a la que deba aplicarse el estatus de huérfana menos que a la COVID-19. Ya en marzo de 2020 estaba claro que la COVID-19 iba a afectar a un grandísimo número de personas. Bajo una presión política extrema, Gilead acabó retirando la solicitud, pero en 2021 todavía obtuvo un beneficio de 5.600 millones de dólares del remdesivir, que cobraba a un precio de entre 2.300 y 3.100 libras esterlinas por ciclo: una suma enorme, teniendo en cuenta que un documento estimó los costes de producción del fármaco en sólo 9 dólares.[118]

Quizá el tratamiento más eficaz contra la COVID-19 que se ha producido hasta el momento fue otro fármaco estrella de Pfizer, Paxlovid, que puede reducir el riesgo de hospitalización o muerte en un 89 por ciento en pacientes de alto riesgo, siempre que se tome con la suficiente antelación.[119] En enero de 2022 Pfizer declaró que podría fabricar 120 millones de ciclos de Paxlovid a lo largo del año, a pesar de que se preveía que podrían hacer falta 250 millones.[120] La inmensa mayoría de los contratos de suministro que firmó Pfizer en los primeros momentos eran la prueba de que todo lo que fabricara iría a parar, una vez más, a Europa y Norteamérica; no había firmado contratos con los países africanos.[121]

Pero Pfizer les dijo a todos que no se preocuparan. Tal vez animados por su récord de ventas con las vacunas, Pfizer anunció su intención de conceder licencias a través de un consorcio de patentes a compañías asociadas que pudieran, o así se esperaba, producir más dosis a precios más bajos. Pero este plan tenía una serie de obstáculos.

El primero era que estas licencias genéricas no estarían disponibles hasta 2023.[122] De nuevo, los pobres tendrían que esperar hasta que los ricos hubieran cogido lo que necesitaban. El segundo, que las licencias genéricas de Pfizer excluían a varios países con ingresos medios, como Argentina, Brasil, China, Malasia y Tailandia: precisamente, los países que tenían mayor capacidad para producir genéricos.[123] De hecho, la mayor parte de América Latina –una de las zonas del mundo más golpeadas por la pandemia– quedó excluida de esa apertura de licencias, y Pfizer solicitó patentes prácticamente en todo el continente.[124] En tercer lugar, a pesar de estas licencias, Pfizer se estaba preparando para presentar solicitudes de patente en sesenta y un países, con cierta cobertura de su patente en otros ochenta y siete. Public Citizen dijo: «Mientras se llevaba el crédito por haber llegado a un acuerdo para conceder licencias, Pfizer se esforzaba por levantar un muro de patentes de largo alcance para evitar la competencia de los genéricos».[125]

Un ejemplo muestra con especial claridad que Pfizer no fue tan generoso cuando llegó el momento de colaborar. Para resultar eficaz, Paxlovid tiene que empezar a tomarse enseguida, una vez que uno se infecta, lo que puede resultar especialmente complicado en los países con menos ingresos. Desesperados por encontrar una combinación que pudiera dar alguna solución a este problema, los expertos solicitaron el acceso al fármaco para hacer ensayos, pero Pfizer lo bloqueó.[126] La directora de la Iniciativa Medicamentos para Enfermedades Olvidadas, Nathalie Strub-Wourgaft, comentó: «Resulta complicado entender los motivos que les han llevado a negarse a cooperar en medio de una pandemia global».[127]

Hubo otros tratamientos que se enfrentaron a obstáculos similares. El baricitinib de Eli Lilly, que anteriormente se empleaba para tratar la artritis reumatoide, parecía muy recomendable para el tratamiento de la COVID grave o crítica, pero las patentes que tenía en vigor en algunos países –entre los que se encontraban Sudáfrica, Indonesia y Brasil– no expiraban hasta 2029.[128] El coste de producción se estimó en la ridícula cantidad de 1,78 dólares para un ciclo de catorce días, y las versiones genéricas están a la venta en algunos países a menos de 7 dólares el ciclo. Pero el precio de venta de Eli Lilly en Estados Unidos era de 1.109 dólares.[129] Eli Lilly ha firmado una serie de licencias voluntarias con fabricantes de genéricos en India, pero impone unos límites férreos respecto al lugar donde puede emplearse el fármaco.

Aunque es cierto que algunos de los acuerdos relativos a los tratamientos antivirales son más abiertos que los de las vacunas, tal vez como consecuencia del torrente de ira que se produjo en toda la sociedad ante la desigualdad en el reparto de vacunas, ninguno refleja el sistema abierto y colaborativo que tanta falta hace, y con tanta urgencia. Hay pocas señales hasta el momento de que el acceso a los tratamientos sea más sencillo que el acceso a las vacunas. Mientras, las grandes farmacéuticas continúan amasando beneficios de fármacos que, como las vacunas, han recibido una importante financiación pública. Hay una constante que subyace a todas estas estrategias, tanto en las vacunas como en los tratamientos: el control de los conocimientos técnicos subyacentes, en forma de propiedad intelectual. Como dice Yuanqiong Hu de MSF sobre Paxlovid y su supuesta gestión, más abierta, de las licencias para fabricarlo: «la potestad de la toma de decisiones se mantiene enteramente en manos de las corporaciones farmacéuticas».[130] Esto es fundamental, porque en este control es donde está el núcleo de los beneficios de las grandes farmacéuticas.

A finales de febrero de 2022, el primer ministro británico Boris Johnson eliminó todas las restricciones que quedaban en vigor de las que se habían establecido para atajar la COVID-19. Incluso el aislamiento, cuando uno daba positivo en COVID, era voluntario. Johnson dijo que tendríamos que aprender a vivir con la enfermedad, y no fue una sorpresa que los nuevos casos aumentaran como la espuma y que, aunque la inmensa mayoría fuesen relativamente leves, el índice diario de mortalidad en Gran Bretaña continuara siendo aterradoramente alto.

Además, el hecho de que pudiéramos contemplar la posibilidad de «vivir con» el virus sólo era viable gracias al desarrollo y el lanzamiento de vacunas y tratamientos a los que todavía no tenían acceso muchas personas en todo el mundo. Para conmemorar el segundo aniversario de la pandemia, Oxfam echó sus cuentas y puso fin a algunos de los argumentos que había estado esgrimiendo para justificar la falta de equidad en el suministro de vacunas durante la pandemia.[131] A pesar de las frecuentes protestas, repetidas por personas que nunca se habían tomado la molestia de consultar la prensa internacional, de que la pandemia había sido peor en Europa y Estados Unidos que en ningún otro lugar del mundo, Oxfam averiguó que era mucho más probable morir de COVID si uno vivía en un país pobre.

Naturalmente, la tasa de mortalidad quedó infrarrepresentada en muchos países, pero si empleamos el número de exceso de mortalidad en lugar de las estadísticas oficiales de la COVID, veremos que el panorama es muy diferente. Por ejemplo, se hizo un pequeño estudio que mostraba que casi un tercio de los cuerpos que se llevaron a la morgue de Lusaka en 2020 y 2021 habían dado positivo en la prueba de COVID-19, lo que representaba que la cifra de muertes por COVID en Zambia era mucho más elevada de lo que sugerían las estadísticas.[132]

No nos sorprendió a nadie. Al fin y al cabo, mientras que casi tres cuartas partes de la población estaba totalmente vacunada en los países ricos, en los países con menos ingresos esa cifra bajaba al 6 por ciento. Los países más ricos habían administrado seis veces más vacunas de refuerzo que los países de renta baja habían administrado las primeras dosis, e incluso se habían deshecho de casi un cuarto de millón de dosis, que de hecho habían sido acaparadas.

Esto tampoco podía llamarse justicia sanitaria. Casi toda la humanidad –un 99 por ciento– estaba peor a consecuencia de la pandemia, que había lanzado a 160 millones de personas a la pobreza; pero no a todos, claro. Cada veintiséis horas surgía un nuevo milmillonario, y cuarenta de ellos habían construido sus inmensas fortunas gracias a las vacunas, tratamientos y equipos relacionados con la COVID.

Esta disparidad no pasó desapercibida ni se sustrajo a las reacciones. La pandemia había sido testigo del surgimiento del movimiento más grande, visible y global que jamás se puso en marcha en contra del dominio de la industria farmacéutica. Personalidades que habían sido líderes mundiales, incluso los que cuando estaban en el poder habían sido defensores del proyecto de globalización, estaban hablando ya contra la tremenda desigualdad existente. Se les unieron miembros de la familia real británica, diplomáticos, el papa y el presidente de Estados Unidos. Pero ni aun así consiguió la coalición reunir la fuerza suficiente para provocar un cambio de rumbo. La ira que aquella situación había provocado, sin embargo, no se iba a evaporar sola, y allí donde habían fracasado las negociaciones internacionales algunos países del Sur Global empezaron a hacer las cosas de otro modo, desafiando al modelo farmacéutico de un modo nunca visto en la era neoliberal. Estas iniciativas y experimentos estaban sentando las bases para crear un sistema sanitario global muy distinto al existente.[133]

5
La recolonización de la economía global

En el núcleo del poder de las grandes farmacéuticas están sus monopolios, que se basan en una serie de normas de propiedad intelectual. Estas normas han gobernado la transformación de la industria farmacéutica, que ha pasado de ser una industria útil que investiga medicamentos importantes a convertirse en el sector financierizado que conocemos en la actualidad. La historia del nacimiento de estas normas es importante, porque dice mucho de la naturaleza de la economía global como un todo y explica cómo llegaron los grandes negocios a ejercer un poder tan enorme en nuestras vidas. Pocos activistas del movimiento People's Vaccine comprenden esas normas de propiedad intelectual tan bien como Tahir Amin.

Amin podría haber hecho una fortuna en la década de 1990 con su formación en Derecho, que se centraba en la propiedad intelectual, si su conciencia no le hubiera guiado por otros derroteros. Amin está orgulloso de sus orígenes humildes, y llevar quince años viviendo en Nueva York no parece haber hecho mucha mella en su acento de Yorkshire. Yo le conocí en la que posiblemente sea la librería más famosa de Londres, Foyles, y hablamos de la vida de estudiante en la ciudad durante los noventa.[1] En aquellos tiempos Foyles era un lugar destartalado con un sinfín de pequeñas habitaciones, pasillos y escaleras que regía la excéntrica y famosa autócrata Christina Foyle. Uno podría perderse allí durante varios días, porque los libros estaban ordenados por editor y no había base de datos electrónica. Encontrar el libro que uno buscaba era cuestión de pura suerte. Por otra parte, estaba garantizado encontrar multitud de libros que te interesaban profundamente mientras intentabas localizar lo que necesitabas. Hoy en día la librería es un lugar ordenado y espacioso. Mucho menos divertida, pero es fácil encontrar en ella lo que se busca.

Para mí es una especie de metáfora de la propia Londres, que ha perdido gran parte de lo que una vez la hizo única e interesante, aunque se ha convertido sin duda en una ciudad en la que es mucho más fácil vivir si se tienen unos ingresos suficientemente altos. La liberalización de la City of London en las décadas de 1980 y 1990 propiciaron la creación de una increíble riqueza, y Londres se convirtió en hogar de la nueva clase, los *yuppies*, cuya máxima era «la codicia es buena». Pero también era el centro de algunos de los clubs de *rave* más grandes del mundo, cuyo combustible era el éxtasis, del movimiento *okupa* y de las manifestaciones creativas contra la veloz gentrificación de la ciudad.

Era una ciudad en una encrucijada. Margaret Thatcher se había ido, pero su legado se había quedado con nosotros. Antes de Thatcher Gran Bretaña era uno de los países más igualitarios de Europa, con tendencia izquierdista. Eso era anatema para Thatcher, que no cesaba de repetir su famosa máxima: «No existe eso que llaman sociedad». La visión que impulsaba a Thatcher, un conjunto de ideas que cuajarían en eso que luego se llamó neoliberalismo, no sólo afectaría a Gran Bretaña, sino a toda la economía global. Estas ideas neoliberales estaban en el núcleo de la reestructuración de la industria farmacéutica y su transformación en la bestia de la que yo estaba hablando con Amin.

Pero a comienzos de los noventa, cuando Amin y yo éramos estudiantes, las implicaciones que tenía todo esto para el resto del mundo no eran tan obvias. Como estudiante y activista yo estaba interesado en los problemas de casa, como la creciente privatización –a la que nos oponíamos– y la ultraderecha británica. Yo estaba demasiado ocupado con mi propia identidad como para preocuparme por lo que estaba pasando en el mundo. Amin estaba estudiando para ser abogado, y se estaba especializando en lo que entonces era una rama relativamente desconocida y poco glamurosa de la propiedad intelectual (PI). Pero todo eso estaba a punto de cambiar. «No había muchos cursos de PI en aquel momento», me dijo Amin. «Pero yo tiré por el *copyright* y el diseño, y entré en un despacho privado donde me especialicé en propiedad intelectual. Era increíble la rapidez con la que se empezaba a considerar un área muy atractiva, y en cosa de diez años la PI estaba por todas partes. En los noventa, sin embargo, nadie sabía gran cosa del tema».

El libro que verdaderamente puso el foco en esta cosmovisión corporativa emergente fue el popular *No logo*, de Naomi Klein, publicado en 1999 y muy influyente.[2] En él Klein analizaba el cambio de pensamiento de las corporaciones multinacionales, cada vez más poderosas. En efecto, el poder de estos mastodontes ya no residía en las fábricas, en la plantilla, ni siquiera en sus productos, sino en su marca. El libro de Klein fue una llamada a las armas para toda una generación de jóvenes que estaban creciendo en una cultura de consumo que no se parecía a nada de lo que el mundo había visto hasta el momento. Y aunque había una generación anterior de activistas que había crecido convencida de que el poder del cambio estaba en los trabajadores industriales de las fábricas que alimentaban el capitalismo, en los países occidentales, como Gran Bretaña, donde la desindustrialización posterior a la Segunda Guerra Mundial había sido impulsada por Thatcher, la idea parecía algo trasnochada.

Klein nos ofreció una nueva forma de mirar el paisaje. Las fábricas seguían existiendo, pero cada vez más en partes del mundo con las que el usuario final no tenía ninguna relación directa. Entre tanto, la cultura de la marca estaba ejerciendo una influencia cada vez más poderosa en el desarrollo del capitalismo. La gente se empezaba a identificar más con las marcas que con los sistemas políticos, que se revelaban cada vez menos capaces de cambiar sus vidas. Fue la marca, y no los productos que una compañía pudiera fabricar, lo que permitió a las corporaciones apartar a sus competidores, acaparar los negocios de alta gama, hundir a los pequeños y construir un sector cada vez más concentrado, como el que vemos hoy.

Como ya hemos visto, la PI incluye cuestiones como las patentes y los datos relativos al producto: la información que permite a una compañía demostrar que sus medicinas son seguras y eficaces. Pero incluye mucho más, como la noción de marca. Igual que las patentes, las marcas son difíciles de cuantificar: son, por naturaleza, intangibles. En esto estaba trabajando Amin. «Las compañías estaban muy nerviosas», me cuenta:

> porque veían que esto –su marca–, que era lo que más importaba en términos de beneficios, era muy difícil de definir, muy difícil de valorar y proteger, sobre todo en mercados con escasa normativa en este aspecto. Antes querían proteger su fábrica, lo que tuvieran. Pero ahora tienen que proteger esto. Y ese es el motivo por el que el ADPIC tuvo tanta importancia para ellos.

Pocas industrias mantienen una relación tan estrecha con el denominado ADPIC, por sus siglas en inglés (Acuerdo sobre los Aspectos de los Derechos de Propiedad Intelectual relacionados con el Comercio) como la industria farmacéutica. Se trata de un acuerdo que extendió la protección de la PI, muy alta en EE.UU., al resto del mundo. Esto significaba, entre otras cosas, que cualquier país gozaría de un período de veinte años de protección sobre sus patentes, y estaba en perfecta sintonía con el nuevo modo de pensar en el valor de una corporación, pues el ADPIC fue uno de los primeros acuerdos que negoció la recién instituida Organización Mundial del Comercio (OMC).

La OMC fue uno de los ejes del proyecto de globalización, y sustituyó al Acuerdo General sobre Aranceles Aduaneros y Comercio, el GATT, cuya creación se remonta a los años posteriores a la Segunda Guerra Mundial, mucho más laxo, que había controlado hasta el momento el comercio internacional. La OMC superaba con creces al GATT en tres aspectos fundamentales: en primer lugar, era una institución permanente nueva, con capacidad para obligar al cumplimiento de las normas; mientras el papel del GATT tenía un enfoque más bien de «o lo tomas, o lo dejas», que permitía sobre todo a los países del sur ignorar las normas que no se acomodaran a ellos, las normas que impone la OMC están directamente vinculadas a las leyes internacionales.

En segundo lugar, aunque la anterior concepción consideraba que la liberalización del comercio –es decir, la apertura de los mercados a la competición internacional y el recorte de aranceles– podría resultar útil, se seguía entendiendo como el medio para llegar a un fin. El régimen abierto se consideraba un modo primordial para fomentar el crecimiento y el desarrollo, crear empleo y compartir la tecnología y el conocimiento industrial. Dada su importancia para conseguir estos objetivos, la opinión generalizada la consideraba, en principio, una buena idea. Pero también se reconocía que los obstáculos impuestos al comercio podrían ayudar a proteger el sector agrícola de un país o sus industrias emergentes. De hecho, prácticamente cualquier país que hubiera sobre la faz de la tierra se había desarrollado, en mayor o menor medida, con cierta protección frente al comercio internacional, incluido Estados Unidos. En la OMC se abandonó cualquier matiz relativo a este aspecto, y la liberación del comercio se vio como un fin en sí mismo.

Y por último, y tal vez el aspecto más importante, esta agenda de «libre comercio» iba mucho más allá de lo que la gente consideraba libre comercio. No era una simple cuestión de eliminar impuestos sobre los bienes comercializados –conocidos como aranceles–, sino de retirar *todos* los impedimentos para la libre circulación de bienes y servicios. Esto podía incluir cualquier forma de regulación concebida para proteger los derechos del consumidor y los servicios públicos, así como la relativa al sistema financiero. Pero todas esas normas habían sido de vital importancia en el modelo económico de posguerra, porque habían permitido a los gobiernos estabilizar sus economías y dar a los países cierto espacio para hacer frente al poder de los mercados internacionales. En lugar de eso, las normas de la economía global daban ahora al capital el derecho efectivo de moverse libremente por todo el mundo, transfiriendo el poder a los más ricos, los «dueños» de la economía, a costa de trabajadores y ciudadanos, al tiempo que dejaban a los gobiernos en manos del mercado internacional. Este movimiento hizo posible el crecimiento de la economía financierizada, que a su vez contribuyó a que tantas corporaciones farmacéuticas dieran la espalda a la I+D y a la producción que desde hacía tanto tiempo había supuesto su principal soporte.

También incluía bienes intangibles, como la propiedad intelectual, en la que trabajaba Tahir Amin. La PI incluye patentes (derecho exclusivo de uso de una invención), marcas comerciales (derecho a utilizar ciertas palabras o frases en relación con los productos), *copyright* (derecho de autoría) y secretos industriales (información necesaria para fabricar los productos que todo fabricante tiene derecho a mantener oculto a sus competidores). La protección de unos activos intangibles como estos era primordial, se decía, para que las corporaciones y los inversores se movieran, ellos y sus productos, por todo el mundo con libertad. Sin eso, ¿qué iba a detener a los productores de otros países si querían robarles sus conocimientos?

La inclusión de la IP como parte nuclear de la OMC también muestra lo importante que era para los actores corporativos ver que un intangible como la PI formaba parte del nuevo modelo, emergente, de negocio. Como me dijo Amin, «estos negocios desarrollaron una ley a escala global para proteger sus intereses y poder ganar dinero con esos activos intangibles. Estaban impacientes por ver la aplicación de estas leyes porque suponían que esta nueva forma de economía se haría global y, por tanto, muy rentable».

Las implicaciones políticas eran enormes, dado cuáles eran las partes del mundo que eran ricas en mano de obra y materias primas, y cuáles en intangibles. Dicho de un modo sencillo, este proyecto de globalización era un intento de reinventar el capitalismo global de tal modo que se hiciera más simple el trasvase de riqueza y poder del trabajo al capital, del Sur Global al Norte, y de implantar una forma de dominio en la que el poder residía en las naciones sobre otra en la que el poder se basaba en la voluntad del llamado mercado libre.

Naturalmente, hubo leyes de patentes antes del ADPIC, pero en muchos países su seguimiento era laxo. Las patentes sobre medicinas siempre fueron especialmente controvertidas, incluso en países como Gran Bretaña, hasta bien entrado el siglo XX. Mientras, en gran parte del Sur Global, no existieron hasta que el ADPIC obligó a estos países a adoptar una legislatura para las patentes.

Graham Dutfield lo ha contado todo con detalle en su historia de la industria farmacéutica, *That High Design of Purest Gold*. La industria farmacéutica moderna surgió, en gran medida, del sector de los tintes industriales en la Alemania de finales del siglo XIX.[3] Cuando la empresa de tintes Bayer comenzó a dedicarse a la industria farmacéutica y a comercializar una serie de analgésicos, como la aspirina y la heroína, a las que aplicó las mismas disposiciones de PI que había aplicado a sus anteriores productos –a pesar de que las propiedades analgésicas de los productos naturales que estaban en las bases de su producto eran bien conocidas desde hacía tiempo– llegó el momento crítico.

Y como suele suceder en estos casos, la PI que recaía en estos productos benefició a los que primero comenzaron a fabricar y proteger sus productos. No nos sorprenderá que las industrias de otros países de la competencia defendieran la existencia de una normativa más laxa, que pudiera permitirles a ellos acceder a las nuevas, e importantes, tecnologías. Por increíble que esto parezca hoy, en 1919 la Asociación Americana de Farmacéuticos denunció «monopolios injustos sobre productos químicos medicinales y tintes», aduciendo que las patentes deberían concebirse «sobre todo para el beneficio del público en general».[4] La Primera Guerra Mundial dio a Estados Unidos la excusa que necesitaba para invalidar las patentes alemanas, abriendo todo un mundo de tecnologías a su propia industria. Gran Bretaña aprobó al mismo tiempo su propia prohibición sobre las patentes impuestas a sustancias químicas, con lo que apoyaba a las firmas británicas que habían quedado rezagadas en la carrera farmacéutica.[5]

Fuera de Alemania la opinión mayoritaria en Estados Unidos y Europa seguía siendo de oposición a las patentes sobre productos médicos, ya que se percibían como algo inadecuado desde el punto de vista ético y contraproducente para el descubrimiento de medicinas que podían salvar vidas. La Asociación Médica Británica se opuso incluso, hasta 1950, a la cooperación de los investigadores médicos en ensayos de fármacos, porque pensaba que los productos resultantes podían terminar sujetos a patentes, mientras el Medical Research Council Laboratory y el Real Colegio de Médicos y Cirujanos propusieron un tratado internacional que vetara las patentes de medicinas.[6]

Pero de 1930 en adelante los que tenían intereses en patentar las medicinas fueron erosionando esta opinión. Decían que se podían aplicar al sistema de patentes ciertas condiciones que las hicieran más éticas, como garantizar que eran auténtica y significativamente nuevas, que sólo se aplicaban a procesos y no a productos, y que podían estar vinculadas a la producción de medicinas seguras y de alta calidad. En su libro *Owning The Sun* Alexander Zaitchik explica:

> Al ocupar su lugar junto a otras industrias modernas basadas en la investigación, las empresas farmacéuticas se apropiaron con cautela de argumentos que llevaban mucho tiempo siendo tabú sobre los usos de la propiedad intelectual. Por el lado académico, los científicos que buscaban fuentes de financiación se preguntaron si se podrían patentar y licenciar prototipos que preservaran el antiguo idealismo y no abrieran la puerta a la avaricia acientífica. Ambas partes se mostraron de acuerdo en encontrar una justificación dual similar para considerar la concesión de patentes éticas. Primero, que el hecho de preservar un derecho exclusivo sobre la invención podría ayudar a financiar nuevas investigaciones y a contratar más científi-

cos; segundo, al limitarse la producción a unos pocos fabricantes que fueran de fiar, las compañías farmacéuticas podrían ceder sus monopolios en aras de la seguridad pública.[7]

Tras estos argumentos se escondía una dura realidad. Al ponerse a la altura de sus competidores alemanes, las empresas estadounidenses y británicas comenzaban ya a ver los beneficios de proteger sus tecnologías de otros potenciales competidores.

La campaña de People's Vaccine utilizó a veces las memorables palabras del creador de la primera vacuna contra la polio, Jonas Salk. En 1955, cuando la vacuna de Salk fue declarada segura y eficaz, el legendario locutor Edward R. Murrow (cruzado contra la infame campaña del senador Joseph McCarthy de persecución contra los presuntos comunistas) preguntó a Salk quién poseía la patente de su nueva medicina. Salk respondió: «Pues... Yo diría que la gente». Y añadió: «No tiene patente. ¿Se puede patentar el sol?»[8]

Es una historia inspiradora, que demuestra que es perfectamente posible producir medicinas importantes para salvar vidas sin recurrir a las patentes, sobre todo cuando su desarrollo está financiado con fondos públicos mediante contratos de investigación con un gobierno o a través de donaciones benéficas. Pero la percepción de las patentes de las medicinas como algo no deseable, aunque seguía siendo dominante, comenzó a quedar a un lado. En el Reino Unido hubo algo así como una protesta pública respecto al hecho de que la penicilina, una medicina esencial en cuya creación los investigadores británicos habían desempeñado un importante papel, había sido patentada por empresas estadounidenses: se había dejado en manos de Estados Unidos, que le habían puesto precio. Sólo llegando el primero se podía evitar algo así en el futuro.

El desarrollo de los antibióticos desempeñó una función importantísima a la hora de fomentar un sistema de patentes más estricto, que a su vez se convertiría en un estímulo para el crecimiento de las grandes farmacéuticas en la década de 1950. Y aunque seguían existiendo exenciones a la rigidez de la ley de PI, no eran suficientes para revertir a largo plazo el intento de poner patentes a más medicinas. Sobre todo, la idea de que la PI era necesaria para la innovación se convirtió en habitual en un discurso que dibujaba un panorama pesimista, destinado a asustar al público y según el cual sin la protección que suponía la PI toda la industria se derrumbaría y no sería posible desarrollar nuevos fármacos.

A pesar de esta tendencia a favorecer la patente de los medicamentos que se apreció en los países ricos, hasta mediados de la década de 1980 no se prestó mucha atención a la PI en el Sur Global. A fin de cuentas, el sur estaba compuesto por mercados que no eran muy relevantes para los negocios, y las enfermedades a las que se enfrentaban no figuraban en el programa de objetivos de la industria farmacéutica. Muchos países europeos no permitieron que se patentaran fármacos hasta finales del siglo XX, y muy pocos hubieran defendido en la década de 1970 que los países en desarrollo tenían que tener las mismas leyes de patentes que los ricos.[9]

No se trataba sólo de que nunca se hubiera considerado la idea: existía, además, el convencimiento –incorporado al sistema de capitalismo regulado de los años de posguerra– de que algunos países precisaban una serie de normas diferentes de las del resto, sobre todo aquellos que tenían por delante la tarea de desarrollar su economía. Este era un tema recurrente en el área de la PI. Por ejemplo, China: si fue capaz de desarrollarse con tanto éxito como lo hizo fue precisamente por no hacer caso de las leyes de PI occidentales y por importar tecnologías con las que practicaría la ingeniería inversa, en ocasiones desmontando pieza por pieza un producto, observando cómo funcionaba, y copiándolo. Aunque a las grandes corporaciones les gustaría convencernos hoy de que esto es un robo, la verdad es que ha sido así como se han desarrollado la mayoría de los países.

Actualmente, tras desarrollar una sólida base propia de conocimientos, el gobierno chino –como sus predecesores de otros lugares– está mostrando mucho más interés en desarrollar un sistema de PI estricto.[10] Pero lo que nos dice la trayectoria de China hacia el desarrollo es que obligar a otros países a reinventar la rueda –o a pagar a las corporaciones más ricas de los países más ricos por los conocimientos necesarios para construir la rueda– es un desastre económico para los países más pobres. El desarrollo de industrias de alta tecnología depende fundamentalmente de países que no sólo entienden las tecnologías más relevantes, sino que tienen además cierto control sobre ellas.

De hecho, en un sistema que ya estaba fuertemente en contra de los países más pobres, la capacidad de aprender de otros países más ricos siempre fue considerada por los economistas expertos en desarrollo de las décadas de 1960 y 1970, como una de las principales razones para el comercio. Esto significa que, como mínimo, un país debería tener la capacidad de redactar sus propias leyes de patentes para sus propios fines, igual que los países más ricos del mundo.

Pero los cambios que el ADPIC significó para el capitalismo lo hicieron imposible. Se dijo a los países que para que el capitalismo se convirtiera en un verdadero mercado mundial era necesario estandarizar las normas. Y si eso mermaba la capacidad de algunos países para desarrollar sus propias tecnologías y, en consecuencia, sus propias economías, era una lástima.

El desarrollo del ADPIC fue, por lo tanto, un movimiento realmente audaz, y tuvo una importancia enorme. Cuando se estaba negociando, muchos de los países más ricos del mundo acababan de adoptar normativas de patentes similares. Según la experta en PI Ellen 't Hoen, cuarenta y nueve de los noventa y ocho países inscritos en la Convención de París para protección de la propiedad intelectual excluían a los productos farmacéuticos de la protección mediante patente, diez excluían los procesos farmacéuticos y veintidós excluían los procesos químicos.[11] El ADPIC cambiaría esto de raíz, y un importante exejecutivo de una gran farmacéutica fue decisivo en este cambio.

Alexander Zaitchik se burla de la solemnidad con la que los directivos describen ahora las reglas de propiedad intelectual del ADPIC, y cuenta la intrahistoria del ADPIC como «de una superficialidad y una miseria casi imposibles; sus documentos fundacionales son más jóvenes que Justin Bieber», dice apuntando que «nació como una expresión de poder corporativo concentrado, torpe y profundamente antidemocrática».[12] Detalla el proceso de negociaciones en el que el anterior CEO de Pfizer, Edmund T. Pratt, trabajó sin descanso para debilitar a los defensores de un sistema sanitario basado en la igualdad y la propiedad común del conocimiento. La última respuesta de Pratt fue la creación de una normativa global de PI, y él trabajó con las grandes farmacéuticas para exponer su caso.

Pratt trabajó con grandes farmacéuticas como Pfizer, Johnson & Johnson, Merck y Bristol-Myers, pero también con gigantes de la informática como IBM, automovilísticas como General Motors, con el gigante agroquímico y biotecnológico Monsanto y con el mastodonte del entretenimiento Warner, que juntos formaron el Comité de Propiedad Intelectual.[13] La experta Susan K. Sell apunta: «De no ser por las doce corporaciones transnacionales con base en Estados Unidos, hoy no tendríamos Acuerdo [ADPIC]».

Según Sell, lo más importante que consiguieron fue un nuevo marco para la propia PI. En primer lugar, tenían que convencer a los legisladores de que la PI era, en realidad, una forma de propiedad, y por tanto un derecho, por mucho que históricamente se hubiera considerado una especie de privilegio y asignado a determinados negocios o importadores cuando iba en interés de la nación hacerlo así. En segundo lugar, tenían que convencer a los políticos estadounidenses de que su propio interés financiero en ampliar a escala global los estándares de la PI era igual que el que tenía el gobierno estadounidense en mejorar su balanza comercial, que estaba peor cada vez. Sin nuevas reglas, se quejaban estas corporaciones, Estados Unidos estaba condenado a caer presa de piratas y canallas que destruían la economía estadounidense.

De este modo captaron a los legisladores estadounidenses y al poder del estado para proteger sus intereses comerciales.

Pero ¿cómo iba a aprobar estas normas un organismo basado en el consenso, como es la OMC, entre cuyos miembros se encuentran muchos de los países que, en otros foros, han estado peleando por un sistema sanitario muy distinto? La respuesta es que detrás del modelo «con ínfulas democráticas» de la OMC lo único que hay es poder puro y duro. Los expertos en salud, especialmente, fueron apartados de los debates sobre «comercio», mientras Estados Unidos trabajaba codo con codo con los *lobbies* de las grandes farmacéuticas, desempeñando un papel que resultaba familiar en la OMC: el de aislar y acosar a los países, a veces abiertamente, amenazándoles con «consecuencias económicas» si seguían resistiéndose. India y Brasil –los dos países del sur que habían conseguido desarrollar un sector farmacéutico impresionante– eran los que más tenían que perder, y fueron los que más se resistieron.[14] Pero al final también ellos recibieron amenazas y chantajes económicos, con el resultado esperado.[15]

También en sentido amplio, el Sur Global estaba en un estado muy distinto al de la década de 1970, cuando el Movimiento de Países No Alineados del «Tercer Mundo» comenzó a trabajar conjuntamente para defender sus intereses ante las Naciones Unidas. La crisis de deuda del Tercer Mundo y las políticas de ajustes estructurales que el Sur Global se autoimpuso en consecuencia habían debilitado la independencia económica de estos países. Y es importante tener en cuenta que este era sólo uno de los tratos que la OMC predicaba con la promesa de otros tratos nuevos, como la protección de los mercados de alimentación del Norte Global, que el Sur veía como un *quid pro quo* razonable, dada la importancia de la agricultura para sus economías. Como los países ricos no cumplieron su parte del trato en estas áreas se produciría un profundo resentimiento en los años venideros. Además, el tema –relativamente desconocido– de la propiedad intelectual, sencillamente no caló lo suficientemente fuerte en muchos delegados, especialmente en aquellos a los que les decían que si no se unían a este importante organismo recién creado quedarían fuera del sistema internacional.

Tahir Amin añade que el público no fue bien informado de estos cambios cuando se negoció el ADPIC. «Los activistas lo han captado», me dijo, «dicen que "nos están recolonizando". Pero la mayoría no lo ve. Ahora, sin embargo, con la COVID, creo que es más que obvio. Todo el que pertenece al sistema público de salud habla de descolonización. Y no se equivocan, de eso exactamente se trataba».

Comienza el contraataque

Estados Unidos y las grandes farmacéuticas ganaron la partida: el ADPIC entró en vigor el 1 de enero de 1995. Pero esa sería sólo una batalla más en una lucha mucho más prolongada del proyecto de globalización.

Hacia finales de la década de 1990 y principios de la del 2000 oíamos una y otra vez la misma historia: que no había alternativa al proyecto global neoliberal. Este mensaje fue bien acogido no sólo por los políticos de derechas, sino por líderes supuestamente de centro, o de centro izquierda, que en su momento apoyaron con firmeza el modelo económico de posguerra que el neoliberalismo había desgastado. De hecho, la globalización acabó por identificarse del todo no tanto con Thatcher y Reagan, sino con los gobiernos de Bill Clinton en Estados Unidos y con Tony Blair en el Reino Unido.

Pero esta visión fue cuestionada por una gran variedad de movimientos internacionales. Desde campesinos de América Latina despojados de sus tierras hasta trabajadores de zonas desindustrializadas de Europa y Estados Unidos, desde ecologistas hasta sindicatos que organizaban a los trabajadores explotados en talleres clandestinos de Asia, el proyecto de globalización galvanizó a una oposición coordinada, algunos de cuyos componentes se unieron para protestar contra más intentos de negociar nuevas reglas, tratos y tratados, haciéndolos descarrilar en ocasiones.

Una de las figuras más destacadas del movimiento fue el escritor, activista y político filipino Walden Bello, que se convirtió en crítico destacado de la OMC. En su superventas *Desglobalización: ideas para una nueva economía mundial*, aducía con pasión que el nuevo orden mundial neoliberal era un desastre para los habitantes de todo el mundo, pero en especial para los del Sur Global, donde estaba aniquilando cualquier posibilidad de desarrollo verdadero y reforzando el neocolonialismo.

Cuando hablé con Bello a principios de 2022 él estaba en plena campaña electoral: se había presentado a vicepresidente de Filipinas en una reñida competición contra Ferdinand Marcos, populista y autoritario, hijo del exdictador, mientras el liberal Leni Robredo se postulaba para la presidencia. Bello iba tercero en una papeleta de derechas. No esperaba ganar –de hecho la perspectiva de ganar le horrorizaba. Pero se presentó para abrir algo de espacio en el debate político de Filipinas, para demostrar a la gente que había una alternativa entre el neoliberalismo, organizado en torno a instituciones como la Organización Mundial del Comercio, y el populismo fascista cada vez más marcado del que era presidente de Filipinas en ese momento, el inestable Rodrigo Duterte y su heredero político, Marcos. Bello opinaba que a menos que uno ofreciese una alternativa real al mercado libre, la gente acabaría por adherirse a los líderes autoritarios buscando protección.

La historia del ADPIC «tiene que situarse en un contexto más amplio: hay que preguntarse en primer lugar por qué se creó la Organización Mundial del Comercio», me dijo Bello. Y añadió:

> Una buena parte se debía a un esfuerzo por evitar que se produjeran más ganancias del tipo de las que había cosechado el Sur Global en las décadas de 1970 y 1980. El mejor ejemplo de esto fue, naturalmente, Asia oriental [donde los países habían] adoptado una forma de planificación económica en su política comercial, que empleaban

> como mecanismo para el desarrollo, y no había salido bien. Al final lograron desafiar a la hegemonía económica de EE. UU. y el Norte Global. De modo que [Estados Unidos] dijo: «Bien, parece que el Sur Global se está saliendo con la suya en muchos aspectos y amenazando nuestra hegemonía, y está utilizando una política industrial, y nuestros bienes intelectuales...» Habían contraatacado. Eso era la globalización, y el ADPIC formaba parte de ella, apoyado por las grandes farmacéuticas, la industria del automóvil y la industria tecnológica emergente.[16]

Mientras el movimiento del que formaba parte Bello desafiaba al proyecto globalizador por varios frentes, se desencadenó una lucha específica que intentaba revertir el ADPIC: aunque se había adoptado en 1995, tendrían que pasar diez años antes de que los países en desarrollo tuvieran que implantarlo. Esos diez años fueron importantes para el crecimiento del movimiento que se oponía al neoliberalismo y a sus instituciones, como la OMC. También fueron importantes porque la crisis del VIH/sida en el sur de África había alcanzado proporciones de epidemia, y estaba claro que las preocupaciones por la propiedad intelectual –que incluso sin implantar el ADPIC estaban ya circulando por todo el mundo– estaban creando muchas dificultades para acabar con ella. El desafío legal de las grandes farmacéuticas al gobierno de Nelson Mandela marcó en muchos sentidos el momento en que todo el sistema de propiedad intelectual acabó sentado en el banquillo de los acusados a ojos de la opinión pública global.

Los activistas empezaron a detener su avance. En 1999 la cumbre de la OMC celebrada en Seattle fracasó estrepitosamente en medio de protestas masivas y con la negativa de los países más pobres a firmar otro pacto más. En 2001 la OMC volvió a reunirse, esta vez en Doha, que no permitía que se viera ese tipo de manifestaciones por todas partes. A pesar de todo, entre la resistencia de los países pobres y las campañas a escala mundial, con la fuerte oposición de la industria farmacéutica y los gobiernos occidentales se aprobó la Declaración de Doha, que revertía algunas de las expresiones más extremas del acuerdo del ADPIC. De hecho, les ayudó bastante el hecho de que el propio gobierno estadounidense, tras los ataques del 11-S, estuviera considerando en ese momento la anulación de las patentes y la solicitud de una licencia obligatoria para el tratamiento del ántrax, pues temían un ataque biológico.[17]

En el núcleo de la Declaración de Doha se afirma que nada de lo que contiene el ADPIC prevalecerá sobre el derecho de un gobierno a implantar medidas de salud pública.[18] El texto aclaraba algunos de los medios –designados «flexibilidades»– que podían emplear. Primero, un gobierno tendría derecho a anular las patentes siempre que hiciera un intento razonable de negociar con el titular de la patente y pagara la compensación. Segundo, en caso de emergencia nacional, un país podía saltarse las negociaciones y producir las medicinas enseguida. Tercero, se reconocía que los países que no tuvieran una industria farmacéutica estaban atados de pies y manos, y necesitarían importar medicinas genéricas, pero el ADPIC les impedía hacerlo. Eso exigía una solución. Aunque no se expuso así, y aunque la lucha duraría muchos años más, se acabó alcanzando un acuerdo en el que un país podría importar medicinas genéricas aunque no quisiera el titular de la patente. Ese era un derecho completamente novedoso. Y en cuarto lugar, el período de transición para el acuerdo se ampliaría a los países más pobres de todos.

La declaración fue una victoria en el Sur Global, no tanto en términos de lo que permitía como de lo que simbolizaba. El nuevo derecho acordado tras las negociaciones de Doha –el que permitía a los países sin capacidad para producir sus propios medicamentos que emitieran licencias obligatorias para importar genéricos– sólo se utilizó una vez: lo hizo Ruanda, y se dieron cuenta de que era tan complicado que nadie se molestó en volver a intentarlo.[19] Pero esa reorganización tuvo un impacto concreto en la forma en que los países acordaron implantar el ADPIC: por ejemplo, animó a la India a redactar una ley de patentes que indicara específicamente el derecho del país a oponerse a las patentes.[20] El marco en torno al cual se trataba la propiedad intelectual se había revertido, y se reconoció que en la OMC no sería posible endurecer más las normas.

Entre 2001 y 2014 se emitieron licencias obligatorias en treinta y cuatro ocasiones y en veinticuatro países.[21] Tres de ellas, en países ricos. El presidente de Ecuador, Rafael Correa, de izquierdas, convirtió en prioridad especial la emisión de licencias obligatorias en aquellos casos en que la salud pública lo exigía, aunque los documentos de WikiLeaks muestran que el personal de la embajada estadounidense en Quito se reunía continuamente con grandes compañías farmacéuticas y con personal de «ministerios potencialmente comprensivos», para compartir estrategias encaminadas a evitar o limitar la política de licencia obligatoria de Ecuador.[22]

No hace falta decir que fue una victoria breve. Como consecuencia del ADPIC había aún muchos países en el mundo que necesitaban implantar un régimen en el que las patentes, estuvieran garantizadas durante al menos veinte años. Y aunque había algunos caminos para que los países invalidaran estas patentes no todos eran fácilmente transitables. El ejemplo de la embajada estadounidense en Ecuador es sólo uno de los muchos ejemplos de grandes empresas y gobiernos occidentales que intentan cerrar el pequeño espacio que dejaba el ADPIC para priorizar la salud pública. Entre ellos, GlaxoSmithKline, que amenazaba con emprender acciones legales y bloquear el suministro de una medicina genérica para el VIH a Ghana, al gobierno estadounidense que retiraría a los tailandeses el derecho de exportación referente sobre una licencia obligatoria que afectaba a un medicamento para el cáncer, o la multinacional farmacéutica Novartis junto al gobierno estadounidense para acosar a Colombia cuando intentó reducir el precio de un fármaco para la leucemia.[23]

Después vino el juego del ratón y el gato entre las grandes farmacéuticas, por un lado, y los activistas y gobiernos del Sur Global por otro. Apoyadas por Estados Unidos, la UE y Japón, las grandes farmacéuticas comenzaron a pelear por imponer normas que iban más allá del ADPIC en nuevos acuerdos de comercio que los países ricos firmaban con los más pobres. Esto se hizo famoso con el nombre de agenda «ADPIC-plus», e incluía períodos de vigencia de las patentes aún más largos, más allá del mínimo de veinte años, limitaciones al derecho de un país a utilizar «licencias obligatorias» o a fomentar la competencia genérica, normas que harían mucho más fácil la solicitud de nuevas patentes una vez caducadas las existentes, y normas que mantenían en secreto los datos de los ensayos sobre la seguridad de un fármaco o su efectividad durante un determinado número de años.

Como afirmó Médicos Sin Fronteras, «los países no están obligados en absoluto por una ley internacional a hacer todo esto, pero muchos, como es el caso de Brasil, China o los estados de América Central, no han tenido más opción que adoptarla como parte de los tratados de comercio que firman con Estados Unidos o la Unión Europea. Y esto ha tenido un impacto desastroso sobre el acceso a las medicinas».[24]

Oxfam publicó un informe en 2002 que decía que un año después de Doha, «el gobierno estadounidense, por orden de los grandes gigantes farmacéuticos, sigue acosando a los países en desarrollo para introducir unos estándares innecesariamente altos de protección a las patentes de las medicinas».[25] Examinaron el llamado proceso de la Sección 301, a través del cual Estados Unidos amenaza con imponer sanciones comerciales a los países que se niegan a implantar «mejoras de los derechos de propiedad intelectual», y comprobaron que ofrecía un mecanismo inmejorable para seguir acosando a los países que se negaban a anteponer los beneficios de las grandes farmacéuticas al cuidado de la salud de sus ciudadanos.

Oxfam destacó el caso de la India, donde a pesar de la enorme incidencia de algunas enfermedades tratables como la tuberculosis y un gasto insignificante en salud por ciudadano, Estados Unidos estaba coaccionando al gobierno para que introdujera una serie de disposiciones que hubieran entorpecido la industria genérica del país; o el de Guatemala, donde Estados Unidos estaba utilizando el dinero de las ayudas para «aconsejar» al congreso nacional que aprobase una ley que ofreciera quince años de protección para los datos de los ensayos, el período de protección más largo del mundo, tres veces más largo que el que regía en Estados Unidos. Y todo a pesar de que en ese momento Guatemala no había alcanzado ni siquiera el punto en que estaría obligada a implantar el acuerdo básico del ADPIC.

Oxfam mostraba en otro informe los efectos, tremendamente perjudiciales, de dichas disposiciones. En un estudio que llevó a cabo sobre un acuerdo entre EE. UU. y Jordania se comprobó que las disposiciones del ADPIC-plus habían contribuido a aumentar los precios de las medicinas de tal modo que la situación «amenazaba la sostenibilidad financiera de los programas de salud pública del gobierno», retrasando la introducción de medicinas más baratas, todo sin ningún beneficio o compensación:

> desde 2001 no ha habido en Jordania prácticamente ninguna inversión extranjera directa (FDI) por parte de las compañías farmacéuticas para sintetizar o fabricar medicinas en asociación con las compañías genéricas locales. En Jordania los pacientes pagan entre dos y diez veces más por algunas medicinas nuevas que los de Egipto, donde los fármacos se fabrican localmente a través de acuerdos de licencia y asociaciones. La única inversión extranjera que tuvo lugar en Jordania por parte de una empresa farmacéutica multinacional se ha destinado a aumentar las oficinas científicas, que emplean agresivas técnicas de ventas para asegurarse de que se utilizan las medicinas más caras, patentadas, en lugar de las más económicas, genéricas.[26]

Esto tampoco afectó únicamente a los países del Sur Global. En discusiones más recientes entre Estados Unidos y Gran Bretaña sobre un acuerdo comercial pos-Brexit entre los dos países, preocupaba enormemente que el *lobby* farmacéutico estadounidense pudiera deteriorar el sistema de salud pública británico (NHS) al comprometer su capacidad para negociar con eficacia una rebaja en los precios de los medicamentos con las grandes farmacéuticas.[27] Las grandes farmacéuticas siempre se han quejado del NICE (Instituto Nacional de Excelencia para la Salud y los Cuidados), que valora para el NHS los nuevos fármacos basándose en su relación coste-eficacia. Sus directrices ofrecen una auténtica ventaja al NHS a la hora de negociar con las empresas farmacéuticas, porque la amenaza de que el NHS no va a recetar un determinado medicamento suele persuadir a los fabricantes para rebajar el precio. El presidente Trump no ocultó su opinión: culpó del elevado precio de los medicamentos en Estados Unidos al gorroneo de los sistemas sanitarios universales de otros países, y declaró que quería recurrir a los tratos comerciales para subsanar esto.

Estados Unidos trató también de introducir más normas restrictivas relativas a la PI en los acuerdos comerciales entre varios países, como por ejemplo el controvertido TTP (Tratado de Asociación Transpacífico), firmado por EE. UU. con una larga lista de países. Aunque estos tratos no incluían a todos los países del mundo, el objetivo era incorporar un número suficiente de países para que todas las normas que acordaran tuvieran un efecto global, ya que cualquier país que deseara participar en el comercio internacional estaría obligado a adoptarlas.

Cuando se estaba implantando el ADPIC, Tahir Amin ya era abogado. Pero cuando vio el impacto de estas leyes y la manera en que se estaban aplicando comenzó a cuestionarse aquello a lo que se dedicaba: «Me di cuenta de que íbamos a machacar a la gente mediante demandas que no tenían ningún recorrido legal», me dijo. «Aunque no estuviéramos en lo cierto, no importaba. Se trataba, simplemente, de poder. Yo ya no podía seguir con eso. Quería aprovechar mis capacidades y aplicarlas en algo útil».

Amin se mudó a Bangalore en 2004. Dejó su trabajo, muy bien pagado, en Londres, para ayudar al gobierno indio a desarrollar una ley de patentes que tuviera en cuenta la salud. Posteriormente fundó I-MAK, precisamente para utilizar sus conocimientos en la reestructuración de la ley de patentes y ayudar a los países a emplear la flexibilidad que ofrece la ley de PI global en garantizar un buen resultado para todos. «Cuando te dedicas a la práctica de las leyes sabes que los resultados pueden retorcerse un poco: esa es tu tarea. India tiene una serie de leyes muy buenas, pero siempre nos ha preocupado que acabaran retorciéndose para convertirse en otra cosa. Así que teníamos que asegurarnos no sólo de que las leyes eran buenas, sino de que además se interpretaban correctamente».

Amin no está solo. En los últimos dos años me he topado con docenas de activistas que decidieron abandonar sus lucrativas carreras para trabajar por cambiar el sistema. En la esfera del activismo suele ser difícil saber qué ha conseguido uno en un ámbito específico. Cuando se instala el agotamiento, se tiende a pensar que las cosas hubieran sido exactamente iguales si no se hubiera hecho nada. Pero activistas como Amin han cambiado las cosas de un modo tangible, y eso ha abierto un espacio para crear políticas para los gobiernos del Sur, ha contribuido a que diseñen una legislación mejor y, en definitiva, les ha ayudado a conseguir medicinas para mucha más gente. Y es que para mucha gente estos son asuntos de vida o muerte.

La industria deseaba con desesperación ir más allá del ADPIC, y aún lo desea. Los activistas querían dibujar una serie de líneas rojas en toda su agenda, como detener una parte del Tratado de Asociación Transpacífico, que hubiera ampliado las normas de PI y su vigencia. Pero están lejos de declararse victoriosos: la victoria requiere un esfuerzo mucho mejor orquestado y durante un período de tiempo más largo, y con mucha más gente. La COVID-19 nos ha dado las bases para un movimiento así, pero aún tenemos un modelo que es fundamentalmente incapaz de garantizar el derecho a la asistencia sanitaria.

Sin la OMC las cosas podrían haber sido muy distintas. La contrafactualidad histórica nunca fue del todo fiable; no podemos saber qué podría haber sucedido si la era del neoliberalismo no hubiera deteriorado el poder del Sur Global. Pero sí sabemos que el proyecto de globalización ha modificado enormemente el curso económico en el que se han embarcado muchos de estos países. Sabemos que eso cerró brutalmente un sinfín de posibilidades económicas. Así podemos aventurar una hipótesis de cómo hubiera sido la historia alternativa. Como me dijo Bello:

> En los setenta y los ochenta teníamos un montón de países que ya estaban desarrollando su propia industria farmacéutica. El acuerdo del ADPIC amenazó esas industrias. Es terrible, porque se podía haber llegado a un proceso diferente, realmente dinámico, en torno a la forma en la que se desarrolla un fármaco. Pero no fue posible, a causa de las normas de la OMC. Con el antiguo sistema GATT creo que sí lo hubiera sido: la industria habría seguido una senda de desarrollo muy distinta.

India fue una excepción. Allí los gobiernos se dieron cuenta enseguida de lo que supondría depender de las grandes farmacéuticas.[28] Sin control alguno sobre la tecnología correspondiente dependerían siempre de antibióticos con el precio inflado, arrendatarios permanentes de productos muy caros que tendrían que pagar a través de la exportación de minerales y alimentos muy baratos. La receta perfecta para la pobreza sin fin.

Por suerte, en la década de 1950, hubo una serie de instituciones de Naciones Unidas que se mostraron dispuestas a ayudar al primer ministro de India, Jawaharlal Nehru, con sus planes de industrialización, a establecer la compañía Hindustan Antibiotics con un compromiso explícito con el público y unos conocimientos compartidos para la producción de medicinas accesibles.[29] En la década de 1980 la hija de Nehru, Indira Gandhi, que era primera ministra en ese momento, declaró: «Un mundo mejor organizado es un mundo donde los descubrimientos médicos estén libres de patentes y no se haga negocio con la vida y la muerte».[30]

Todos tenemos motivos para agradecer este impulso a la industria farmacéutica india. Dado el número de vacunas que se produjeron en India durante la COVID-19, está claro que sin esa industria, que podría haber sido mucho más difícil de construir en la era del ADPIC, la pandemia y la desigualdad global habrían sido incluso peores. Cuando entrevisté al activista indio Achal Prabhala, me contó que el sector farmacéutico indio «no había sido del todo inútil, pero con la imposición del ADPIC India había quedado relegada casi por completo a la fabricación, sin tener nada que ver con las patentes. Así que seguía dependiendo en exceso de la investigación que se lleva a cabo en otros lugares».

No es difícil imaginar una historia diferente en la que esto no hubiera sucedido, en la que India podría haberse beneficiado de la transferencia de tecnologías, como habían hecho Estados Unidos y Gran Bretaña 100 años antes. Se hubiera producido una cantidad mucho mayor de vacunas y tratamientos de la que se pudo fabricar durante la pandemia de COVID. Podría incluso haber contribuido a desarrollar mejores vacunas y tratamientos.

55 de las 120 fábricas que Prabhala identificó como equipadas para producir vacunas de ARNm están en la India.[31] Es la consecuencia de una época en la que los gobiernos podían redactar sus propias leyes de patentes. De hecho, prácticamente todos los países de la lista de Prabhala han desarrollado su industria antes de las normas que impone el ADPIC, o, sencillamente, las han ignorado. Prabhala me dijo:

> Sabes que la ley de patentes de India ha sido en realidad una reescritura de la ley colonial. Después se dieron cuenta de que esas leyes eran un problema, y las derogaron, lo que supuso un auge de la industria. Todas las empresas que existen ahora se crearon entonces. Así que el ADPIC nos hizo retroceder. Fue un crimen histórico. Fue como que le anestesiaran a uno con cloroformo. Necesitamos que se reconozca el hecho de que esto se impuso a personas que en realidad no entendían qué estaba pasando.[32]

6
El hospital que se convirtió en parqué de la Bolsa

En febrero de 2020, un bloguero de Kenia publicó algunos detalles de una conversación de WhatsApp en la que participaban la dirección y algunos trabajadores sanitarios de un hospital privado de primera línea de Nairobi.[1] Las conversaciones nos muestran un hospital que se gestiona como si fuera un fondo de inversión, donde se obliga a los médicos a cumplir una serie de objetivos financieros que no tienen en cuenta ninguna consideración clínica. La meta es mantener las camas llenas de pacientes, tanto si esos pacientes necesitan estar hospitalizados como si no.

En estas conversaciones, descritas como «más afines al parqué de la Bolsa que a las que debería sostener el equipo de gestión de un hospital», se decía a los trabajadores sanitarios que tenían que «bloquear las altas» y «aumentar la velocidad», porque «2 ingresos frente a 13 altas a esta hora no es bueno». Se anima al personal a «no perder ninguna oportunidad de buscar derivaciones», se les dice que «los ingresos económicos son escasos» e incluso, en un mensaje «motivador», se les azuza diciendo: «Es nuestro momento. Tenemos que intensificar los esfuerzos... Todas las altas tienen que haberse compensado a las 6 de la tarde».

En el artículo, subtitulado «¿Cómo un hospital dedicado a la salud de la mujer acabó siendo gestionado como un negocio despiadado?», el periodista Morris Kiruga, conocido por su pseudónimo Owaahh, expone cómo se convirtió el Hospital para mujeres de Nairobi en un negocio financierizado que empleaba menos trabajadores cualificados de los que hacían falta y les pagaba recompensas monetarias por cada ingreso que se producía, aparte de instarles a no dar el alta incluso a pacientes que no tenían necesidad de permanecer en el hospital desde el punto de vista clínico.

Y lo más alarmante: explica Kiruga que lo que estaba sucediendo en el hospital no era un caso aislado, sino una situación sintomática del sistema sanitario de Kenia, fuertemente privatizado, donde los hospitales y clínicas son propiedad de inversores internacionales poderosos, que comercian con ellos en los mercados financieros. Lo más sorprendente de todo es que este hospital en concreto, así como sus inversores, han recibido el apoyo de algunos de los donantes de ayudas más grandes del mundo, incluido el Departamento para el Desarrollo Internacional británico, donde este modelo se ha visto como un experimento muy valiente para ampliar los cuidados sanitarios a las zonas del mundo con mayor índice de pobreza.

Pero las grandes farmacéuticas operan en un sector de la asistencia sanitaria más amplio, susceptible de recibir las mismas presiones que la propia industria farmacéutica. A medida que estos cuidados se convierten en un ámbito cada vez más financierizado e impulsado por el mercado, el sector farmacéutico y el sanitario acaban, generalmente, pareciéndose mucho uno al otro. Esto, a su vez, ofrece a la industria farmacéutica un depósito aún más profundo del que sacar beneficios.

Comerciar con la salud

El Hospital de mujeres de Nairobi lo instituyó un ginecólogo joven e idealista, el doctor Sam Thenya,[2] llevado por un deseo de tratar a mujeres que habían sido víctimas de la violencia y hacerlo, además, de manera gratuita. Pero en un sistema de salud privado esto significaba, naturalmente, que la atención a estas mujeres tendría que sufragarse con los honorarios que aportasen los pacientes de pago o bien con fondos benéficos. Aunque el doctor Thenya no disponía de mucho dinero propio para invertirlo en el hospital, se dio cuenta de que en una economía dominada por la deuda uno no necesita tener recursos propios. Lo que hace, en lugar de eso, es atraer a inversores que puedan aportar el dinero a cambio de una participación en los beneficios de tu negocio. Al tratarse de un hospital era un movimiento arriesgado para los inversores, pero dado que el negocio de la salud cuenta con bienes raíces (en este caso era un edificio, el del hospital propiamente dicho), al menos había algo que vender si las cosas iban mal.

Sin embargo, lejos de ir mal, el hospital iba saliendo adelante: atraía fondos suficientes para crecer e incluso para abrir algunas sucursales por todo Nairobi. Y lo más importante: el hospital estaba empezando a hacerse una reputación por haber ampliado el cuidado sanitario, que ahora llegaba hasta los más pobres de Kenia, aunque en 2014 Oxfam señaló:

> incluso el paquete de maternidad más básico le costaría a una mujer de Kenia el equivalente al sueldo de entre tres y seis meses, unos 463 dólares. Esto sube casi 280 dólares si interviene un obstetra, y aún más si es necesario hacer cesárea. El hospital dice que atiende a mujeres de ingresos bajos a medios y a sus familias, pero el coste medio que se ha facilitado por paciente ingresado era en 2011 de 845 dólares. Dos tercios de los kenianos tendría que destinar la totalidad de sus ingresos de más de un año para pagar esas facturas.[3]

Hay una historia de este período que es especialmente llamativa: el doctor Thenya reveló en una entrevista concedida en 2016 que el presidente de Kenia, Uhuru Kenyatta, le había llamado de repente un día porque una persona había solicitado la ayuda del presidente para que en el hospital le dieran el cuerpo de su madre.[4] El presidente preguntó si el doctor Thenya podía hacer algo, pero el doctor fue claro: tendría que pagar la factura para llevarse el cuerpo. Kenyatta acabó pagando él mismo la factura.

Tras unos cuantos años al timón, el doctor Thenya vendió sus acciones a una empresa de capital inversión llamada Abraaj Group, que se convirtió en propietaria *de facto* del Hospital para mujeres de Nairobi. El grupo se haría después muy famoso, para mal, en la prensa financiera.

Abraaj Group se describía como una empresa «con sede en Dubai», pero la mayor parte de sus operaciones estaban registradas en el paraíso fiscal de las Islas Caimán. La fundó en 2002 un empresario paquistaní, Arif Naqvi, y se convirtió en el mayor fondo patrimonial privado de Oriente Medio, desde donde invertía en el mundo entero, en sectores muy diversos. El propio Naqvi defendía la idea del «capitalismo de inversores» y manifestó gran entusiasmo al proponer que se utilizaran sus inversiones para beneficiar a los trabajadores de las empresas en las que él invertía, así como a la comunidad en general. Los que le escucharon se creyeron su historia: decía que estaba inmerso en una cruzada para erradicar la pobreza del mundo.[5] Su personaje parecía encarnar la idea de que uno podría hacer todo esto mientras disfrutaba de una vida de lujo.

No fue ninguna sorpresa que ese mensaje llamara la atención de gente como Bill Gates, aparte de una serie de donantes oficiales para países en desarrollo, como Suecia, Gran Bretaña y el Banco Mundial. Naqvi parecía la prueba viviente de que no existe contradicción alguna entre el enriquecimiento de las élites mundiales y la eliminación de la pobreza. En 2015 Abraaj se introdujo en el ámbito de la asistencia sanitaria y compró hospitales en África y Asia. El objetivo, supuestamente, era ofrecer atención sanitaria a los pobres de las regiones en las que invertía el grupo. Se aportaron más de 500 millones de dólares de fondos públicos o benéficos.[6]

En una reunión celebrada en septiembre de 2017, sin embargo, alguno de estos inversores se dio cuenta de que algo no iba bien. Una quinta parte del fondo de inversión sanitario –que ascendía a 200 millones de dólares– no se había invertido en nada. Como informaría después el *New York Times*, «el Sr. Naqvi dijo a los airados inversores que él contemplaba la compañía como un vehículo para comprar hospitales por todo el mundo, y que por ese motivo el fondo necesitaba tener liquidez a mano. También citó algunas demoras debidas a la normativa. Pero los inversores no se quedaron muy convencidos, y en diciembre de 2017 tuvo que devolverles más de 100 millones de dólares».[7]

A partir de ese momento las cosas no marcharon bien. En junio de 2019 el *Financial Times* informó de que el Sr. Naqvi, al parecer, «se había apropiado indebidamente de más de 250 millones de dólares que había ingresado en cuentas bancarias que estaban bajo su control, el de algunos miembros de su familia o asociados suyos».[8] Naqvi fue arrestado en el Reino Unido en abril de 2019 y, detenido, quedó pendiente de una posible extradición a Estados Unidos. Fue condenado *in absentia* a tres años de prisión por un caso de fraude en los Emiratos Árabes Unidos, y tanto Naqvi como Abraaj están bajo investigación en Estados Unidos por supuesto soborno en Pakistán.[9] Abraaj se desmoronó en lo que se ha descrito como «la mayor caída en la historia del capital riesgo».[10]

Al comienzo de este libro expuse una tendencia a atribuir cualquier conducta del sector farmacéutico que genere demasiada publicidad adversa a «un par de manzanas podridas». Al parecer se aplica la misma regla en toda la economía financierizada. Naqvi había caído en desgracia por partida doble: era un empresario corrupto que había embaucado incluso a Bill Gates, el milmillonario más generoso y con más consciencia social que ha habido en el mundo. Pero quedarnos aquí sería pasar por alto la verdadera moraleja de la historia. Cuando Abraaj quebró, los activos que tenía en el ámbito de la sanidad, incluido el Hospital de mujeres de Nairobi, fueron adquiridos por otra empresa de capital riesgo, TPG Capital, a la que siguen perteneciendo. Van a seguir invirtiendo en este sector junto a algunos asociados, entre ellos la Fundación de Bill y Melinda Gates, el Banco Mundial y el gobierno británico, con el supuesto objetivo de aumentar la cobertura sanitaria para los pobres.[11]

Pero como deja claro Morris Kiruga en su investigación, el problema no comenzó ni terminó con la corrupción de un fondo de capital privado. Más bien está incorporado al modelo de negocio. Como dice Kiruga, cuando TPG compró el Hospital de mujeres de Nairobi, «todos esos eventos y tratos financieros se celebraron fuera de Kenia», sin ninguna transparencia democrática para con los pacientes en cuyo nombre estaba, supuestamente, actuando esta élite de inversores.[12]

La necesidad de complacer a los inversores y generar beneficios representa que las empresas tienen que actuar como si estuvieran participando en un concurso de belleza, para atraer la riqueza (en gran medida libre de impuestos) de las élites. Las empresas tienen que demostrar que son mejor opción que cualquier otra de las que estos inversores podrían elegir para colocar su dinero. Y por tanto tienen que adoptar los intereses de las altas finanzas, recortando costes e incrementando los ingresos lo más rápido posible.

Este imperativo fue la razón por la que el tratamiento que dispensaba el hospital estaba muy por encima de lo que podían pagar los pobres kenianos, obligando a los trabajadores sanitarios a actuar de acuerdo con los dictados del mercado durante todo el día. Y este imperativo fue la razón que impulsó a la dirección a reducir el personal altamente especializado, quedando los cuidados en manos de una plantilla incentivada para anteponer la generación de beneficios a las necesidades médicas. En resumen: fue el sistema lo que falló, no unas pocas manzanas podridas que hubiera en él.

No podemos aspirar a entender la desigualdad que caracterizó a la pandemia de COVID-19 sin examinar primero el sistema sanitario. La financierización es un modelo bastante malo cuando se aplica a una empresa automovilística; sus efectos son mucho peores cuando se aplican a la investigación, el desarrollo y la producción de medicamentos esenciales. Pero cuando se aplica a los servicios sanitarios de primera línea, lo que sucede es una catástrofe. Por desgracia, la experiencia de Kenia no es un caso aislado. De hecho, para mucha gente que se confiesa preocupada por erradicar la pobreza este modelo se ve como el camino al futuro. Pero es un modelo que convierte todo el sistema sanitario en un reflejo del sector farmacéutico.

Esta visión de la sanidad se hubiera considerado en otro tiempo contraproducente para el objetivo de mejorar la salud, algo así como patentar los productos médicos. Esta idea fue superada en un proceso paralelo a la financierización que dio lugar al orden mundial neoliberal. Comenzó en la década de 1970 con el debilitamiento del Movimiento de Países No Alineados, un grupo de países que no se sentían identificados con Estados Unidos ni con la Unión Soviética, y se unieron para apoyar el desarrollo de sus naciones del «Tercer Mundo». De hecho, la expresión «Tercer Mundo», que hoy se considera peyorativa y obsoleta, se empezó a emplear como una adaptación del «tercer estamento», el estado llano, formado por gente que en la Francia de finales del siglo XVIII hizo la revolución para defender sus intereses.[13] El Tercer Mundo era el sujeto revolucionario del mundo de posguerra.

El movimiento de los países no alineados alcanzó su cima en 1974, cuando los países del Tercer Mundo desarrollaron una propuesta con una serie de reglas radicalmente distintas para dirigir la economía internacional, que acabó conociéndose como Nuevo Orden Económico Internacional y se aprobó por mayoría en la Asamblea General de las Naciones Unidas. Este programa fue un proyecto para establecer relaciones de comercio justo y poner limitaciones a los poderes financiero y corporativo. Buscaba sobre todo acabar con la dependencia económica que tenía la mayor parte del mundo de las antiguas potencias coloniales, y permitir que el Tercer Mundo culminara su liberación del imperio.

El Nuevo Orden Económico Internacional no tenía nada que decir de la sanidad en particular, pero en Naciones Unidas y en la Organización Mundial de la Salud desarrollaron su propia versión de esta política. La OMS estaba encabezada en ese momento por una figura inspiradora, Halfdan Mahler, que creía firmemente que todo el mundo puede y debe tener acceso a una atención sanitaria de calidad. Discutió apasionadamente por un empuje generacional para lograr la «asistencia sanitaria primaria», expresión con la que se refería no a los cuidados médicos básicos, sino a la atención médica universal y accesible, que incluiría la participación total de comunidades e individuos a la hora de decidir sobre su salud.

Entonces, igual que ahora, este fue un enfoque revolucionario, porque suponía empoderar a comunidades e individuos para que controlasen sus propias vidas. Hasta este punto la atención sanitaria había sido, como sigue siendo hoy con tanta frecuencia, algo que el profesional *hace para* el paciente, del mismo modo que el desarrollo en general es algo que el mundo rico hace para el mundo pobre. Un ejemplo de esto fue el modo en que se puso el foco en intentar erradicar algunas enfermedades sólo con intervenciones médicas que ignoraban por completo las condiciones socioeconómicas de las personas tratadas o vacunadas. Desde luego, podría ser más sencillo dar vacunas a la gente que agua corriente, alimentos, educación o derechos democráticos; pero este enfoque se ha visto, cuando menos, fuertemente limitado y casi siempre contraproducente. Y esta actitud de «los expertos lo saben mejor» que ha marcado siempre el enfoque que se da a los cuidados sanitarios, ha sido claramente algo que ha beneficiado a la industria farmacéutica, pero también a la industria, más amplia, de los cuidados sanitarios.

En época de Mahler, la OMS quería algo muy distinto. Así como el Nuevo Orden Económico Internacional quería poner a los países del Tercer Mundo a cargo de su propio destino económico, la OMS intentó poner a la gente corriente al mando de su propia salud y bienestar. Lograr que las medicinas estuviesen al alcance de todos era una parte importante de este esfuerzo, pero la concepción que tenía Mahler de la atención sanitaria primaria exigía también que todo el mundo tuviera derecho a una alimentación, un saneamiento y un bienestar mental de los que iba a depender esa atención sanitaria. Años después, diría:

> si pudiéramos imaginar una *tabula rasa* de la salud, sin tener que enfrentarnos a las limitaciones, o a la tiranía, si lo prefieren, de una

> industria médica de consumo, no tendríamos que gestionarla como estamos haciendo ahora, a principios del siglo XXI. Es, por tanto, hora de que despertemos y veamos que tanto en la teoría como en la práctica el conocimiento de una estrategia que impulse el cambio social es una herramienta muy potente en la promoción de la salud, como el conocimiento de la tecnología médica.[14]

Si la Asamblea General de las Naciones Unidas de 1974 fue el punto culminante de la lucha económica del Tercer Mundo, la de 1978 proporcionaría un momento de tensión similar en la lucha por la atención sanitaria universal. Se celebró una conferencia internacional en Alma-Ata, capital de la República Socialista Soviética de Kazajistán, para dar vida a la concepción que tenía Mahler de la OMS. El resultado fue la Declaración de Alma-Ata, un manifiesto por la asistencia sanitaria básica que se convirtió en faro para los activistas de la salud de todo el mundo y que hoy en día sigue vigente. La Declaración instaba a los gobiernos y a los trabajadores de la salud a proteger y promover la salud de todos los ciudadanos del mundo. Y por asistencia sanitaria se entendía: «un estado de bienestar completo físico, mental y social, y no la mera ausencia de enfermedades o dolencias», y declaraba con toda claridad que la asistencia sanitaria era «un derecho humano fundamental». Esto seguía más allá del acceso a las medicinas, incluía también la educación en salud, la promoción de la nutrición y la alimentación adecuada, el suministro de agua potable y unos saneamientos básicos, y la planificación familiar. Se hizo incluso referencia a «un uso mejor y más completo de los recursos mundiales, de los que una parte considerable se gasta en armamento y en conflictos bélicos».

Para los países occidentales, sin embargo, Alma-Ata –igual que sucedía con el Nuevo Orden Económico Internacional– era una tendencia peligrosa que amenazaba con debilitar el excesivo poder que seguían disfrutando los países ricos. Más que nada, era una llamada a la igualdad. Especialmente irritante resultó la crítica de Mahler a las corporaciones occidentales. Las grandes farmacéuticas estaban sujetas a las críticas por comercializar fármacos a países del Sur Global de tal modo que nunca dejaran de depender del Norte Global. En 1978 la OMS fue más allá, e instó a los países a adoptar una lista recién redactada de «medicamentos esenciales» que tendrían que conseguir a toda costa, incluso reduciendo el precio de los fármacos o empleando versiones genéricas: fue un movimiento que parte de la industria farmacéutica consideró «totalmente inaceptable».[15]

Las grandes farmacéuticas se alarmaron mucho por el enfoque que dio Mahler a la controvertida comercialización de la leche de fórmula para bebés en los países en vías de desarrollo, donde la OMS había diseñado un nuevo código para intentar controlar el comportamiento de la industria. El hecho de que Mahler estuviera empezando a hablar de corporaciones de la talla de Nestlé provocó la preocupación, según se ve en un informe de la CIA sobre el relato de Nitsan Cherov en esa etapa, «de que la politización se haya extendido desde la Asamblea General hasta las organizaciones técnicas y especializadas».[16] Un representante estadounidense ante las Naciones Unidas escribió: «Parece que el asunto de la leche de fórmula no ha sido más que la primera escaramuza de una campaña mucho más ambiciosa», mientras Cherov cita a un periódico del sector farmacéutico que avisa de que se avecina un «esfuerzo de la OMS por imponer controles inaceptables sobre todo el comercio farmacéutico en el Tercer Mundo».[17]

Los neoliberales, cada vez más poderosos, se alarmaron mucho sobre todo ante esta visión de la asistencia sanitaria. Para ellos la sanidad universal era anatema. La asistencia sanitaria no era un derecho, a su modo de ver. Es más: apoyándose en el rápido crecimiento de las industrias sanitarias adujeron que los servicios sanitarios debe proporcionarlos el mercado, que puede permitirse el lujo de ofrecer un cuidado más eficaz y centrado que no dependa de las subidas de impuestos sino los clientes, que pagarán lo que utilicen.

En países donde ya existe un sistema sanitario público es muy complicado desmantelarlo, todo el mundo lo sabe. En Gran Bretaña ningún gobierno, aunque sea neoliberal, se atreve a debatir la abolición del NHS, y eso que varios gobiernos sucesivos lo han ido desgastando lentamente, sometiéndolo a recortes y reorganizaciones y abriéndolo a la competición privada y a unos «mercados internos» absurdos. Una vez que la posibilidad de la asistencia sanitaria pública está sobre el tapete, normalmente se requiere una crisis enorme para que la gente acepte otra cosa.

Así, las crisis de fabricación se convirtieron en parte habitual del manual de estrategia neoliberal. En la década de 1980 la chispa fue, para la mayoría del mundo, la llamada crisis de deuda del Tercer Mundo, que se empleó para debilitar el poder político de los países en desarrollo en las Naciones Unidas y hacer pedazos el sueño del Nuevo Orden Económico Internacional. Los bancos, que habían prestado dinero sin descanso a los países del Tercer Mundo en la década de 1970, quedaron fuera de la escena por el empuje del Fondo Monetario Internacional y el Banco Mundial, instituciones públicas ambas dirigidas desde Washington, D. C. Estas instituciones se convirtieron en los mayores prestamistas para muchos países, utilizando las ventajas que ello les daba para imponer programas de «ajuste estructural» a docenas de países endeudados de África, Asia y América Latina. Estas políticas tendrían consecuencias devastadoras, sobre todo porque quedó en vía muerta el impulso para llegar a la sanidad universal.

La teoría que subyace al ajuste estructural es esta: los países endeudados tenían que empezar a ahorrar dinero para poder saldar sus deudas, y este ahorro exigía unos planes de política económica muy distintos de los que se intentaba implantar. La austeridad era fundamental: el pródigo gasto público que se hizo en los setenta y a principios de los ochenta tenía que terminar. Eso suponía una reducción drástica del gasto en ámbitos como la asistencia sanitaria. Y un país tras otro, desde Zimbabue a Nicaragua o Filipinas, el gasto en sanidad se guillotinó a finales de los ochenta.

Los demás pilares del ajuste estructural no eran mucho mejores. La privatización veía cómo se vendían instalaciones y compañías a precios de ganga mientras la liberalización del comercio barría a los pequeños agricultores y a los productores emergentes. No era ningún secreto que el ajuste estructural había sufrido un estrepitoso fracaso en los objetivos que perseguía: lejos de caer, los niveles de deuda se inflaron. Los países endeudados sufrieron un retroceso en términos de desarrollo humano básico, algo que anteriormente se había considerado casi imposible fuera de un contexto de guerra total o una crisis social que provocaran una parada en seco de la ansiada creación poscolonial de unos servicios sanitarios.[18]

Un importante indicador de los servicios sanitarios básicos es el número de médicos a los que da empleo un país. A comienzos de la COVID-19, Gran Bretaña tenía treinta y dos médicos por cada 10.000 personas.[19] Es una cifra muy baja para un país desarrollado, y el resultado de tantos intentos de desmantelar el NHS británico por parte de varios gobiernos sucesivos. Alemania tenía cuarenta y cinco y Noruega cincuenta y dos médicos por cada 10.000 ciudadanos. Hasta los países relativamente ricos de entre los países en desarrollo tenían sólo una pequeña fracción de esa cifra: ocho médicos por cada 10.000 personas en Sudáfrica, siete en India... Lo de Sierra Leona era mucho peor: este país, al que el FMI dijo a mediados de la década de 1990 que debía reducir en un 28 por ciento el empleo del sector público y limitar los salarios, hoy sólo tiene 0,7 médicos por cada 10.000 personas. Mientras los países pobres tienen un gasto medio per cápita de aproximadamente 41 dólares, los países con ingresos más altos gastan 2.937 dólares.

Nada de esto es necesario. Como explica la doctora y activista Dorothy Logie,

> Muchos países africanos tenían en la década de 1970 un sistema de atención sanitaria primaria que funcionaba bien, y sus logros eran impresionantes en alfabetización, mortalidad infantil y esperanza de

> vida. Pero a lo largo de la década siguiente todos estos logros se fueron erosionando al apartar dinero del gasto público y destinarlo a la deuda... Las políticas bancarias están tan condicionadas por la ideología monetarista que el nivel de vida de millones de personas ha pasado a un segundo lugar, mientras el primero lo ocupa la persecución de una especie de nirvana económico. ¿Es adecuado que un banco dicte la estrategia de salud global hasta ese punto?[20]

Es sencillo ver quiénes fueron los perdedores de estas políticas de ajuste estructural: millones de personas del Sur Global cuyas vidas se vieron diezmadas, sus formas de existencia arrasadas y sus derechos negados. Pero también hubo ganadores, claro: las grandes empresas encontraron de pronto un acceso más fácil y barato a las economías del Sur Global, y la industria de la salud, en particular, recibió un impulso enorme con la destrucción de la sanidad pública.

El FMI y el Banco Mundial no dijeron que estos países no tuvieran que tener un sistema sanitario: dijeron sólo que los países más pobres no estarían en condiciones de financiar un sistema sanitario al estilo de la tierra de Jauja. Tendrían, por tanto, que poner primero el foco en los muy pobres, y no intentar ofrecer atención sanitaria a diestro y siniestro. En segundo lugar, los gobiernos deberían limitar su exposición financiera obligando a los pacientes a pagar una parte, apoyando la introducción de «tarifas de usuario» para acceder a los servicios de salud.

En tercer lugar, se dijo a los gobiernos que trabajaran con el sector privado tanto como fuera posible. Las empresas, se afirmó, podrían proporcionar una asistencia sanitaria más eficaz y barata que el sector público. Y para despertar el interés de las empresas esos países tendrían que convertirse en lugares más atractivos para invertir. Esto suponía renunciar a cualquier intento de controlar su propia economía. La tarea más importante de los gobiernos, como siempre habían sostenido los neoliberales, era hacer las cosas más sencillas para las empresas. Lo demás, todo lo bueno, vendría solo.

Los gobiernos de los países más ricos también tenían que desempeñar su propio papel: utilizarían el dinero de las ayudas para fomentar la inversión del sector privado en países pobres, eliminando así el posible riesgo de dicha inversión, creando nuevas vías para que los países accedieran al crédito, fomentando las asociaciones público-privadas y aconsejando a los países que creasen «entornos atractivos para las empresas». Esta estrategia permitiría a los países «convertir los billones en trillones»:* miles de millones de dólares de dinero público apalancarían millones de millones de dólares de dinero privado.[21]

En realidad, la idea de que la inversión privada representaría un déficit en la financiación pública siempre fue absurda. El sector privado invierte porque desea obtener un beneficio a cambio. Si el sector público quiere facilitar a las empresas que obtengan beneficios, seguramente las empresas no rechazarán la oferta, pero aun así sacarán todo lo que puedan. Y cuando lo que se saca procede de los servicios de salud, va a costa de los cuidados que recibe la gente.

No hay mejor símbolo de la locura que supone este enfoque que el Queen Mamohato Memorial Hospital, de gestión privada, en Lesotho. Se abrió en 2011 para reemplazar al hospital nacional de Lesotho con el apoyo del Banco Mundial, que dijo que no costaría más que el antiguo hospital. Acabó terminando prácticamente con el presupuesto que Lesotho destinaba a sanidad, pues el dinero público se convirtió en una corriente de ingresos a largo plazo para los inversores que daba un 25 por ciento de beneficios sobre su inversión.[22]

A los países del Sur Global se los ha tratado siempre como conejillos de Indias para el modelo de libre mercado que los gobiernos de los países ricos no fueron capaces de implantar en sus propios territorios. Estos gobiernos ricos se mostraban incluso como

* «Convertir los billones en trillones» ha quedado como expresión hecha en el documento (véase nota al final), pero las cantidades correctas son, como se indica más adelante, miles de millones en millones de millones/billones. *(N de la T.)*

sus salvadores cuando utilizaban unos presupuestos para ayudas recién incrementados para reestructurar los sistemas de salud, haciéndolos «asequibles» y «sostenibles». A estos donantes estatales se unió un nuevo grupo de agentes: una serie de individuos extraordinariamente ricos que vertieron su dinero en la lucha contra la pobreza, liberando a las fuerzas del mercado en el sector sanitario.

La caída de la OMS y el ascenso de Gates

Esta fue la génesis del sistema filantrópico público-privado que, como hemos visto, tan mal funcionó durante la pandemia de COVID-19: una contrarrevolución en la que se marginó a Naciones Unidas. Nitsan Chorev documenta este proceso en *The World Health Organization between North and South*. Primero, el presidente Reagan de EE. UU. retiró la financiación al organismo, y su administración dejó claro que la agencia «no debería implicarse en empeños destinados a regular o controlar las prácticas comerciales de la industria privada, incluso cuando los productos en cuestión pudieran estar relacionados con temas de salud».[23] En otras palabras: había que dejar en paz a las grandes farmacéuticas.

En términos generales, los países ricos obligaron a implantar en la OMS una política de crecimiento cero y, cada vez más, reservaron sus donativos para algún proyecto especial al que apoyasen. Empleando un lenguaje poco diplomático, Mahler dejó claro a los estados miembros que «Desde hace más de un año su Organización se ha convertido en un rehén financiero... ¿Qué delito ha cometido la OMS contra aquellos que están bloqueando la contribución obligatoria?» Actualmente las contribuciones voluntarias representan más del 80 por ciento del presupuesto de la OMS; en palabras de la revista *Nature*, la agencia vive «con lo justo».[24]

Al mismo tiempo tuvo lugar una campaña total para debilitar la legitimidad política de la OMS, y se transfirieron las competencias de salud al Banco Mundial, que tenía una visión radicalmente distinta del tema. David Legge, una figura predominante del People's Health Movement, me dijo que la visión que tenía el Banco del sistema sanitario se regía por «un mercado competitivo en los seguros de salud, la privatización del sistema sanitario público y para los pobres sólo una red de seguridad mínima».[25] En esto el Banco estaba perfectamente alineado con los grandes filántropos, que cada vez adquirían más importancia, y cuya intervención en el sector alteraría la sanidad global hasta estratos muy profundos. Nadie simboliza esta nueva ola mejor que Bill Gates.

«Conciso, urgente y potente». Así describe *The Guardian* el nuevo libro de Bill Gates, *Cómo evitar la próxima pandemia*. «Bill Gates entra pisando fuerte en la sala de juntas de la BAFTA, en Londres, me da unos golpecitos en la mano y el reloj empieza a correr», dice otro periodista arrobado, casi sin aliento tras conocer al gran hombre. No parece molestarle que su reunión, de tres cuartos de hora, se haya visto recortada unos minutos.[26] A fin de cuentas, Gates tiene mucho que hacer, y no se le puede retener mucho tiempo.

El control que Bill Gates ejerce sobre la política sanitaria global es un problema. No dudo de la eficacia de la mayoría de medicamentos que Gates hace llegar al Sur Global. Pero por qué su fundación trabaja con unas medicinas y no con otras es un tema que ha generado suspicacias, y sólo resulta aceptable por la magnitud de las operaciones que desarrolla. Pero no he visto ninguna evidencia que sugiera que no desea de verdad evitar y curar las enfermedades. Tampoco creo que su motivación fundamental sea hacer dinero con esto. Sus inversiones son tan gigantescas que hace dinero prácticamente de todo, pero eso tampoco parece el motivo por el que destina tanto de su propio dinero a obras benéficas.

A pesar de todo ello, es un problema que uno de los hombres más ricos del mundo pueda convertirse, sólo por serlo, en la voz más poderosa de la asistencia sanitaria global. Es un problema que un hombre estadounidense, blanco y ultrarrico tenga más poder sobre la asistencia sanitaria de los ciudadanos de algunas zonas de África, Asia y América Latina que los gobiernos de estos países, y que su dinero haya subvertido el papel de la que debería ser la voz más importante de la asistencia sanitaria mundial: la OMS. El dinero de Gates silencia a los activistas de la sociedad civil, y suaviza a los medios que deberían pedirle explicaciones.[27] Por todos estos medios, Gates ha conseguido distraernos para que no preguntemos por qué una sociedad supuestamente democrática ha permitido a un hombre acumular tanto poder y riqueza.

La revolución filantrópica no comenzó con Gates. La académica Susan K. Sell opina que estamos viviendo en la era de los monopolios, y «lo cierto es que esta es una forma de concentración económica que no habíamos visto desde los tiempos del "barón ladrón" capitalista de finales del siglo XIX».[28] Se dio el apelativo de «barones ladrones» a una serie de empresarios estadounidenses que lograron monopolizar las nuevas tecnologías en la primera era de la globalización. Aún nos suena el nombre de algunos: Rockefeller, J. P. Morgan, Vanderbilt y Carnegie. Como Gates, algunos de estos barones ladrones pusieron sus grandes fortunas al servicio de fundaciones que aún son relevantes en la actualidad. Cuando la corporación de John D. Rockefeller, Standard Oil, se desintegró, Rockefeller empleó su dinero en establecer la fundación, con lo que protegió su fortuna del impuesto de sucesiones y se forjó un prestigio.[29] A finales de la década de 1970 estas fundaciones eran organismos sólidos y poderosos por derecho propio.

La economía global nos ha llevado a una nueva era de barones ladrones. Lo que comemos lo producen, cada vez más, un puñado de corporaciones enormes y cada vez más concentradas que pueden determinar los precios y las condiciones a cientos de millones de agricultores. Otro puñado de corporaciones controla nuestras comunicaciones, grandes tecnológicas que están llegando a aspectos de nuestras vidas a las que nunca había llegado antes una empresa: de hecho, a nuestras mentes. Y entonces, igual que ahora, son estos monopolios los que se encuentran en el núcleo de la desigualdad global, desgastando nuestra democracia. Y con demasiada frecuencia la creación de fundaciones por parte de los propietarios de los monopolios ha normalizado la mentalidad de monopolio, porque han llegado a adquirir un poder enorme sobre el desarrollo de otros países.

No nos sorprenderá que la opinión de Gates se formara a través de su propia experiencia empresarial, especialmente su apoyo inquebrantable al sistema de propiedad intelectual. La riqueza de Gates procede de Microsoft, una empresa que ha peleado por la protección de la PI y que ha sido casi un libro de texto del comportamiento monopolístico.[30] Todo ello se ha visto reforzado por el hecho de que Gates nombre a tantos ejecutivos sénior de las industrias farmacéuticas que apuntan, según dice un informe muy detallado, a «la existencia de puertas giratorias entre la Fundación Gates y las corporaciones farmacéuticas».[31] El informe explica también por qué Gates no ve problema alguno en tener a representantes de la industria farmacéutica directamente implicados en los procesos de toma de decisiones de organismos como GAVI, que concede enormes cantidades de dinero precisamente a esa industria. Max Lawson de Oxfam ha afirmado que esto es «un claro conflicto de intereses», que establece un vínculo con el hecho de que GAVI pague cantidades desproporcionadas por sus vacunas, dando con ello un subsidio, *de facto*, a la industria.[32]

Gran parte del poder filantrópico se ejerce ahora a través de una serie de entidades filantrópicas público-privadas como GAVI. Estos organismos definen el problema, establecen las prioridades, acometen la investigación, fijan los presupuestos y deciden en qué van a gastar el dinero y quién lo va a recibir. Las grandes farmacéuticas, como cualquier empresa del sector de la salud en general, son un socio al que hay que apoyar. Así es como los más ricos dictan las prioridades de los más pobres. No es tanto una conspiración como una confluencia de intereses que da lugar a un modelo con muy poca fiabilidad.

Tenemos alguna idea de los tipos de instalaciones sanitarias en las que Gates ha invertido gracias al ejemplo de Kenia, y a lo largo de este capítulo veremos algunos más. Estas inversiones atraen el apoyo de instituciones de desarrollo oficiales a las que Gates inspira respeto y admiración. También hemos visto hasta qué punto la Fundación Gates definió el modo en que el mundo se enfrentó a la pandemia de COVID-19; y Gates está inmerso, personalmente, en otra batalla para definir cómo nos enfrentaremos a la próxima.[33]

En términos más generales, la influencia de estas fundaciones ha contribuido a reconstruir el sistema sanitario de antes, y restablecer su estructura con un esquema que funciona «de arriba a abajo», es decir, con intervenciones lideradas por expertos y dominadas por la tecnología, trabajando siempre que es posible con las empresas que «mejor entienden» el mundo de la sanidad. Más que filántropos que responden ante los gobiernos, o ante la gente que eligió a esos gobiernos, son los gobiernos los que tienen que responder ante esos filántropos, los directivos, los empresarios y los expertos que se sientan en sus salas de juntas. A los gobiernos se les pregunta: «¿Pueden ustedes ofrecer esto? Porque si no, encontraremos otra forma de llevar la asistencia sanitaria a sus ciudadanos».

Cuesta imaginar un modelo más colonial para llevar la asistencia sanitaria a la gente. El alivio de la pobreza es algo que los ricos hacen por los pobres empleando a gente lista y utilizando las nuevas tecnologías. No hay una política, ni una historia, ni actos de explotación diversos detrás de esta pobreza: sólo una serie de cuestiones técnicas y logísticas que hay que resolver. Como expone Oxfam en su informe «Public Good or Private Wealth?», Gates, el Banco Mundial y algunos donantes imponen a los pobres una serie de beneficios «ignorando su historia tras la guerra y exportando a los países en desarrollo una forma de "alivio de la pobreza" al estilo del siglo XIX».[34]

Pero en los últimos años ha habido cambios. Cuando se produjo la crisis financiera de 2008 estaba claro para mucha gente que las desigualdades eran una auténtica fuente de preocupación, y no podían desvincularse de la pobreza. De hecho, al exceso de riqueza se había llegado precisamente por la explotación, tanto de las personas como del planeta, y por el avance despiadado de la lógica mercantil que cada vez invadía más áreas de la vida. Estaba claro que el problema no eran los pobres, sino las grandes empresas y los superricos.

Si esto es cierto, ¿cómo puede ser que darles más poder a ellos, aunque sea a través de sus obras filantrópicas, sea la solución? Porque por mucho que haya donado, Bill Gates ha visto que es literalmente imposible reducir su riqueza a un ritmo más rápido del que la acumula.[35] En el primer año de la pandemia añadió a su fortuna 24.000 millones de dólares.[36] Como ya expuso Linsey McGoey, académica de la Universidad de Essex, «Hemos sido testigos del enriquecimiento increíble de los individuos más ricos del mundo, y existe una correlación directa entre el incremento de la fortuna acumulada, las medidas fiscales regresivas y la financiación de actividades filantrópicas. La filantropía puede estar aumentando, pero lo hace en un contexto de desigualdad rampante».[37]

Ayudas... ¿para quién?

A pesar de todas las evidencias existentes, la obsesión con apoyar a un sector sanitario altamente financierizado no cesa. El Hospital para mujeres de Nairobi es sólo la punta del iceberg. El programa de ayudas del gobierno británico ha comprobado en los últimos años cómo iban a parar más de 500 millones de libras a la sanidad privada.[38] Este dinero pasa por una agencia llamada British International Investment (antes conocida como Colonial Development Corporation y posteriormente CDC Group), propiedad del gobierno británico. Este departamento está especializado en promover «el desarrollo liderado por el sector privado», lo que implica gestionar millones de libras de fondos financieros para invertir en su nombre. Estos fondos han apoyado a una cadena de gimnasios de Brasil que dirige uno de los centros de *fitness* más caros de São Paulo, una clínica de cirugía estética de la India que ofrece liposucciones por el precio de entre 950 y 3.800

libras y cirugía de la nariz para hombres entre 800 y 1.100 libras, además de a un hospital de Harare que atrae a la élite política del país.[39]

Este es el modelo que está copiando en todos los países el brazo del sector privado del Banco Mundial, aliado de la Fundación Gates en la iniciativa Health in Africa (Salud en África) para movilizar 1.000 millones de dólares en inversiones de capital propio y préstamos para financiar el crecimiento de las participaciones del sector privado en sanidad en toda el área de África subsahariana. Una de las primeras inversiones de esta iniciativa fue un fondo gestionado por Abraaj Group.[40] Oxfam comentó que hasta el momento, «las inversiones del plan se han centrado en hospitales urbanos caros, de alta gama, que ofrecen cuidados terciarios a los ciudadanos y expatriados más ricos de los países africanos».[41]

La gimnasia mental que hace falta para vender todo esto como una auténtica forma de desarrollo es realmente impresionante. En realidad representa la peor forma de economía, la conocida como efecto derrame o goteo: una idea que para la mayoría de los economistas ya sufrió el descrédito en la década de 1980, y que afirma categóricamente que cualquier forma de crecimiento económico –toda la riqueza que se añada a la que ya tienen los más ricos– irá, al fin y al cabo, en beneficio de los pobres, sobre los que «gotea» o «se derrama».

Si la COVID-19 puso de manifiesto los problemas de las grandes farmacéuticas, también demostró que dejar el cuidado sanitario en manos del mercado era un desastre. En 2022 hablé con el doctor T. Sundararaman, Sundar para sus amigos.[42] Es un faro que dirige el inspirador People's Health Movement en India. Me dijo: «Los hospitales han pasado en India por tres fases»:

> En la primera muchos cerraron y dejaron el negocio. Estaban demasiado asustados, y dijeron: «aquí no vengáis». Sin embargo, los hospitales públicos –a pesar de todas las críticas que lanzamos contra los médicos públicos de la India–, permanecieron al pie del cañón. Nadie se fue. Hicieron gala de un carácter de auténtico servicio público.

> En la segunda fase abrieron sólo para atender a enfermos sin COVID, y cobraron unas cantidades desorbitadas. En la tercera fase comenzaron a aceptar enfermos de COVID, pero algunos dispensaban unos cuidados totalmente inadecuados, y muchos tenían, también, precios desorbitados. Hubo excepciones, pero no fueron más que eso: excepciones. Y muchos hospitales rechazaban a los enfermos graves... escogiendo a los enfermos que seguramente habrían mejorado sin atención hospitalaria. Y ante esta situación los gobiernos no pudieron hacer nada.

Esta historia se ha oído muchas veces durante la COVID-19. Del mismo modo que el mercado fracasó estrepitosamente durante la pandemia en todos los aspectos, los hospitales financierizados fracasaron en su cometido primordial, que es tratar a los enfermos.

Un hospital indio financiado con fondos británicos para el desarrollo, el Vikram, fue blanco de las críticas tras negarse a tratar a enfermos de COVID-19 que llegaban allí diferidos por el gobierno local.[43] Después fue amenazado con acciones legales por parte del gobierno. Otros hospitales de Bangladesh y Pakistán que recibieron un apoyo similar de los planes para el desarrollo gracias al dinero británico fueron acusados de cobrar a los pacientes un precio excesivo durante la pandemia. Entre ellos, los hospitales Evercare de Dhaka y Lahore; este último ofrece una habitación con ventilador por el módico precio de 350 libras diarias, más de cuatro veces el salario medio mensual.[44]

Todos estos episodios forman parte de una sórdida historia de fracaso que es el del modelo asistencial privatizado en países con rentas bajas durante la pandemia. Un estudio desgarrador del estado de Maharashtra –uno de los más golpeados por la pandemia de toda India– contaba algunos casos más.[45] El informe deja claro que hay «ejemplos en que hospitales y médicos privados desempeñaron en algunos casos un papel ejemplar», pero fueron realmente muy pocos.

Uno de los casos de los que se habla en el informe es el de Altaf Javed, un tendero de treinta y cinco años que entró en el hospital con lo que su hermano creyó que eran síntomas leves. «Nos quedamos de piedra cuando el médico dijo que era grave y que tenía que ingresar de inmediato, puesto que parecía tener COVID-19. Confundidos y nerviosos lo aceptamos inmediatamente, y le ingresaron en el ala de General. Incluso antes de ingresar ya nos habían dado una larga lista de medicamentos que tendría que tomar y que ascendían a casi ¡¡30.000 rupias!! (308 libras)». Pero el tratamiento era tan deficiente que Javed pidió que le llevaran a otro hospital:

> Cuando llegamos al otro hospital les dijimos que la situación de Altaf era grave y que necesitaba asistencia inmediata. Pero nos dijeron, sin más preámbulos, que si no teníamos dinero no nos molestásemos en ir, porque el «paquete mínimo» costaba 100.000 rupias (1.029 libras) los tres días. La dirección dejó claro que teníamos que pagar por adelantado un depósito de 50.000 rupias (514 libras) para que a Altaf lo ingresaran en la UCI. A continuación nos ofrecieron la lista de medicinas, que ascendía a 56.000 rupias (576 libras) en la farmacia del hospital.

La familia hizo cuanto pudo por reunir el dinero, pero se dieron cuenta de que no podrían mantenerle allí mucho tiempo. Cuando dijeron al hospital que tendrían que llevarse a Javed a casa, les dijeron que tendrían que aportar una cantidad para sufragar el trámite.

Javed murió antes de que le dieran el alta. «Irónicamente, nunca nos confirmaron que el diagnóstico era COVID-19. Altaf falleció antes de que nos dieran los resultados de las pruebas. Nunca nos facilitaron ni informes ni documentos. La factura del hospital había ascendido a 168.000 rupias (1.729 dólares) sólo por dos días».

El informe contiene docenas de historias parecidas. El abuso en materia de precios era tan serio que tuvo que intervenir el Tribunal Supremo de la India. Un artículo de periódico que había investigado los precios de la asistencia a enfermos de COVID en Delhi averiguó que la facturación total por tratamientos podía «superar lo que al menos un 94 por ciento de los habitantes del país ganan en un año», y se preguntaba: «¿No es hora de tomar los hospitales privados?»[46]

Aunque India centró gran parte de la atención mundial por su terrible sufrimiento durante la pandemia, historias como esta fueron habituales en todo el mundo. Un artículo académico incluía «cierres de hospitales, despedidas temporales de personal, negación a poner tratamiento o intentos de sacar provecho exprimiendo a los pacientes» en su lista de acciones registradas en hospitales privados de todos los países de nivel económico bajo o medio, «como una forma de capitalismo del desastre».[47] En Egipto, un diputado acusó a algunos hospitales privados de aumentar enormemente los precios del plasma sanguíneo.[48] En Sudáfrica, el gobierno tuvo que condenar a los trabajadores sanitarios que se negaron a tratar a pacientes de COVID. En Kenia el gobierno dijo que había recibido «numerosas quejas» de un aumento de precios, incluido el equivalente a más de 50 libras por unos guantes protectores.[49] En Perú los proveedores privados consiguieron arañar 15.000 dólares por paciente de COVID de unos presupuestos gubernamentales destinados a la salud ya muy tensionados.[50]

Algunos países consiguieron controlar la codicia del sector privado. El doctor Sundar me dijo que, en India,

> algunos de los mejores estados requisaron las camas privadas. Reembolsaron los gastos al hospital privado, pero a un precio fijado por ellos. No hubo negociaciones. Y eso funcionó, pero sólo a pequeña escala. Sin embargo, lo opuesto sucedió a gran escala: fueron los hospitales públicos los que se convirtieron en hospitales COVID, y a su vez esto supuso que la parte más pobre de la población, cuando necesitaba un hospital para recibir un tratamiento que no estuviera relacionado con la COVID, tenía que arreglárselas sola acabando, en ocasiones, incluso en la calle.

Owain David Williams, en un excelente estudio del tema, encontró también algunos ejemplos positivos.[51] Malasia y Tailandia obligaron a los hospitales privados a tratar a pacientes de COVID al precio que fijó el gobierno, mientras Egipto estableció un tope al precio para el tratamiento de COVID. Sin embargo, del sector privado surgieron voces airadas que acabaron por aumentar el tope.

Pero el Banco Mundial no dio un paso atrás en su obsesión con los proveedores del sector privado, y la mayor parte de sus préstamos de emergencia vinculados a la COVID-19 tenían como destinatario precisamente al sector privado. Políticas similares son las que han fomentado la Fundación Gates y los gobiernos de Reino Unido y EE. UU., que cada vez contemplan con más descaro cómo las ayudas públicas dan más oportunidades a sus propios negocios.[52]

La respuesta a estos problemas es tan obvia que sólo un compromiso ideológico profundo con el mercado y el sector privado puede convertirle a uno en ciego ante esta situación. En los países donde se ha probado, la asistencia sanitaria pública y universal no sólo ha funcionado a la hora de dar a todo el mundo acceso a los cuidados: también ha reducido la pobreza y la desigualdad. La asistencia sanitaria tiene que ser universal, porque sólo así comparte toda la sociedad un interés en la materia. La alternativa, que es una sanidad ofrecida por el estado o financiada por el estado sólo para los pobres, significa que los cuidados se convierten, inevitablemente, en un servicio de segunda clase que con el tiempo queda al albur del desgaste.

Estos sistemas no son privativos de los países occidentales. Sri Lanka lleva desde la década de 1930 ofreciendo a sus ciudadanos servicios sanitarios universales y gratuitos. Su logro debería estudiarlo cualquier gobierno que llegue al poder en un país del sur. En Sri Lanka la esperanza de vida aumentó 12 años en sólo siete años a partir de 1945, y su bajo índice de mortalidad maternoinfantil rivaliza con el de sus ricos vecinos. En Sri Lanka una mujer puede tener una esperanza de vida igual a la de una mujer alemana, a pesar de tener unos ingresos diez veces menores.[53] De hecho, un documento del Banco Mundial que, según se cree, se encargó para explicar cómo un experimento tan increíble pudo funcionar contra todo pronóstico, según el sentido común, determinaba que «Sri Lanka representa la frontera global de indicadores como la mortalidad infantil: ningún país con ingresos similares tiene mejores resultados».[54] Malaria, polio, tétanos y sarampión son enfermedades que ya están erradicadas o en un nivel próximo a estarlo. Incluso más sorprendente fue, para el Banco Mundial, el hecho de que este «excelente rendimiento se lograra a pesar de (o quizás a causa de) las reformas de gran calado que se han llevado a cabo a lo largo de varias décadas». Aparentemente no había ningún plan para tratar o beneficiar específicamente a los pobres, pero como el sistema era universal y se financiaba con los presupuestos generales, lo que se consigue es que atienda a los más pobres mucho mejor que cualquier otro experimento del Banco Mundial.

Por increíble que parezca, el sistema sanitario de Sri Lanka arroja un resultado mucho mejor que prácticamente cualquier otro país de su horquilla de ingresos, y a un coste mucho más bajo. Por desgracia, la era neoliberal ha pasado factura con la entrada de proveedores privados, cada vez más, que pretenden mejorar el sistema pero logran exactamente los efectos contrarios. La inversión pública ha disminuido, y la escasez de personal y las largas listas de espera se han vuelto habituales.[55]

El estado de Kerala, en India, también recibió muchos halagos por su sistema sanitario, lo que ayudó a este estado, bastante pobre, a lograr unos resultados en materia de salud similares a los de EE. UU. a pesar de tener una renta per cápita un 99 por ciento más baja y un gasto anual en salud de sólo 28 dólares por persona.[56] Kerala ha hecho de la asistencia sanitaria una prioridad absoluta, dedicando a ella una buena parte del gasto público, a pesar de que también aquí el sector privado ha conocido un *boom* en los últimos años. Cuba, también, famosa por sus buenos resultados en materia de salud, tiene un índice de mortalidad infantil más bajo que el de EE. UU. El anterior presidente de las Naciones Unidas, Ban Ki-moon, ha descrito ese sistema como «enraizado en la atención sanitaria primaria, lo que ha dado resultados excelentes: menor tasa de mortalidad infantil, mayor esperanza de vida, cobertura universal. Es un modelo para muchos países de todo el mundo».[57]

Un caso interesante, reciente, es el de Tailandia, donde el primer ministro populista Thaksin Shinawatra introdujo el sistema de sanidad universal en 2002. Hoy, más del 80 por ciento de la asistencia sanitaria la proporciona el estado, se financia con los impuestos y es gratis para todo el mundo.[58] El resultado ha sido un incremento exponencial en las cifras de personal sanitario, una tasa de mortalidad materna que ha caído en picado y un aumento de la esperanza de vida. El sistema de Tailandia ha sido considerado por muchos como un modelo que podrían emular otros países. Ahora que allí existe la asistencia sanitaria universal, será extremadamente difícil desmontarla.

La idea radical de la atención sanitaria primaria se basa en los principios del cuidado holístico, que es exactamente lo contrario del método llamado «vertical», el enfoque de Bill Gates («de arriba abajo») que busca erradicar una enfermedad específica. Es cierto que si uno busca resultados rápidos y mensurables, erradicar una única enfermedad con una única medicina podría ser el medio más sencillo de lograrlo, pero al hacerlo uno no ve la escena completa. La enfermedad y las dolencias son mucho más que la falta de acceso a las medicinas. El estilo de vida, la educación, los saneamientos, una alimentación de calidad, la vivienda, el empleo... todo ello es fundamental para hacer frente a los problemas de salud. En Europa hemos erradicado muchas enfermedades, y no ha sido simplemente por dar medicamentos a la gente. De hecho, muchas veces las medicinas han desempeñado un papel secundario, y ha sido más importante el esfuerzo por abordar la atención sanitaria y las carencias sociales en general con un enfoque holístico. La asistencia sanitaria universal puede desempeñar un papel fundamental en esa transformación: los intentos de erradicar una enfermedad sólo con tecnología, no tanto.

Si todo esto parece obvio, ¿por qué seguimos estando tan lejos de implantar la sanidad universal en la mayoría de los países? El poder y la influencia de los abanderados de «el mercado sabe lo que hace» en el campo del desarrollo, como Gates y el gobierno británico, son claramente parte de la escena. Pero ahora estamos batallando contra la industria gigantesca de la atención sanitaria, que mueve millones de millones de dólares y que es mayor incluso que la farmacéutica y, como hemos visto, está cada vez más financierizada. Por otra parte, tiene enormes áreas de interés común con otros monopolios, especialmente con los gigantes tecnológicos.

En 2017 trabajé para *The Guardian*, con un artículo sobre las grandes corporaciones tecnológicas que miraban con deleite la sanidad y la educación de los países africanos, que consideraban la siguiente frontera de la rentabilidad.[59] Uno puede imaginar cómo podría funcionar: al enfrentarse a unos hospitales públicos sin apenas financiación y otros privados con honorarios estratosféricos, los gigantes tecnológicos podían ofrecer asesoría médica a través del teléfono móvil o de un ordenador compartido. El artículo revelaba que el entonces jefe de Apple desveló que estaba poniendo la sanidad en el centro del desarrollo de los *smartphones* de la compañía: «Un teléfono inteligente puede ser su médico personal, puede hacer un seguimiento de su situación sanitaria minuto a minuto, accediendo a los resultados de las pruebas u ofreciendo orientación médica». Amazon ha comenzado ya a ampliar su programa virtual de salud privada para empleados de otras compañías.[60] No hace falta tener mucha imaginación para ver aquí el boceto de un plan de salud para países pobres.

Tal vez esto parezca una solución temporal razonable para la gente que no puede acceder a la asistencia sanitaria, pero el problema es que este tipo de parches tienden a hacerse permanentes. Como sucede con los programas privados de salud en general, simplemente dejan al sector público descolgado, incluso eliminando en ocasiones lo poco que puede aportar. Se convierte en el futuro de la asistencia sanitaria. Y cuando los monopolios también sean propietarios de nuestro historial médico, tendríamos que preocuparnos mucho, porque son datos personales muy lucrativos, que pueden venderse a compañías de seguros, corporaciones farmacéuticas y la industria sanitaria en general, aumentando enormemente el poder de las tres.

Construyendo la esperanza

Para muchos de los que luchan por un sistema sanitario diferente no hay distinción entre ser un trabajador sanitario o ser un activista político. Esta es una forma de pensar que está incorporada al People's Health Movement, una red inspiradora de activistas que son trabajadores sanitarios que abarca el mundo entero.

El doctor Sundar ha sido una de las figuras fundamentales del movimiento desde sus orígenes. Como él mismo me dijo:

> Se trataba de empoderar a la gente, de darles la información y las herramientas necesarias para que entendieran su derecho a la salud y para que lucharan por ello. Era algo muy grande. En el año 2000 logramos reunir a muchísima gente en una concentración que se convirtió en el People's Health Movement de India. La OMS nos había prometido sanidad universal para el año 2000. Los gobiernos se habían reunido para acordarlo, pero no cumplieron sus promesas. Querían olvidar, pero nosotros no olvidábamos. Así que formamos este movimiento... sólo para luchar por una asistencia sanitaria primaria.[61]

El People's Health Movement tomó la Declaración de Alma-Ata de la OMS como punto de partida. La crisis sanitaria global no es sólo una consecuencia de la falta de medicamentos o de las actividades depredadoras de las grandes farmacéuticas. Es una crisis social, política y medioambiental. Es el resultado de la falta de igualdad en el acceso al agua, a la vivienda, al saneamiento, a la educación y al empleo, además de a los servicios de salud pública. Luchar por un futuro mejor es sólo cuestión de invalidar un acuerdo comercial que amenaza la producción de alimentos de buena calidad y de construir hospitales.

Estos ambiciosos objetivos podrían parecer abrumadores, pero como mucha gente me ha dicho durante mi investigación para escribir este libro, la vida de un trabajador sanitario mal pagado y sin apoyo alguno también es abrumadora a veces, incluso absurda y sin sentido, si no hay esfuerzos por implicarse en algún intento de lograr un cambio estructural. Lo más importante, lo que está en el corazón del People's Health Movement, es unir esas dos realidades y construir un auténtico poder.

El People's Health Movement también existe en países desarrollados. En Gran Bretaña hay grupos como Medact y Health Poverty Action que reúnen a médicos y activistas para que participen en un movimiento por el cambio. Más allá de esto hay otro movimiento, menos formal, que se extiende por toda la sociedad. Hoy en día aquellos que plantan cara a los muchos intentos de privatizar parcialmente el NHS, incluidos, por supuesto, las enfermeras y médicos que están trabajando activamente por preservar nuestro sistema sanitario socializado, son parte de la misma lucha. Y también los activistas que hacen campaña en Estados Unidos contra los buitres corporativos que quieren convertir en su presa al sistema de asistencia sanitaria.

Este movimiento ya ha protagonizado importantes victorias, pero nunca pueden considerarse permanentes. La lucha es interminable. Hay una vieja máxima atribuida al político británico al que más se asocia con la creación del NHS, el laborista Nye Bevan, que –se cuenta– dijo a la gente: «El NHS durará mientras haya gente con fe para luchar por él». Esta lucha incesante puede aplicarse a la economía en general: qué aspectos de nuestra economía se abandonan al mercado y en qué condiciones, son decisiones políticas, el producto de una lucha política. El capitalismo no es un todo o nada, un sistema que existe o no: es un campo de batalla infinito.

7
Una esperanza nueva

Tiempo de morir

No es posible explicar la fuerza del movimiento People's Vaccine sin entender un poco la crisis del VIH/sida de finales de la década de 1990. Fue una crisis que desenmascaró, pública y explícitamente hasta dónde estaba dispuesta a llegar la industria farmacéutica para preservar sus monopolios. Algunos de los agentes implicados siguen todavía en activo y desempeñando un papel predominante en la campaña contra la desigualdad en las vacunas para la COVID-19.

Una de estos activistas es Fatima Hassan, una sudafricana a la que afectó enormemente la epidemia de sida de su país. Hassan terminó la carrera de derecho justo cuando Sudáfrica vivía una transición hacia la democracia. Me dijo que había crecido en el *apartheid*, lo que suponía que «seguramente llevaba el activismo en la sangre».[1] Le interesaba el derecho laboral, pero no tardó en darse cuenta de que si entraba en un despacho privado de abogados tendría que representar a los empresarios, así que en lugar de tomar ese camino aceptó un puesto en el Aids Law Project: un puesto para tres meses que se convirtió en un trabajo de diez años.

«El estigma que rodeaba a la vida con VIH era entonces terrible», me dijo. «No se trataba sólo de los pobres: también asesorábamos a gente rica o de clase media que tenía que vivir con VIH. Intentábamos alcanzar los derechos humanos más básicos para estas personas: el derecho a tener una casa y un trabajo, a ir a la escuela, a la dignidad, a no ser obligados a hacerse pruebas sin consentimiento». Pero tras lograr todo esto, los activistas se dieron cuenta de que los enfermos de VIH se enfrentaban a otro gran problema: no podían acceder a una medicación que les salvaría la vida –los famosos antirretrovirales– porque eran demasiado caros.

En 1998 murió Simon Nkoli. Fue uno de los primeros homosexuales de África en anunciar públicamente que era seropositivo, y su muerte espoleó la formación de un grupo denominado Treatment Action Campaign (Campaña de acción para el tratamiento), una reunión de activistas contrarios al *apartheid* que luchaban por los derechos de la comunidad LGTB y de los enfermos con VIH. El grupo comenzó su lucha pidiendo el acceso a los medicamentos que las grandes farmacéuticas se negaban a ceder a los fabricantes de genéricos o bien a venderlo a un precio asequible. Hassan explica así la importancia de este movimiento:

> Muchos de mis clientes y muchos de mis amigos murieron prematuramente porque no se pudieron hacer la prueba y comenzar el tratamiento a tiempo. Aquella época fue literal e innecesariamente tiempo de morir. Pero también una época en la que conocí a mucha gente con la que ahora trabajo para resolver los mismos problemas, en esta ocasión respecto a la COVID-19. Porque estamos hablando de las mismas empresas, los mismos argumentos, los mismos gobiernos ricos del norte. La enfermedad es otra, naturalmente. Ya sabemos que el estigma que rodeaba al VIH era, sencillamente, horrendo. En ese sentido no es lo mismo, pero gran parte de las políticas que rodean al acceso a los medicamentos y la barrera de la PI son exactamente iguales.

Naturalmente, el VIH no fue devastador sólo para las comunidades del sur de África: en la zona occidental, donde la enfermedad se había convertido en una crisis de grandes dimensiones para hombres homosexuales y bisexuales, surgió una nueva ola de activistas que batallaban contra la marginación e intentaban conseguir los medicamentos que necesitaban quienes vivían con la enfermedad. El grupo más destacado fue la Aids Coalition to Unleash Power, también llamada ACT UP.* Establecida en Nueva York, pero con sedes prácticamente en todo el país e incluso más allá de sus fronteras, la red llegó a ser muy conocida por sus actuaciones directas, muy creativas, contra las corporaciones farmacéuticas y sus inversores.

Gregg Gonsalves fue un destacado activista de ACT UP en Nueva York. Igual que Hassan, continuó siendo clave posteriormente, en campañas contra la desigualdad de las vacunas de la COVID-19. Me dijo que su activismo contra el VIH le había hecho despertar y ver las profundas desigualdades que existen en la economía global.[2] Gonsalves se centró al principio en entender cómo funcionaba la enfermedad y en «poner las pastillas en manos de la gente». Pero eso cambió, en parte gracias a Internet y en parte mediante una conferencia celebrada en el año 2000 en Durban (Sudáfrica) que resultó transformadora. Fue allí, me dijo, donde él y otros empezaron a darse cuenta de que «nosotros habíamos conseguido el acceso a las medicinas que necesitábamos, pero la mayoría de los países no. Así que cambiamos el foco y nos fijamos en la economía política global». Muchos de los activistas anti-*apartheid* de Durban lucharon también por hacer saltar las alarmas respecto al papel que el racismo desempeñaba en el funcionamiento del sistema farmacéutico.

Para entonces, 28 millones de personas estaban ya viviendo con VIH en el África subsahariana, y más de 2 millones de africanos morían cada año de la enfermedad. Sudáfrica fue duramente golpeada: más de 4,5 millones de personas estaban infectadas con el VIH y cada día se diagnosticaba la enfermedad a 1.700 personas, de las cuales 200 eran niños recién nacidos.[3] Tan grave era la epidemia que la esperanza de vida del país cayó del sesenta y tres por ciento en 1990 al cincuenta y tres por ciento en 2004.[4]

* Coalición del sida para desatar el poder. Aparte de componerse con las iniciales en inglés del nombre de la coalición, ACT UP es una especie de llamada a la acción *(N. de la T.)*

Lo que llamaba especialmente la atención era que a comienzos de la década de los 2000, el VIH ya era una enfermedad tratable gracias, en parte, al trabajo de grupos como ACT UP. Los antirretrovirales podían prolongar la vida de un enfermo con VIH, reducir el sufrimiento e impedir la transmisión de madres a hijos. Pero en Sudáfrica ese tratamiento costaba 10.000 dólares por persona al año, con lo que estaba fuera del alcance de todos salvo de los muy ricos. Se fabricaron algunas versiones genéricas del medicamento para países en desarrollo como Tailandia y Brasil a una fracción del precio. Esto permitió a Brasil ofrecer los antirretrovirales sin coste, reduciendo a la mitad las cifras de muertes por sida.[5] Pero Sudáfrica no podía importarlos debido a su rígida ley de patentes, que aplicaba al dedillo el ADPIC.

De hecho, todo el sistema de salud sudafricano era ya profundamente desigual, porque surgió del *apartheid*. El gobierno de Nelson Mandela tenía una visión radicalmente distinta de la asistencia sanitaria, pero no podía construirse en un día. Un factor que contribuyó a configurar esta visión fue la Ley del Medicamento, aprobada por el gobierno en 1997, que trataba de promover el uso de medicamentos más asequibles. Entre otras cosas, eso permitiría al gobierno utilizar la «importación en paralelo», es decir, la importación de medicinas genéricas de países con capacidad de producción, además de facilitar la emisión de licencias obligatorias y de lograr una transparencia adecuada en el precio de las medicinas.

Esto no gustó nada a la industria farmacéutica, y la Ley del Medicamento se enredó en una serie de desafíos legales que culminaron con treinta y nueve de las mayores compañías farmacéuticas del mundo, incluidas GlaxoSmithKline, Merck, Bristol-Myers Squibb y Roche, demandando al gobierno sudafricano. Como señaló Oxfam en ese momento, estas empresas disfrutaban de unas cifras de venta globales muy superiores a tres veces el presupuesto nacional del gobierno sudafricano, y los beneficios ascendían al doble de la suma que el gobierno gastaba en educación, sanidad y bienestar social.[6]

Mientras el caso seguía su curso, las compañías farmacéuticas internacionales se embarcaron en una estrategia publicitaria en la que utilizaron todos los argumentos, sin importar lo ofensivos que fuesen, contra sus oponentes. «Emplearon todo tipo de ideas racistas», me dijo Hassan. «En un momento dado, un representante del gobierno estadounidense dijo incluso que en la mayor parte de África la gente no tenía reloj, y no sabían leer la hora, de modo que no tenía sentido darles antirretrovirales porque no iban a tomárselos a la hora debida».

El caso duró tres años, durante los cuales el gobierno no pudo implantar la Ley del Medicamento y decenas de miles de personas murieron en vano de enfermedades relacionadas con el sida. Las corporaciones se quejaban de que esta ley les había privado de su derecho a la propiedad y que contravenía las normas de la OMC. Sudáfrica argumentó que tenía la obligación constitucional de proteger y mejorar la salud de sus ciudadanos, y que eso debería invalidar dichas normas. Las grandes farmacéuticas también emplearon su poder para movilizar a los gobiernos estadounidense y europeos y obtener su apoyo. En Estados Unidos el gobierno de Bill Clinton cumplió con su deber y puso a Sudáfrica en una lista negra para sancionarles, tras formar un *lobby* con el grupo PhRMA.[7] El comisionado europeo de Gran Bretaña, Leon Brittan, se unió a los americanos y escribió al gobierno de Sudáfrica en un intento de persuadirle de que diera marcha atrás.

Pero el caso no tenía como finalidad lavar la imagen de la industria farmacéutica para el público en general. En Sudáfrica, la TAC (Treatment Action Campaign, ya citada) puso el comportamiento de las grandes farmacéuticas en el foco de la atención pública global: su estrategia era crear un movimiento de activistas, muchos de los cuales vivían con el VIH. Pero contaba además con muchas figuras inspiradoras: una de ellas, de renombre internacional, era Zackie Achmat. Achmat no era sólo un orador brillante y persuasivo; siempre se presentaba voluntario para emprender actuaciones con las que arriesgaba su vida y se negó a tomar antirretrovirales aun teniendo la posibilidad de conseguirlos fuera del país, todo ello para llamar la atención sobre las dificultades por las que pasaban los enfermos de VIH de Sudáfrica.

El trabajo de la TAC y sus aliados logró enfocar la atención internacional en Sudáfrica. Como resultado, Bill Clinton retiró la amenaza de sanciones comerciales y las corporaciones farmacéuticas terminaron por dejar el caso, con lo que su reputación colectiva quedó hecha añicos. Pero además, la indignación por la situación del sur de África ayudó a allanar el camino para la Declaración de Doha de la OMC.[8]

Es difícil infravalorar el impacto de la TAC. No sólo acabó garantizando el acceso a los medicamentos de los enfermos de VIH; en un momento en el que la sanidad estaba sufriendo una importante presión para que aceptara la gestión del sector privado y los «mecanismos del mercado», hacer campaña con algo relativo al VIH/sida demostraba que si el activismo era fuerte sería posible detener esos planes. Como escribió el activista de la TAC Mark Heywood: «el movimiento de los activistas por el sida fue tan eficaz que acabó demostrando que era posible un cambio de paradigma en las respuestas de la sanidad pública a la enfermedad en general».[9] Esto no fue el resultado de unos cuantos legisladores bien intencionados o con amplitud de miras: «Ninguno de estos beneficios hubiera sido posible sin las movilizaciones de la sociedad civil», dice Heywood. «Rara vez se hace hincapié, en la historia del sida, en que la primera generación de activistas estaba compuesta por gente corriente que quería tomar el control de su vida y de su cuerpo».

Poner a las personas VIH seropositivas en el centro de la campaña era fundamental, porque cambió la actitud frente al virus: sin ello no hubiera sido posible luchar por el acceso a una sanidad decente; mientras, se generaban nuevas oleadas de activistas. El empoderamiento de los infectados por el VIH fue crucial para que la gente que estaba siendo marginada y demonizada pudiera empezar a debatir su situación con expertos desde una posición de confianza y de igualdad.

Según Diarmaid McDonald, que dirige Just Treatment –un grupo de pacientes que desafía al control que ejerce la industria farmacéutica y el precio de los medicamentos– los activistas de hoy en día pueden aprender importantes lecciones de la Treatment Action Campaign.[10] McDonald cree que la TAC y otros movimientos fueron fundamentales para cambiar la situación que rodeaba al sida y al VIH. Pero cree, así mismo, que el poder de ese movimiento fue en parte debilitado por lo que en determinados aspectos se convirtió en «el negocio del sida», es decir, la proliferación de un sinfín de oenegés que atraían enormes sumas de dinero para hacer frente al VIH/sida, pero que ya no recibían el poder del activismo de los pacientes con VIH. Fue esta legitimación lo que permitió al movimiento desafiar y, en último término, vencer, a las grandes farmacéuticas. «Hoy en día no hay pacientes en la sala cuando uno acude a las cumbres que organizan las oenegés sobre el acceso a los medicamentos», me dijo McDonald. De hecho, los pacientes actuales están más que dispuestos a alinearse con las grandes farmacéuticas cuando estas corporaciones ponen a sus propios grupos de intoxicadores especialmente concebidos para transferir la culpa de la falta de acceso a los gobiernos: «Tenemos que hacerlo mejor. Y los pacientes tienen que estar en el centro del foco».

Para los sudafricanos, derrotar a las grandes farmacéuticas no era el final del camino. Cuando Nelson Mandela dejó el cargo le sustituyó Thabo Mbeki, que estaba íntimamente convencido de que el VIH no era la causa del sida y por lo tanto los antirretrovirales no eran de gran utilidad. La atención de los activistas se centró entonces en luchar contra su propio gobierno. «Estamos luchando en dos frentes», dijo Fatima Hassan. Por un lado, los activistas tenían que apoyar a su gobierno en foros internacionales donde recibían los ataques de los gobiernos y corporaciones más ricos del mundo. Por otro, necesitaban criticarlo y desafiarlo en su propio país.

Con la COVID-19 fue algo parecido. De hecho, Hassan no cree que la pelea de los gobiernos del sur por la igualdad en materia de vacunas contra la COVID-19 hubiera tenido lugar sin activistas, y sin las lecciones del movimiento VIH. Hasta la exención del ADPIC salió de esos movimientos: «Los gobiernos no hubieran hecho nada por su cuenta. Teníamos que presionar, teníamos que ofrecer opciones. En algunos momentos teníamos que dejarles que se llevaran ellos el crédito».

No deberíamos pensar que los gobiernos del sur están todos igual de dispuestos y preparados para hacer lo correcto. La pelea que aquí se describe no es simplemente una lucha entre el Norte Global y el Sur Global: es una lucha que también se da dentro de cada país.

Para muchos, la campaña de la COVID-19 se pareció mucho a la lucha contra el sida, y representó una continuación de la misma batalla. Aunque esta vez los gobiernos del sur comprendieron que las vacunas eran necesarias, cometieron algunos errores: Hassan cree que pecaron de un exceso de confianza, lo primero, en iniciativas como COVAX, y después al creer que los gobiernos ricos apoyarían una exención del ADPIC porque era una demanda bastante moderada. «Tardaron demasiado tiempo en darse cuenta de que Occidente no iba a jugar limpio», afirma Hassan.

Descolonización

Aunque el sida es un ejemplo especialmente extremo, los activistas y los movimientos sociales han demostrado una y otra vez cómo la industria farmacéutica, en el mejor de los casos, ha ignorado a la mayoría de los países del mundo, y en el peor los ha utilizado como campo de pruebas para nuevos medicamentos, utilizando técnicas que nunca hubieran podido aplicar en Occidente. También se les acusa de haber medicado en exceso los problemas sociales, promocionando los fármacos cuando un método holístico destinado a erradicar la enfermedad y el malestar, centrado en unos sistemas de saneamiento adecuados, viviendas y empleo, podría resultar más adecuado. Las grandes farmacéuticas encontraron la audiencia perfecta en los programas de ayuda actuales, tanto si los propulsan los estados occidentales como las fundaciones privadas o incluso las grandes oenegés.

Esto representa una forma moderna de pensamiento colonial. Este punto lo desarrolla Els Torreele, una antigua activista por la sanidad que durante un tiempo fue directora de la campaña Access Campaign de Médicos Sin Fronteras.[11] Torreele abandonó su trabajo en la investigación cuando se dio cuenta de que, lejos de trabajar para mejorar la asistencia sanitaria, estaba en realidad buscando atajos que serían empleados o ignorados de acuerdo con los intereses de la industria farmacéutica. «No teníamos la posibilidad de comprobar cómo se iban a utilizar nuestros hallazgos», me dijo. Esto suponía que no tenían control alguno sobre qué o cómo se iban a utilizar, ni cuánto se cobraría por ello.

Lo que esto significa en realidad es que la industria tomaría nota de las cuestiones fundamentales que afectaban a los investigadores (sobre todo, en qué tenían que trabajar), porque estos investigadores sólo investigarían algo que pudiera ser captado. Y esto, a su vez, imponía que se buscase allí donde las grandes farmacéuticas pensaban que se podía hacer dinero.

Torreele me ofrece un ejemplo de la investigación que ha estado llevando a cabo con parásitos. En un principio revisó las investigaciones en las que había estado trabajando y se encontró que había gran cantidad de ellas, muy prometedoras, olvidadas en las estanterías de las empresas farmacéuticas. «Pero no había llegado a ninguna parte porque ninguna empresa pensó que allí hubiera beneficios», me dijo. «Las patentes premian la novedad y la inventiva y la aplicabilidad industrial, no hay vínculo alguno con los beneficios médicos, y para mí ese es el problema fundamental. La industria farmacéutica está propulsada por unos incentivos que nada tienen que ver con el beneficio médico». El resultado es una plétora de medicinas nuevas que pueden ser lo suficientemente novedosas para atraer pacientes, pero no sirven para nada en lo que a una mejora de la salud se refiere.

Para Torreele el progreso que se ha visto en el acceso a determinadas medicinas, como los fármacos para el VIH, es demasiado pequeño: «Sigue jugando según las reglas del juego, un juego en el que las compañías tienen el control absoluto de quién vive y a qué precio». Queda la necesidad de algo que sea mucho más transformador, que verdaderamente reclame una innovación médica que favorezca la salud pública. Y esto representa un modelo en el que las necesidades del Sur Global en materia de salud ya no las cubran los ricos del Norte Global, un modelo en el que los médicos e investigadores locales no vean determinadas sus opciones por los donantes internacionales. En otras palabras, hay una necesidad no sólo de desfinancierizar la industria farmacéutica, sino también de descolonizar el modelo de investigación médica global.

Este mismo apunte lo hizo Catherine Kyobutungi, una epidemióloga de Uganda que dirige el African Population and Health Research Centre.[12] Kyobutungi comenzó su carrera como médico rural en Uganda; trabajó duro durante tres años, pero al final quiso abandonar porque «el sistema está roto». Se dedicó a la investigación, pero la encontró igual de frustrante porque las prioridades las establecían algunas organizaciones de países ricos. Así que se embarcó en una campaña para concienciar de la necesidad de descolonizar medicinas.

Kyobutungi reconoce que, aunque inventar una medicina nueva puede no ser fácil, en nuestra economía política parece más fácil que cambiar los profundos determinantes sociales de la asistencia sanitaria, como acabar con el hambre o redistribuir la tierra. Esta es la razón por la que el campo de la sanidad se ha ido reduciendo cada vez más hasta quedar en una corporación farmacéutica que fabrica medicamentos, y los donantes internacionales o las corporaciones sanitarias lo que hacen es distribuirlos. «Yo sé que es difícil», me cuenta Kyobutungi, «¿Pero por eso no vamos a intentarlo siquiera? Pues eso parece. Tan difícil que ya no nos molestamos ni en intentarlo. Lo único que hacemos es dar pastillas a la gente».

Tal vez esto no sea ninguna sorpresa. Muchos gobiernos y muchos filántropos del Norte Global que suelen financiar esos programas sanitarios, se oponen diametralmente a una transformación más ambiciosa de la sociedad, dada la amenaza que representa para sus intereses. Pero también hay que enfrentarse a otros problemas peliagudos. Kyobutungi explica la tendencia actual en la que se desarrolla una idea con los ojos puestos en unos resultados mensurables y en un período fijo de tiempo, lo que tiende a favorecer la distribución de determinado tipo de vacunas poniendo la mirada en un cambio social más amplio y probablemente menos tangible, incluso cuando ese cambio social podría tener un impacto más duradero en la salud de la gente. También es cierto que esos donantes apoyan la investigación y el desarrollo que les conducen a corroborar lo que piensan. «Los investigadores buscan, por ejemplo, el VIH porque es lo que recibe fondos, y por eso se convierte en el problema. Entonces tratamos el VIH, y esto impulsa más investigación para el VIH» me explica.

> Toda la historia de la «asistencia sanitaria global» acepta que una parte del mundo –el Sur Global– tiene problemas, y otra parte del mundo –el Norte Global– tiene soluciones. Pero eso no es ni lo que queremos ni lo que necesitamos. Queremos definir nosotros mismos los problemas. Y para nosotros no es posible curar una enfermedad sólo con medicinas. Hace falta alimento, vivienda, empleo, etc. Tenemos que acabar con la mentalidad colonial.

Para Kyobutungi la respuesta es que los gobiernos africanos tienen que pensar en grande. Eso es difícil, sobre todo porque muchos de ellos se han vuelto muy dependientes de la inversión y la ayuda extranjera. Incluso en el tema de las medicinas, que es limitado, necesitan desarrollar sus propios sistemas para fabricar más medicinas, pero también investigar y desarrollar nuevas formas de enfocar la medicina y asegurarse de que sean sostenibles.

Kyobutungi es sólo una de tantos activistas que trabajan por descolonizar los sistemas de salud africanos. Eso representa que tienen que poner freno no sólo a los antiguos poderes coloniales y a las grandes corporaciones, sino también a sus propios gobiernos. Tian Johnson encabeza la Alianza Africana en Sudáfrica. Johnson, activista *queer*, lleva casi veinte años trabajando en VIH y derechos humanos. Entre otras cosas ha explorado el acceso desigual a la nueva hornada de fármacos para la prevención del VIH, conocidos coloquialmente como PrEP.[13] En 2017, un grupo de activistas articulado por Johnson publicó una declaración donde decía que «los centros de ensayos deberían proporcionar la PrEP a los participantes que la soliciten», porque «nuestras vidas, las vidas de aquellos a los que amamos y las vidas de los que nos rodean dependen, literalmente, de ello». Y añadió: «Gracias a las mujeres africanas que viven en algunas de las sociedades menos igualitarias hemos cosechado los éxitos científicos de los que nos enorgullecemos hoy».

Aunque no es muy conocida más allá de los grupos que corren el mayor riesgo, la PrEP hace prácticamente imposible la transmisión del VIH. Tras una disputa, se ofreció el fármaco a varios grupos de riesgo del NHS británico. Inicialmente el NHS se preocupó, con razón, por el coste del fármaco, aunque ahora ya puede comprar la versión genérica. Sin embargo, para la mayor parte de la gente del Sur Global, incluidos los países donde la transmisión del VIH sigue siendo un gran problema (incluida Sudáfrica) el acceso a la PrEP sigue siendo un sueño lejano.

Actualmente existen nuevas versiones de la PrEP: son inyectables y duran más tiempo. Se cree que son más eficaces que las de administración oral, y sólo requieren una dosis cada varios meses.[14] Pero estas medicinas están aún más lejos del alcance que la mayoría que las pastillas. Los inyectables pueden ser un punto de inflexión para enfermos de muchos países, y conseguirían erradicar las infecciones por VIH. Estos mismos fármacos pueden ofrecer un mejor tratamiento y la eliminación del VIH en los pacientes positivos. Los fármacos en cuestión los fabrica una empresa llamada ViiV que es propiedad, en su mayor parte, del gigante farmacéutico británico GlaxoSmithKline. ViiV vende este fármaco a unos 23.000 dólares por persona y año en Estados Unidos.[15] Esto significa que el precio más bajo, el precio de coste, está entre los 240 y los 270 dólares por paciente y año. Pero dicen los expertos que podría fabricarse por la ridícula cantidad de 20 dólares.

En palabras de los expertos de Naciones Unidas, sabemos qué es lo que debería hacerse para evitar la transmisión del VIH: poner estas medicinas sin cargo y al alcance de todo el que decida tomarlas.[16] De hecho, se han establecido unos objetivos muy ambiciosos, en todo el mundo, para garantizar el acceso a la PrEP. Pero al mismo tiempo, estos expertos de las Naciones Unidas señalan que: «Hay una barrera estructural clave, que pone en riesgo el acceso generalizado al fármaco: el hecho de que la producción de estas medicinas esté monopolizada por un número insignificante de compañías con sede en un número insignificante de países, lo que hace que los precios se mantengan muy altos y el suministro limitado (y concentrado)».[17]

Según estos expertos podemos acabar con la pandemia del sida. Pero no podemos hacerlo con el modelo que está implantado actualmente, un modelo que supone que aquí y ahora hay mucha gente contrayendo el VIH y muriendo de sida cuando eso podría evitarse.

Johnson cree que este comportamiento no sólo es obsceno: también aviva la desconfianza en torno a las medicinas que existe en países como Sudáfrica, lo que debilita los esfuerzos del trabajo que realizan los activistas para convencer a la gente de que se tome unos fármacos que les van a salvar la vida. Johnson dice que las grandes farmacéuticas siguen considerando a algunos países como Sudáfrica «objeto de investigación». «Eso no ayuda en absoluto cuando se hacen ensayos de una vacuna que van, claramente, en línea con los intereses de las grandes farmacéuticas, sin garantías de acceso posterior a los resultados de la investigación para las comunidades que los han hecho posible. Cuando todo esto ya está dicho y hecho, no tenemos ni siquiera los fármacos que han sido posibles gracias a nuestra participación».

Se trata de una historia extraordinariamente frecuente. Durante la pandemia de COVID-19 los medicamentos se ensayaron en países que al final no recibieron el fármaco obtenido. El *Star* de Canadá publicaba un artículo sobre un joven músico llamado Siwela que se inscribió para formar parte de un ensayo de vacunas cuando estalló la COVID. Sus ingresos regulares, dependientes sobre todo del turismo, se habían consumido y el dinero que le pagarían por participar en el ensayo le proporcionarían a él y a su familia un buen salvavidas.[18] Como parte de los ensayos, Siwela fue informado de la importancia que tenían las vacunas. Pero después llegó ese sentimiento de traición, ya que «seguía viendo cómo sus vecinos se quedaban esperando las vacunas, incluso cuando se distribuían para proteger a otros en todo el mundo». «Los ensayos para las vacunas se hicieron aquí, en Sudáfrica, pero luego las vacunas se vendieron a otros países», dijo Siwela al *Star*. «Eso es lo más triste: por eso todos tenemos la sensación de que nos han utilizado».

Johnson sugiere que esta sensación es algo generalizado. La pandemia nos dio la oportunidad de acabar con la desconfianza, y de ayudar a informar y animar a los escépticos sobre la importancia de las medicinas. Pero cuando los ensayos no redundaron en un acceso más directo a las medicinas, cuando las vacunas se exportaron a otros países (fuera de Sudáfrica, a zonas mucho mejor aprovisionadas de Europa) y a Sudáfrica se le cobró el doble de lo que pagaba por las vacunas la UE, la confianza quedó hecha añicos y las dudas se exacerbaron. Esa desconfianza seguirá adelante, dará lugar a futuras crisis sanitarias, complicará más la tarea de grupos como African Alliance. Para Johnson, la propiedad intelectual es sólo una parte del problema. La historia principal tiene que ver con el funcionamiento de la industria y con la forma en que trata a África: «Aumenta la distancia entre la gente y la ciencia y actúa como si la gente no tuviera voluntad... Se trata a las comunidades como si fueran los teloneros de un espectáculo: una parte no esencial».

La solución es la descolonización del modelo. Y esto debe venir del propio Sur Global, que es por lo que Johnson y otros muchos activistas llevan a cabo la mayor parte de su tarea en África, informando a las comunidades y movilizando a la gente para que asuma el control de su propio sistema sanitario y exija lo que necesita a sus gobiernos. Una de las cosas más complicadas de su trabajo, dice Johnson, es «hacernos responsables, y buscar un liderazgo capaz de recorrer un camino transformador que nos permita avanzar».

Tian Johnson tiene razón cuando dice que la tarea de descolonizar las medicinas es titánica. Eso sin tener en cuenta la asistencia sanitaria en general. Pero yo conservo la esperanza de que la COVID haya puesto en marcha algunos cambios que podrían suponer una diferencia radical. Fabrizio Chiodo es un científico italiano que trabaja con el Instituto Finlay. Estaba investigando vacunas sintéticas ya antes de la pandemia, y comenzó a creer en su importancia para construir un sistema público de salud muy particular. En cuanto a todos los problemas del control y los beneficios de las grandes farmacéuticas durante la pandemia, cree que parte del desarrollo de la vacuna en el Sur Global, sobre todo en Cuba, señala el camino que tiene que seguir ese nuevo modelo.

Chiodo describe las vacunas como «una herramienta contra las grandes farmacéuticas» precisamente por lo complicado que es sacar provecho de una vacuna que se pone sólo una vez.[19] Este es el motivo por el que países como Italia, Dinamarca y los Países Bajos siempre han tenido calendarios vacunales públicos. Admite que la COVID-19 ha demostrado que las vacunas también pueden ser muy rentables, y que eso ha proporcionado a las corporaciones un interés financiero en no fabricar vacunas más eficaces. Si las dosis de refuerzo de la COVID se convierten en habituales, es decir, si se necesitan como los tratamientos contra enfermedades crónicas, esto acabaría suponiendo un flujo infinito de ingresos. La respuesta, según Chiodo, es fabricar vacunas más eficaces que supongan un desafío para las grandes farmacéuticas y su enriquecimiento.

Por increíble que pueda parecer, Cuba produjo cinco vacunas candidatas para combatir la COVID-19, tres de ellas autorizadas y dos en pruebas, y las ha utilizado para inocular a una proporción de su población superior a la de cualquier otro país del mundo.[20] Este éxito se ha cimentado sobre un sistema de investigación médica que sería impresionante incluso en un país relativamente rico: cómo no iba a serlo en un país que lleva décadas enfrentándose al embargo económico.

El motivo es político. Después de la revolución, los recién llegados líderes cubanos se dieron cuenta de que el país quedaría al margen de las nuevas tecnologías debido al bloqueo. El gobierno tendría que realizar cuantiosas inversiones para que Cuba no se quedara sin medicinas. Esto dejó un legado tremendo de investigación biotecnológica, y en la actualidad Cuba produce un 80 por ciento de sus propias vacunas. «Cuando llegó el virus estaban listas para su uso», explica Chiodo. Intenta explicar que ese no es el resultado de una burocracia todopoderosa, centralizada y planificada: «Lo cierto es que las vacunas se produjeron en diversas instituciones. Así uno entra en competencia con el sistema público, pero al tiempo tiene la capacidad de cooperar, colaborar y planificar».

Aunque algunos consideran la vacuna cubana como un producto menos innovador y eficaz que las nuevas vacunas de ARNm, Chiodo no está de acuerdo. No es que piense que la vacuna de Pfizer no es eficaz, pero estima que está lejos de ser una solución total. No sólo es cara y difícil de conservar: a muchos les preocupa que se administre a niños. La vacuna cubana es distinta. A un coste de 1 dólar la dosis, es muy barata. Además, es fácil de almacenar y totalmente segura para los niños, que es el motivo por el que Cuba ha vacunado a más gente que ningún otro país. Para Chiodo esto muestra el enfoque particular del país. Más que aceptar que los niños no son susceptibles de pasar una COVID grave, se dieron cuenta de que los niños pueden contagiarse y, por supuesto ser portadores del virus.

Entonces, ¿por qué no se ha seguido este ejemplo en otros lugares? Para Chiodo esta pregunta va al centro del problema.

Cuba ha utilizado una tecnología tradicional que a las corporaciones les resulta difícil monopolizar y rentabilizar. El problema, sugiere, es que las corporaciones no estaban buscando simplemente una vacuna *eficaz*, sino una vacuna *rentable*. «¿Cómo puede una gran compañía farmacéutica, como Sanofi o GSK, fracasar en el intento de producir una vacuna que Cuba fabrica con éxito?», se pregunta. «Creo que fue porque Cuba no buscaba sacar beneficios. Querían algo barato y eficaz, así que emplearon una tecnología más fiable». Resulta muy adecuado que Abdala y Soberana –dos de las vacunas de fabricación cubana– lleven, respectivamente el nombre de un poema escrito por un héroe de la independencia cubana y un término tan significativo en idioma español.

Las vacunas cubanas se han utilizado fuera de Cuba, pero no tanto como se esperaba, a pesar de que el país compartió sus conocimientos con otros tantos, Vietnam y México entre ellos. Pero hay un problema más profundo, del que Chiodo culpa a la famosa mentalidad colonial que considera superior la tecnología occidental y sus corporaciones. Un modo de pensar que está incluso en la médula de instituciones internacionales como la OMS que, aunque acepta el alto nivel de conocimiento científico de que goza el sistema médico cubano, mantiene su tendencia a priorizar las medicinas de Occidente. Este sesgo puede perjudicarnos a todos, dada la naturaleza innovadora y avanzada de la investigación en Cuba y en otros países del Sur Global más allá de la COVID. Como me dice Chiodo, «Cuba tiene una vacuna contra dos cánceres de pulmón mientras en EE. UU. están todavía estudiando el proceso».

Cuba no es el único país del Sur Global que ha desarrollado una vacuna. De hecho, la COVID espoleó la proliferación de investigaciones en materia de vacunas. El activista indio Achal Prabhala ha apuntado que si no hubiera sido por las vacunas que llegaban del Sur Global, la desigualdad habría sido mucho peor: «Durante la primera ola, las vacunas chinas Sinopharm y Sinovac llegaron a un gran número de personas en todo el mundo, muchas más que Pfizer o AstraZeneca».[21] En 2021, Sinovac y Sinopharm distribuyeron 4.400 millones de dosis, y cada una de ellas produjo más dosis que ninguna otra compañía del mundo.[22]

El enfoque de China fue muy distinto del de Estados Unidos o Europa. En primer lugar, invirtió mucho –igual que Cuba– en tecnología ya probada en lugar de apostar fuerte por la tecnología de ARNm.[23] Y aunque la estrategia estadounidense salió bien, y las vacunas de ARNm demostraron una gran eficacia frente a variantes específicas, los científicos no se ponen de acuerdo respecto a si este éxito se repetirá a largo plazo. Puede ser que las vacunas basadas en una tecnología más tradicional sean eficaces contra una gama de variantes más reducida, aunque es algo que aún está por demostrar. Y aunque las vacunas de ARNm pueden ser una solución óptima para países con infraestructuras menos avanzadas a largo plazo al ser más fácil y rápido fabricarlas a menor escala, las vacunas tradicionales son en la actualidad más fáciles de almacenar. También pueden resultar más económicas, aunque hay que recordar que las vacunas chinas que funcionaron bien salieron bastante caras. Y no debemos olvidar tampoco que actualmente China está intentando desarrollar vacunas de ARNm, aunque no lo hiciera en la primera ola de COVID-19.

Más allá de la tecnología, hay otro aspecto distintivo del enfoque chino: al haber neutralizado la COVID-19 con bastante éxito gracias a sus políticas de COVID cero, no tuvo tanta urgencia para cubrir las necesidades domésticas, si bien es cierto que esta estrategia falló al final y el virus volvió a atacar el país a finales de 2022, cuando los bajos niveles de inmunización coincidieron con la brusca reapertura de la economía. China utilizó sus reservas de vacunas para construir su poder y prestigio diplomático, una estrategia de diplomacia vacunal, y no de nacionalismo vacunal.[24] Este paso tuvo una enorme importancia para la mayoría de los países que habían quedado atrás.

China también exportó grandes cantidades de equipos de protección y de test, y envió personal médico a los países con los que trabajaba.[25] Pero China fue más allá del modelo de donación, porque ofreció una solución sostenible a sus países asociados. Las vacunas chinas no están exentas de patentes, y China tampoco participó en el organismo C-TAP de la OMS para compartir patentes. Pero China no insistió tanto en la sacralidad de la propiedad intelectual como hizo Occidente: China fue mucho mejor, con diferencia, a la hora de ayudar a otros países a producir sus propias vacunas, de tal modo que construyó su autosuficiencia al tiempo que ayudaba a otros a convertirse en proveedores de vacunas.[26] Sinovac, por ejemplo, compartió su tecnología y formó a científicos egipcios no sólo para que fabricaran sus propias vacunas, sino para que se convirtieran en un centro de producción regional y comenzaran a exportar a otros países, algo que Egipto, en efecto, hizo.[27] Las instalaciones están ahora explorando la posibilidad de fabricar vacunas para otras enfermedades. En Chile, Sinovac ha invertido en instalaciones de I+D a largo plazo.[28]

Desde la perspectiva de los activistas, estos acuerdos están lejos de ser perfectos. Las compañías chinas no actúan llevadas por el altruismo: han hecho un montón de dinero fabricando vacunas, aunque valoran también la ventaja diplomática que ha representado para ellos llegar a estas alianzas. Sin embargo, China ha demostrado que es posible mantener un sistema de I+D médico que funcione bien sin convertir los derechos de propiedad intelectual en el aspecto fundamental de la estrategia. Esto es, fuera de toda duda, positivo para los países del Sur Global con los que trabaja China. Podría incluso darse que el éxito de China impulsara al presidente Biden a regresar a la exención del ADPIC y a donar cantidades relativamente grandes de vacunas en 2021.

Un último punto que hay que destacar es que las vacunas chinas no fueron desarrolladas por instituciones públicas, planificadas y centralizadas. De hecho, Sinovac es una compañía privada. Como preguntó Achal Prabhala, «¿Por qué una vacuna privada que viene de China nos parece "una vacuna estatal" y una vacuna estatal que viene de EE. UU. nos parece "una vacuna privada"?»

Esto subraya un sesgo obvio en nuestra opinión de la producción de medicamentos. En Occidente hay muy poca información sobre las vacunas que se producen en el Sur Global y, en consecuencia, una indiferencia generalizada hacia estas medicinas que salvan la vida.

Pero Prabhala ve una esperanza real en la historia de la producción de vacunas en el Sur Global durante la COVID-19: «Estas vacunas son diferentes, todas ellas, en cuanto a cómo se fabrican y qué es lo que hacen mejor. Pero lo verdaderamente importante es que esta es la primera vez que hemos visto tantas vacunas buenas salir del Sur Global». Puede que haya nacido de la necesidad, pero la confianza que el éxito de estas vacunas ha dado a los gobiernos del Sur podría representar uno de los avances más importantes de la producción de medicinas a escala internacional.

Hay otras muchas vacunas, pero tal vez una de las más interesantes no se produjo en el Sur Global, aunque se esté utilizando casi exclusivamente allí. De hecho es una vacuna americana, pero se ha producido con un enfoque totalmente distinto a las de las grandes farmacéuticas. Ahora se está lanzando en India, y ofrece información muy valiosa sobre cómo podría funcionar un sistema completamente distinto.

El doctor Peter Hotez dirige un centro de investigación vacunal en el Hospital Infantil de Texas. Desde su puesto él y sus colegas «producen vacunas para enfermedades que las compañías farmacéuticas no van a fabricar: infecciones parasitarias como la enfermedad de Chagas y la esquistosomiasis».[29] Todo lo que hacen estos científicos va dirigido a producir medicamentos que se puedan fabrican de un modo fácil y económico en lugares que no tienen acceso a un nivel avanzado de tecnología médica. Como dice Hotez, a los países ricos «nunca les ha interesado eso».

Cuando estalló la pandemia, los científicos trataron de utilizar sus conocimientos para fabricar una vacuna contra la COVID. Se propusieron, explícitamente, «fabricar una vacuna para todo el mundo», y no recibieron prácticamente ningún apoyo externo de planes estadounidenses como la Operación Warp Speed. Pero sólo con unos pocos millones de dólares recaudados entre algunos filántropos consiguieron hacerlo. Hotez ha dicho: «Si hubiéramos tenido una mínima parte del apoyo que tuvo, pongamos, Moderna, o cualquiera de las otras compañías farmacéuticas, quién sabe... Podríamos tener ya a todo el mundo vacunado».[30]

Sin embargo, se las han arreglado para cerrar un acuerdo con una empresa india para producir cien millones de dosis al mes, y otros con Indonesia, Bangladesh y Botsuana para producir más.[31] Si son capaces de llegar a su objetivo del 3 por ciento de vacunas globales para la COVID, estarían al nivel de algunas de las grandes corporaciones farmacéuticas como Moderna. Como dijo Hotez en una ocasión, el presidente Biden «presumía hace un par de semanas, justo antes de Año Nuevo, de haber donado 275 millones de dosis a 110 países. Pues qué bien. Quiero decir, nosotros ya hemos llegado a esa cifra con nuestro instituto de investigación de Texas... y estamos a punto de superarlo».[32]

Hotez cree que su vacuna, como la cubana, es una buena opción para vacunar a niños. Es de una ironía enorme que los niños del Sur Global hayan tenido un acceso a la vacunación con la vacuna estadounidense que los propios niños estadounidenses no han tenido. Lo explica en una entrevista a Democracy Now:

> lo que hacemos nosotros es licenciar la tecnología y proporcionar el prototipo, el banco de células para la producción, sin patente, sin ningún tipo de limitación. Colaboramos en su desarrollo. Y entonces pasa a ser propiedad de estos países y de estas compañías. Nosotros nos apartamos: no queremos interferir en sus asuntos. Ya sabes que creemos firmemente en este concepto de descolonización.[33]

La COVID abrió diversas vías a la investigación y la producción de vacunas. Y esto es positivo. Ya sea de forma explícita o implícita, estas iniciativas son un desafío para las grandes farmacéuticas y su obsesión por tener el control total de este campo. Pero quiero regresar a Sudáfrica, que exhibió probablemente el logro más importante de todos los que surgieron con la pandemia. Como todos estos ejemplos, hasta el momento, muestra que es perfectamente posible hacer un descubrimiento científico de relevancia sin las grandes farmacéuticas.

«Lo que sucede a continuación con el *hub* es muy significativo. Parece que son ellos los que lo han logrado. Puede uno preguntarlo con toda la amabilidad posible, pero a fin de cuentas, si no queremos depender de la caridad del Norte o de los mercados, tenemos que hacerlo nosotros».

Hablo, de nuevo, con la activista sudafricana Fatima Hassan. Con demasiada frecuencia, cuando uno hace campaña no logra lo que desea: puede conseguir una versión moderada de lo que exigía. Puede conseguir una cortina de humo que esconde el hecho de que no hemos ganado nada... Algo así como lo que sucedió en 2022 con el acuerdo con la OMC en relación con el ADPIC. Puede también que no lleguemos tan lejos, que no consigamos ningún avance en absoluto. Pero una y otra vez ayudamos a poner algo en movimiento, algo que impulsará una transformación que va más allá de lo que esperábamos.

Es muy pronto para valorar los efectos a largo plazo que tendrán la desigualdad vacunal y la campaña People's Vaccine. Pero a mediados de 2021, cuando las desigualdades alcanzaron el momento más alto y los activistas estaban diariamente en las noticias de los principales medios, el gobierno sudafricano, aliado con la OMS, lanzó una iniciativa para empezar a hacer las cosas de otro modo. Fue la semilla de algo que, como esperan los activistas como Hassan, puede convertirse en un modelo radicalmente distinto de investigación y producción de los fármacos.

El *hub* ARNm lo impulsó la OMS, oficialmente, en julio de 2021. La idea era simple: ayudar a los países del Sur Global a alcanzar un nivel en el que pudieran producir sus propias vacunas de ARNm y luego compartir libremente los conocimientos que ello conllevara. Al principio pidieron a las compañías que actualmente controlan la tecnología de ARNm (Pfizer, BioNTech y Moderna) que compartieran sus conocimientos. Las corporaciones ya estaban fabricando vacunas y nadie sugirió que tuvieran que parar.

Pero el interés de las compañías no estaba tanto en hacer dinero a través de las ventas individuales como en controlar una tecnología que podría emplearse para crear nuevas fuentes de beneficios en el futuro. Las vacunas para otras enfermedades ya estaban en fase de desarrollo.[34] ¿Por qué iban esas corporaciones a compartir unos conocimientos que podían transformar el paisaje sanitario y salvar miles de vidas cuando, conservando el monopolio, podían optar a conseguir ganancias millonarias durante décadas? Las corporaciones se negaron a ayudar, una postura que a día de hoy no ha variado.[35]

Los científicos y funcionarios que trabajaban en el *hub* ARNm, impulsados por un fervor similar al de los activistas para evitar la desigualdad vacunal, iban a por todas. Dijeron que si las corporaciones se negaban a ayudar, trabajarían por hacer una vacuna de ARNm suya, tal como habían hecho todos los países que habían vivido un desarrollo económico importante en los últimos 200 años.[36] Al cabo de sólo unos meses declararon que ya tenían su descubrimiento: habían resuelto el problema de cómo producir la vacuna.

Aunque el ARNm no es una solución milagrosa para tratar e inocular a los pacientes frente a la enfermedad, es una tecnología importante, porque encierra la promesa de nuevas formas de prevenir infecciones de VIH, TB, determinados tipos de cáncer y algunas más. Y no sólo eso: podría, en teoría, ofrecer una nueva forma de enfrentarse a enfermedades que mutan muy deprisa, y servir para producir con rapidez pequeñas cantidades de vacunas, algo que podría venir muy bien a las clínicas itinerantes que atienden a zonas rurales con escasa infraestructura médica. Sí, la tecnología de ARNm permitió a muchas corporaciones amasar grandes cantidades de dinero, pero la tecnología subyacente puede ser decisiva en el futuro de la medicina.

Naturalmente, este descubrimiento del *hub* ARNm no ha sido el final del camino. El aumento de la producción fue un desafío nuevo, como lo fueron los ensayos clínicos y de laboratorio de la vacuna. Pero esta dedicación mostró que era sólo cuestión de tiempo, y ese fue el aspecto auténticamente radical del *hub*. Porque una vez desarrollados los conocimientos necesarios para fabricar las vacunas de ARNm, el *hub* comenzó a compartir la información con aquellos que podían hacer un uso seguro y eficaz de ella. Primero fueron los científicos de Argentina y Brasil, dos países que aseguraron que las presiones de Pfizer les habían dejado sin opciones de firmar con la compañía; viajaron a Ciudad del Cabo para recibir formación para la fabricación de vacunas ARNm. A la lista se fueron añadiendo más países: el más reciente, Ucrania, en medio de su brutal invasión por parte de Rusia. En el momento de escribir esto, los conocimientos se estaban compartiendo ya con quince países.[37] El proyecto se complementa con la creación de un centro de formación de la OMS en Corea del Sur para ayudar a los países con ingresos bajos o medios a producir sus propios medicamentos biológicos, incluidos la insulina y algunos tratamientos para el cáncer.

Y este es un logro muy importante, con gran potencial, que está comenzando a reorganizar el sistema de investigación farmacéutica y el desarrollo de medicamentos de abajo hacia arriba, dando a los países del Sur Global una alternativa a la dependencia de las grandes farmacéuticas. No se ha violado ninguna patente en la fase de investigación, pero como me explicó un experto por WhatsApp, «así es como funcionarían las cosas si no existieran las patentes». Las implicaciones para el futuro de la industria son enormes.

Como me dijo Hassan, las grandes farmacéuticas no creen que África pueda generar los complejos conocimientos necesarios para desarrollar una tecnología de ARNm y producir vacunas.

> Me parece que creyeron, en realidad, [su propia retórica], pensaron que eso duraría eternamente porque están convencidos de que los

africanos no iban a ser capaces de hacerlo. Pues bien, han sido capaces, y ahí están. Y haremos lo que haga falta, incluso desafiar a las patentes, para proteger al mundo y el conocimiento generado por el *hub* y su capacidad para fabricar medicinas para el Sur Global. Y luego seremos capaces, también, de darnos la vuelta y mirarles de frente, diciendo: Esto lo hemos hecho nosotros.

En un documento que contiene una vívida descripción del proyecto y que Alex Boyd escribió para el diario canadiense *Star*, se resume ese ambiente de optimismo y energía en torno al *hub* similar al que se siente tras una liberación.[38] Dirige las instalaciones una empresa africana llamada Afrigen, encabezada por Petro Terblanche, y la plantilla se compone de científicos jóvenes y apasionados que llevan a cabo su decisiva tarea mientras a su alrededor se sigue construyendo, literalmente, el edificio. «Si todo va según plan, el *hub* podría poner patas arriba la producción global de vacunas. Para un número creciente de personas en África, no se trata sólo de que las donaciones tarden en llegar: es que tienen que pedirlas», escribe Boyd.

En palabras del científico que dirige el *hub*: «No tuvimos ayuda de los principales productores de vacunas contra la COVID, de modo que las produjimos nosotros para demostrar al mundo lo que puede hacerse, y hacerse aquí, en el continente africano».[39]

Pero Hassan señala que, a pesar de todo este optimismo, la batalla está lejos de acabar. Hay muchas cuestiones sin resolver, y no es la menos importante la de las patentes que Moderna concedió en Sudáfrica y que pueden dificultar la tarea del *hub*. Hassan y sus colegas han estado pidiendo a Moderna que libere esas patentes, y al gobierno sudafricano que emprenda acciones para garantizar que no se ponen trabas al trabajo del *hub*, además de buscar garantías que protejan su libertad para operar. Ella está convencida de que las grandes farmacéuticas harán todo lo que esté en su mano para debilitar el proyecto, y la historia parece darle la razón.

El temprano éxito del *hub* apretó el gatillo para el disparo de salida en una batalla que seguramente recorra todo el continente africano, una batalla por el futuro del sector farmacéutico de la región. Para comer terreno al *hub*, las grandes farmacéuticas comenzaron a firmar acuerdos con algunos países africanos y anunciando sus propios planes para comenzar a producir allí.

Algunas vacunas ya se estaban fabricando, al menos en parte, en el continente, aunque esta producción quedó limitada a lo que se conoce como «fill and finish» (literalmente, llena y acaba), es decir, a llenar con la vacuna los viales y empaquetarlos. En marzo, Moderna dio un paso más, y anunció que construiría una nueva planta de fabricación en Kenia.[40] Pero tal vez la iniciativa más alucinante fue la de BioNTech, que prometió enviar por barco laboratorios prefabricados completamente equipados, con su propio personal y plenamente operativos que denominó «BioNTtainers», a Ruanda y Senegal.[41] Estas instalaciones –contenedores de más de 12 metros que se parecen a los centros comerciales «Boxpark» de bajo coste que han proliferado en Londres durante los últimos años– se enviarían a una localización específica, con plantilla europea, para fabricar allí las vacunas.

El problema central de todos estos planes es siempre el control. Ninguno de ellos transfiere de verdad el conocimiento técnico. En el peor de los casos, los fabricantes africanos sólo pueden llevar a cabo los aspectos más simples y económicos del proceso. Pero incluso en el mejor de los casos, los países africanos son rehenes de las multinacionales que tienen instalaciones por todas partes, y carecen de la capacidad de utilizar la tecnología de manera independiente. Es el modelo de cadena de suministro ampliada que ofrece la globalización, donde el valor se queda en los países occidentales incluso aunque a los países del Sur Global se les permita llevar a cabo algunas partes del proceso.

Como dice Achal Prabhala de los BioNTtainers, «uno de los principales problemas de este experimento de BioNTech es que está patentado. En efecto, es la forma más llamativa que tiene una multinacional de instalar plantas de fabricación por todo el mundo».[42] El corazón del modelo es no transferir la tecnología, sino mantener un control exclusivo sobre ella. Prabhala lo llama el «modelo Apple» de vacuna, porque BioNTech puede mantener el control de la propiedad de la plataforma que fabrica la vacuna durante todo el proceso. «Lo que necesitamos para el ARNm es algo así como el modelo Android, donde haya múltiples fabricantes que pueden utilizar la misma plataforma de ARNm de manera independiente».

Naturalmente, puede discutirse que incluso estos avances, apoyados por las corporaciones, son en cierto modo una señal de éxito. Antes de la pandemia las grandes farmacéuticas tenían escaso interés en África. El paso de abrir fábricas en todo el continente se añade a la infraestructura disponible, excepto cuando estas iniciativas parecen diseñadas específicamente para socavar la labor transformadora del *hub* ARNm. Justo antes del anuncio de BioNTech, un artículo del *British Medical Journal* informaba de que una fundación que trabajaba con BioNTech había instado al gobierno sudafricano a que pusiera fin a la intención del *hub* ARNm de «copiar el proceso de fabricación de la vacuna de Moderna para la COVID-19», añadiendo que «las perspectivas de sostenibilidad para este proyecto del *hub* de Transferencia de Tecnología para las Vacunas de la OMS no eran buenas».[43] En otro documento, la fundación insta a los líderes de las empresas a que establezcan un protocolo regulador para facilitar la aprobación de los contenedores de BioNTech.

La experta en patentes Ellen 't Hoen dijo: «Si uno dirige una fundación sin ánimo de lucro y va por ahí tratando de impedir a la gente que desarrolle vacunas que salvan vidas, entonces no sé qué es lo que tiene en la agenda, pero huele muy mal».[44]

Desarrollar la capacidad de investigar y desarrollar medicamentos en distintas partes del mundo será fundamental para construir un nuevo modelo farmacéutico. La creación de nuevas fábricas y laboratorios para producir el medicamento final también será un paso importante. Y los gobiernos tendrán que aceptar que la mano libre del mercado no va a mantener esas factorías operativas en todo momento sin la planificación y la intervención correspondientes. Ahora mismo hay fábricas en África y en todas partes que se prepararon para producir vacunas contra la COVID-19 y en cuanto decayó el interés público se quedaron sin encargos.

Hay muchas formas posibles de remediar esta situación. La OMS y los organismos de compra internacionales deben comenzar a priorizar la aprobación de los productores del Sur Global, y comenzar a hacerles a ellos los encargos en lugar de a grandes empresas farmacéuticas con sede en los países occidentales. Los gobiernos de países con bajos ingresos necesitan mejorar su capacidad de generar la demanda de medicinas esenciales, aliviando el escepticismo allí donde se imponga. Y los gobiernos tienen que trabajar juntos de un modo más eficaz, para planear y coordinar la demanda y la distribución y prepararse para prestar apoyo o dirigir operaciones.

Esto tal vez no resulte sencillo, pero si para tantos gobiernos del Sur Global ha quedado claro que no deben seguir dependiendo de los mercados internacionales ni de la munificencia occidental, tienen que cultivar la voluntad de cambiar el modelo, y eso requiere una inversión. A menos que los países de ingresos más bajos puedan tomar el control de la tecnología que subyace a las medicinas que necesitan, y fortalecer su capacidad para investigar y desarrollar medicamentos y también para producirlos, será imposible romper el actual sistema de monopolio.

Además, la pandemia nos ha demostrado que no se gana gran cosa debatiendo en los salones de instituciones como la OMC. Lo único que tienen que hacer los gobiernos es empezar a hacer las cosas de otro modo.

8

Alcanzar la Luna

Mariana Mazzucato está en una misión para desafiar al neoliberalismo, pero su punto de partida no es de desagrado moral ante el efecto de nuestro sistema económico: ella cree más bien que se basa en una mentira, que se encarga de diseccionar en *El Estado emprendedor*.[1]

El neoliberalismo predica que el valor real de la sociedad emana de la brillantez y la creatividad del individuo como emprendedor. La mano todopoderosa del Estado lo único que hace es oscurecer ese brillo con normas, impuestos, o cualquier otro intento de garantizar que el empresario sirva al bien común. Mucho mejor para todos nosotros, se quejan los neoliberales, es que nos apartemos del camino de los emprendedores y les dejemos que reciban la recompensa que merece su trabajo.

Para Mazzucato no es así como funcionan las cosas. Si nos ponemos a quitar una tras otra las capas de nuestra economía financierizada, afirma, encontraremos que los mayores riesgos, las mayores inversiones y la mayor actividad empresarial son de hecho asumidos por el Estado, esa figura que tanto desprecia la doctrina neoliberal. Es más, los estados más poderosos lo saben bien: esa es la razón por la que, como vimos durante la pandemia, ni siquiera sueñan con dejar los asuntos de verdadera importancia en manos del mercado.

Para ilustrar su punto de vista, Mazzucato escoge un producto de consumo icónico de la era neoliberal, el iPhone, y muestra cómo se ha encumbrado sobre la ingenuidad y la capacidad del Estado para correr riesgos. Mazzucato estudia doce tecnologías en las que está basado el iPhone –desde los microprocesadores, los chips de memoria, los discos duros, las pantallas y las baterías de litio, hasta las redes, el *software*, la codificación HTML, el GPS, las pantallas táctiles, incluso Siri– y muestra el papel crucial que el Estado desempeña en la creación de cada una de estas tecnologías.[2]

Así pues, el Estado interviene, invierte y asume riesgos. Pero a nosotros nos dejan con el problema: la doctrina del neoliberalismo significa que los gobiernos se comporten como si se avergonzaran de su papel en la economía. Los políticos que se pasan la vida predicando las virtudes del individuo hacen todo lo posible por ocultar el papel que desempeña el sector público. Cuando intervienen, lo hacen sólo para «corregir el mercado» –o más probablemente, para arreglar el desastre– y luego salen de escena lo antes posible. ¿Y qué sacamos de esto nosotros, el público? Unas cuantas tecnologías importantes, sin duda, pero cuya propiedad ha quedado transferida a las grandes empresas y que luego nos alquilan al coste más alto que permita el mercado. Lejos de reinvertir los beneficios en más investigación, el sector privado los almacena en los bancos de los superricos y luego espera a que el público les ayude a «inventar» su próximo producto estrella.

El desarrollo de las vacunas para la COVID-19 es un magnífico ejemplo de la forma en que funciona todo esto en la práctica, y muestra por qué este modelo es problemático. Permitir que el sector privado extraiga todas las recompensas de una investigación que no realiza significa que nosotros no recibimos compensación alguna por nuestra contribución. Pero el problema de la economía en general es mucho más profundo. Estamos en una situación en la que los gobiernos, a pesar de respaldar tanto desarrollo económico, fracasan a la hora de sentar las bases de ese desarrollo, y por tanto fracasan también a la hora de asegurar que el interés público queda en el centro de la economía. Es más: ni siquiera incentivan al sector privado para que se embarque en nuevas investigaciones o en innovación; lo único que hacen es permitir a las grandes empresas y a los intereses financieros que nos desplumen, que nos quiten un valor creado con esfuerzo público. Nuestra economía se está volviendo así menos productiva, y es menos capaz de producir las tecnologías que necesitamos. En definitiva, se está quedando hueca, vacía.

Desde el punto de vista de Mazzucato, los gobiernos deberían dejar de fingir que el mercado es la fuente de toda prosperidad y progreso, y aceptar el papel que desempeñan. En lugar de fingir que se limitan a corregir los fallos del mercado, deberían reivindicar con orgullo su papel de fijar misiones claras basadas en las necesidades públicas. Más que desviar talento al sector financiero deberían fomentar que los mejores, los más brillantes, hagan el trabajo que los demás necesitamos que se haga. Si agarran al toro por los cuernos, establecen los términos del debate y utilizan su poder y sus recursos para fomentar un círculo virtuoso de gasto en investigación y en innovación, nos daremos cuenta de que hay pocos problemas de la humanidad que estén fuera de nuestro alcance.

Mazzucato cita el ejemplo de John F. Kennedy y su misión de llevar al hombre a la Luna, prueba de que si uno tiene un objetivo lo suficientemente claro y un flujo de dinero prácticamente infinito, se puede lograr que lo imposible se haga realidad en un plazo realmente sorprendente. Hoy, en lugar de la carrera espacial, vamos a considerar la necesidad de una revolución verde, o una nueva ola de fármacos que salven vidas.

En 2018, Mazzucato trabajó con activistas, incluso con algunos de mi organización, en un informe llamado «The Peoples' Prescription»,[3] en el que defendía que, igual que sucedió con la misión de la luna, necesitamos «una combinación de dirección de arriba abajo y experimentación y exploración de abajo arriba» para estimular la innovación en materia de salud y desplazar al sector farmacéutico «de su posición, basada en la obtención del máximo beneficio, hacia otra, basada en la maximización del valor público».

«The Peoples' Prescription» exponía que los gobiernos tienen que adoptar una misión clara para mejorar la salud, definir su dirección, fomentar la colaboración con las empresas, con el sector público y con la beneficencia, y emplear su poder –empezando por los presupuestos de abastecimiento– para dinamizar la experimentación. Los recursos públicos no deben ponerse en manos ajenas sin cargo alguno: deben llevar aparejadas unas condiciones, exigir a las empresas que se benefician de la inversión pública que reinviertan sus beneficios en innovación, que compartan con otros los conocimientos técnicos adquiridos y que pongan los productos resultantes al alcance del mayor número de personas, que sean lo más accesibles posible. Los contribuyentes tienen que dejar de pagar dos veces por medicinas que se han desarrollado con fondos públicos.

Una vía para lograrlo sería reconsiderar el tema de las patentes. Para Mazzucato, las patentes no representan una innovación: aunque pueden desempeñar un papel importante a la hora de fomentarla dentro del marco adecuado, con más frecuencia de la deseable logran exactamente lo contrario, como ya hemos visto. El sistema de patentes necesita con urgencia una reforma: como mínimo debería ser más directo y definido. Pero incluso sin reforma, los gobiernos con suficiente voluntad política pueden acometer cambios inmediatos, por ejemplo, pidiendo una «acción de oro» de las patentes desarrolladas con financiación pública. Esto ayudaría al sector público a obtener un nivel de regalías más interesante, un dinero que podría reinvertirse. Y lo que es más importante: nos daría el control sobre los conocimientos obtenidos sin infringir la legislación internacional. De hecho, Estados Unidos ya tiene la capacidad requerida para licenciar a un tercero para producir una medicina patentada y desarrollada con fondos públicos si no está disponible en condiciones razonables. Sin embargo, esa capacidad no se ha aplicado nunca.

Los hay que quieren ir más allá y eliminar las patentes de determinadas medicinas. Una alternativa que ha estado aflorando cada poco tiempo es que se dé, como incentivo, un premio en efectivo que sustituya a las patentes. Bernie Sanders propuso la creación de un fondo para otorgar un premio a la innovación médica (Medical Innovation Prize Fund), que crearía el gobierno para recompensar a aquellos investigadores, consiguieran o no beneficios económicos, que buscaran lograr unos objetivos predefinidos en materia de salud. Algunos podrían cuestionarse si esto bastaría para compensar la pérdida de ingresos que genera una patente, pero la cantidad que sugirió Sanders no era desdeñable: un porcentaje fijo del PIB, que en 2016 hubiera supuesto 102.000 millones de dólares. Otras propuestas han sugerido la aplicación de dichos fondos para enfermedades importantes, como el cáncer, mediante la creación de un fondo de innovación para el tratamiento del cáncer.

Cambiar la forma en que se producen los fármacos sería un modelo para reformar la economía en general. «The Peoples' Prescription» propuso limitar la recompra de acciones que extraen su valor de los sistemas de asistencia sanitaria, vinculando la compensación a ejecutivos a los avances reales que se experimenten en los tratamientos y no a la subida de la bolsa, dando voz a contribuyentes y pacientes en los consejos de dirección y enmendando las obligaciones legales de los directivos de las empresas, de tal modo que tengan que servir al interés general y no al particular de los accionistas. Algunas de estas ideas se incluyeron en una propuesta de ley del Senado que presentó Elizabeth Warren, llamada «Ley de Capitalismo Responsable» Otras han sido ya adoptadas por políticos británicos tanto de izquierdas como de derechas.

Todos y cada uno de los discursos que pronuncia un líder político en un congreso de su partido son importantes, aunque estén diseñados específicamente para apuntalarlo con el apoyo de sus fieles, porque en el fondo hablan a la prensa y a toda la nación. Cuando Jeremy Corbyn se dirigió a los suyos en el congreso del

Partido Laborista celebrado en Brighton en septiembre de 2019, estaba haciendo un discurso electoral: más de lo mismo. «Ayer conocí aquí en Brighton a Luis Walker, un crío de nueve años maravilloso. Un niño brillante, vivaracho, encantador», dijo Corbyn a los delegados:

> Luis tiene que convivir con la fibrosis quística. Necesita cuatro horas diarias de tratamiento y pasa mucho tiempo en el hospital, lo que obviamente le aleja de la escuela y los amigos, de lo que es una vida normal para un niño de nueve años. La vida de Luis podría ser muy distinta con la ayuda de un fármaco llamado Orkambi. Pero a Luis se le niega la medicina que necesita porque el fabricante se niega a vendérsela al NHS a un precio asequible. A Luis, como a tantas decenas de miles de enfermos de fibrosis quística, hepatitis C o cáncer de mama, un sistema que pone el beneficio de sus accionistas por delante de la vida de la gente le está negando una medicación que podría salvarle la vida.[4]

La fibrosis quística es una enfermedad genética que provoca la acumulación de moco en los pulmones, comprometiendo la capacidad respiratoria y poniendo en riesgo, además, el sistema digestivo. Con el tiempo puede ocasionar una serie de complicaciones que pueden acortar la vida del paciente de modo drástico si no se pone tratamiento. No hay cura, pero sí una nueva generación de fármacos que puede ayudar a transformar la salud de estos enfermos. Uno de esos tratamientos es Orkambi: lo fabrica una empresa llamada Vertex, y su precio de venta, que supera las 100.000 libras esterlinas anuales por paciente, lo consideró demasiado alto el National Institute for Health and Care Excellence, que es el organismo que valora la relación coste-eficacia de las medicinas. Así que Orkambi no lo dispensa el NHS.

Diarmaid McDonald estaba organizando un grupo de activistas, Just Treatment, cuando oyó hablar de los problemas a los que se enfrentan personas como Luis para conseguir Orkambi:

Estábamos empezando a analizar qué fármacos eran eficaces pero no estaban disponibles a través del NHS, y justo en pleno proceso recibimos un correo de una madre cuya hija podría haberse beneficiado de Orkambi. Llevaba más de dos años peleando por conseguirlo, pidiéndolo por las buenas, rogando al NHS y al gobierno, recurriendo a la prensa. Nada había funcionado. Pero se enteró de lo que hacíamos para dar a la gente acceso a la medicación para el cáncer de mama, y nos preguntó si podríamos hacer lo mismo en su caso.[5]

McDonald trabajó con un pequeño grupo de padres cuyos hijos necesitaban Orkambi. Estos padres habían llevado a cabo campañas impresionantes, y McDonald se unió a ellos, junto con otros activistas, para que avanzaran en su lucha ofreciendo un mensaje claro al público y construyendo la confianza de las familias. La tarea más difícil, según me dijo, fue neutralizar la desinformación imperante (se decía que todo era culpa de los burócratas del NHS, que se negaban a ofrecer la medicina) y el miedo a que al hacer público su caso el fármaco fuera aún menos accesible. Esta preocupación es el denominador común de todas las campañas mundiales en materia de medicamentos. De hecho, hay muchos grupos de «defensa del paciente» que representan los intereses de las corporaciones farmacéuticas y emplean a los enfermos como revulsivo para mover la conciencia pública y presionar al NHS para que recule y ofrezca nuevas medicinas, aunque su precio esté tremendamente inflado.

Uno de los pacientes afectados se dio cuenta de que el fármaco se fabricaba, como genérico, en Argentina, donde Vertex no había solicitado patentes. Seguía siendo caro, pero sólo una quinta parte de lo que Vertex cobraba por él. McDonald acompañó a algunos de los padres a un viaje a Buenos Aires a comprar el medicamento y regresaron a casa con él en la bolsa. La publicidad fue tremenda. El escándalo del precio de Orkambi se convirtió en noticia de primera plana. Luis Walker y su madre aparecieron en programas televisivos matinales, y los activistas pudieron poner el foco en el problema fundamental: los efectos del monopolio que ejercía Vertex, que jugaba con las vidas de los pacientes, y la responsabilidad de actuar que correspondía al gobierno.

«El gobierno, presionado por sus diputados, dijo que estaba considerando su "obligación moral" de anular la patente», me dijo McDonald. «Orkambi se había convertido en un símbolo de los problemas de la industria farmacéutica. Pero lo que sucedió con los laboristas fue más allá de esa victoria». Allanó el camino para un cambio de sistema.

La experiencia de conocer a Luis Walker y a su inspiradora madre, Christina, combinada con su admiración hacia la obra de Mazzucato, convenció a Corbyn y a su ministro de Hacienda en la sombra y compañero político desde hacía mucho tiempo, John McDonnell, para hacer de la reforma farmacéutica una medida estrella del congreso de 2019. A muchos meses todavía de las elecciones, Vertex, productor de Orkambi, se enfrentó a la posibilidad de que un gobierno invalidara sus patentes, sin más. Y Vertex cedió, se avino a un trato para distribuir Orkambi al NHS a una fracción del precio que había pedido anteriormente.[6]

Para los laboristas esto era sólo el primer paso de un programa para reestructurar el funcionamiento del sistema, que se puso en marcha un año antes de que oyéramos hablar de la COVID-19. Pero Orkambi no era más que un fármaco, y muchos países todavía no tenían acceso compasivo a él. Como me dijo McDonald, sólo un 12 por ciento de los pacientes del mundo tienen acceso al fármaco más moderno de Vertex para tratar la fibrosis quística, porque muchos países no pueden permitirse pagarlo. Pero eso no evita que la empresa siga registrando patentes, incluso en Sudáfrica e India, donde casi no tiene ventas. «Están utilizando los sistemas de PI en el Sur Global para proteger sus ventas en Occidente, con un coste de muchas vidas en todo el mundo. Es la misma historia de siempre: dinero y control. Necesitamos un cambio. Y esa es la tarea que podría haber hecho un gobierno laborista».

También las experiencias personales inspiraron a Corbyn y McDonnell. Mike Marqusee, escritor y activista y amigo de Corbyn, murió de cáncer en 2015. El último libro de Marqusee es un tributo al sistema sanitario británico y un ataque a todas las fuerzas que se están confabulando para destruirlo.[7] En él expresaba su gratitud hacia «médicos, enfermeras, técnicos, recepcionistas, personal de limpieza, celadores y científicos de varias generaciones», gratitud que por cierto no extendió a la corporación estadounidense Celgene, propietaria del medicamento con el que le estaban tratando: una versión de la talidomida de la década de 1950 con algunas modificaciones mínimas. El fármaco estaba protegido por una maraña de patentes que incluía hasta el protocolo de seguridad para impedir que se administrase a embarazadas, y que estaban aprovechando para evitar que otras empresas lo fabricaran a menor precio.[8] De hecho, el coste de este fármaco tan antiguo seguía aumentando mientras el fabricante era acusado de hacer casi imposible a sus competidores el acceso a las muestras que necesitaban para llevar a cabo ensayos comparativos y de firmar acuerdos de «pago por retraso» con fabricantes de genéricos, todo ello para librarse de la competencia. Como escribió Marqusee, la corporación «emplea su monopolio para cobrar al NHS cantidades desorbitadas por el producto... En efecto, compañías como Celgene son ejércitos que toman rehenes: o se paga el rescate o alguien muere. Son tan despiadados que resulta difícil de asimilar, pero se acepta su actuación como norma de comportamiento corporativo».

Como Mazzucato, John McDonnell veía la reforma del sector farmacéutico como parte constitutiva de un programa económico mucho más amplio: la transformación del capitalismo neoliberal:

> Estaba pensando cómo podríamos vencer a esa forma de pensamiento capitalista que ya lleva años dominando nuestra economía para poder dar a la gente lo que necesita. Y me pareció que la manera que tienen las grandes farmacéuticas de funcionar era un ejemplo estupendo de a dónde nos lleva esa forma de pensar, sobre todo porque juegan con la vida y la muerte. Ellos no cooperan: compiten. No tiene sentido. En realidad, cada vez está más claro que si uno quiere cubrir las necesidades médicas de la gente tiene que ejercer cierto

> control democrático sobre el sector farmacéutico de este país. Entonces sí podremos gestionar los problemas a largo plazo a los que nos enfrentamos. Y más allá de eso, hay que ayudar a otros en el mundo que quieran hacer lo mismo.[9]

Su programa de reformas no fue un simple capricho, sino parte de un plan más ambicioso para reprogramar la economía desde la base. Sigue siendo la propuesta más amplia para reformar el sistema farmacéutico que ha presentado un partido político occidental en muchas décadas: la desfinancierización de la industria farmacéutica y la eliminación de los monopolios de que disfruta, incluido el uso de licencias obligatorias, la revisión de los criterios de patentes en el Reino Unido, la negativa a poner ninguna de las disposiciones del ADPIC-plus en los acuerdos comerciales, el compromiso de emplear regalías públicas para financiar la innovación, las medidas disuasorias para la formación de *lobbies* farmacéuticos, el uso del dinero destinado a las ayudas para facilitar la transferencia de tecnología en el Sur Global y el establecimiento de un fondo para premiar la investigación como alternativa a las patentes, por ejemplo, en el caso de los antibióticos. Otro compromiso del programa era crear una compañía farmacéutica de propiedad pública para ahorrar al NHS miles de millones de libras al año.

El Apocalipsis de los antibióticos

El programa del Partido Laborista nunca se llevó a cabo; el partido perdió las elecciones de 2019. Pero las ideas de Mazzucato se están extendiendo por todo el espectro político, sobre todo a medida que nos damos cuenta de que el sistema farmacéutico actual es malo para casi todos nosotros.

A menudo se hace referencia a lord Jim O'Neill como un hombre de Yorkshire que habla claro. En 2019, desde luego, empleó un inglés muy sencillo para decir a las grandes farmacéuticas lo que pensaba de ellas. Ese año, después de pasar cinco años dirigiendo una plantilla que exploraba el problema de los antibióticos, cada vez menos eficaces, perdió la paciencia: «Si las compañías farmacéuticas cumplieran sólo una décima parte del compromiso que se deduce de sus palabras, no hay duda de que podríamos conseguir algo. Eso me lleva a pensar que ahora mismo es necesario estudiar en profundidad algunas de las formas más radicales de cambiar el incentivo vinculado al riesgo/recompensa y sus circunstancias sociales».[10] O'Neill puso sobre la mesa una propuesta radical: «Si no lo hacéis vosotros, vamos a convertir algunos aspectos de vuestro negocio en empresas de servicio público».[11]

O'Neill es un reformista farmacéutico inverosímil. Pasó muchos años en el infame banco de inversiones y «calamar vampiro» Goldman Sachs, en los últimos tiempos incluso presidiendo la división de gestión de activos. Acuñó el término BRIC para referirse a las cuatro economías emergentes: Brasil, Rusia, India y China, y posteriormente el término MINT, que identifica a México, Indonesia, Nigeria y Turquía. Desde allí O'Neill pasó a ser miembro –conservador– de la Cámara Alta británica y ministro del gobierno. Fue el primer ministro David Cameron quien designó a O'Neill para estudiar el tema de los antibióticos, alarmado por el aumento de la resistencia antimicrobiana. Avisó de que era una amenaza real que, si no se trataba, nos abocaba a un «escenario imprevisible» que podría llevarnos de regreso «a la edad oscura de la medicina». En su papel, O'Neill se mostró cada vez más preocupado no sólo por lo que la resistencia antimicrobiana supondría para los seres humanos y para la economía, sino también por el fracaso de los principales actores de la industria farmacéutica a la hora de responder a esa amenaza.

Los antibióticos se descubrieron por accidente en 1928, gracias al doctor Alexander Fleming: al volver de vacaciones descubrió que en una placa de Petri que contenía bacterias se había formado moho. Se dio cuenta de que, al parecer, el moho estaba impidiendo el crecimiento de las bacterias, y dedujo que tenía que estar produciendo un químico antibacteriano. A esa sustancia la llamó penicilina. Hizo falta más de una década para que otros se interesaran en ello tanto como para pensar en producir el antibiótico a gran escala. Pero al final de la Segunda Guerra Mundial la penicilina estaba en vías de convertirse en el fármaco milagro de su tiempo.

Es difícil sobrestimar el impacto que los antibióticos han tenido en nuestra manera de practicar la medicina. Antes de la era de los antibióticos, algo tan simple como un pequeño corte en el dedo podría, con la dosis suficiente de mala suerte, resultar fatal. Incluso las operaciones rutinarias podían ser mortales. Un mundo sin antibióticos significa que las enfermedades que en la actualidad vemos como poco más que una molestia –la gonorrea, por ejemplo– se convertirían en infecciones graves que cambiarían vidas. Y una larga serie de intervenciones vitales, desde las cesáreas en un parto hasta los tratamientos contra el cáncer, representaban una seria amenaza para la vida. No exagero si digo que hemos construido nuestro sistema médico en torno a los antibióticos.

Sin embargo, con el tiempo las bacterias se vuelven resistentes a ellos. No hemos hecho todo lo que debíamos por limitar el uso de estos medicamentos de vital importancia, y en ocasiones los hemos administrado para tratar infecciones que nuestro cuerpo hubiera eliminado de todos modos por sí solo. Y lo que es peor: los antibióticos se han convertido en un factor ineludible de nuestra agricultura industrial desde que se comprobó que alimentando con antibióticos, de modo rutinario, a animales sanos, estos crecían más deprisa y podían tenerse en un entorno de confinamiento masificado y en condiciones poco higiénicas sin que enfermaran. Y por muchos esfuerzos que se han hecho en Europa para reducir el empleo de los antibióticos, siguen estando lejos de ser suficientes, mientras la ganadería industrial en Estados Unidos continúa empleando medicamentos a gran escala.

Aparte de este abuso hay otro problema: el éxito de la penicilina abrió una época dorada para el descubrimiento de los antibióticos, y en poco tiempo se identificaron muchas clases diferentes de esta medicina. Pero a partir de la década de 1970 los descubrimientos no fueron tan fáciles ni tan fructíferos: no se han descubierto antibióticos nuevos a partir de la década de 1980. Esto se debe en gran medida a que ya se ha recogido la fruta que está más a mano, y los nuevos descubrimientos amenazan con ser más complicados y caros. Como consecuencia, las grandes farmacéuticas se han retirado de este campo. Sencillamente, no era rentable destinar más dinero a la investigación de fármacos que, mientras durara la patente, sólo se utilizarían como último recurso. En 1980, veinticinco grandes compañías farmacéuticas tenían programas de investigación para descubrir nuevos antibióticos; en la actualidad sólo quedan tres.[12] Nada de esto ha mejorado con las numerosas fusiones y consolidaciones que han tenido lugar en el sector, impulsadas siempre por la imposición de lograr el beneficio máximo para el accionista.

El trabajo de O'Neill revisó todo el espectro de medidas necesarias para reducir la resistencia a los antibióticos y para encontrar fármacos nuevos, o alternativos, que pudieran sustituirlos. El fracaso no era una opción, como había dejado claro el modelo que dirigió en 2014. Las predicciones apuntaban a que en el año 2050 morirían 10 millones de personas al año por infecciones resistentes a los antibióticos: más de las que mueren actualmente de cáncer.[13] Estas superbacterias ya están provocando 700.000 muertes al año. Pero cinco años después no parece que haya cambiado nada. O, en caso de que algo lo haya hecho, parece que las cosas van a peor, con Novartis, Sanofi y AstraZeneca retirándose de la investigación después de 2014.[14]

No es que no se haya hecho ninguna investigación: lo cierto es que el trabajo de O'Neill contribuyó a fomentar los descubrimientos en fases tempranas, sorprendentemente en pequeñas compañías farmacéuticas, pero también en instituciones públicas. Pero aunque esa investigación temprana estaba dando ya algunos resultados, no eran suficientes. Y esos descubrimientos tan útiles que se estaban haciendo no siguieron adelante. Un estudio de la OMS lo explicaba así: «La inversión privada ha descendido mucho, y las grandes compañías farmacéuticas y los inversores de capital riesgo privado están abandonando el sector».[15] Y como apuntó un asesor de la OMS: «Las investigaciones que se están realizando actualmente no bastan para contrarrestar la creciente resistencia de las bacterias prioritarias».[16]

O'Neill estaba atónito: a fin de cuentas, esto no era un desastre que se está produciendo en la otra punta del mundo. El impacto de la resistencia a los antibióticos ya se sentía, aunque es cierto que sobre todo en el Sur Global. Pero incluso aquí, en Occidente, casi 2,5 millones de personas pueden morir a causa de las superbacterias en 2050.[17]

Y así, en una conferencia de prensa celebrada en 2019 afirmó que había llegado el momento de pensar en lo impensable. Acusó a las grandes farmacéuticas de decir «unas tonterías increíbles» respecto a su compromiso de fabricar antibióticos e hizo un llamamiento a la nacionalización de una parte de la industria. Después lo recordaría así: «Si me hubieran preguntado hace tres años, habría pensado que era un poco locura. Pero casi tres años después de que apareciera nuestro informe hay mucha cháchara y ningún avance: no se ha conseguido que la industria farmacéutica se decida a hacer esto. Así que me encuentro otra vez pensando que por qué no exploramos la idea de una institución pública, con un propósito de propiedad pública, sólo para quitarles todo esto de las manos y ponernos al mando».[18]

A consecuencia de los esfuerzos de O'Neill, incluso el sector del gobierno británico que estaba del lado de las farmacéuticas comenzó a darse cuenta de que hacía falta un cambio. En 2020 el Reino Unido anunció un plan nuevo de pago para los antibióticos nuevos, un plan que habían sugerido O'Neill y otros.[19] Se conoce con el nombre de «modelo Netflix» y permite a los gobiernos pagar por algo que se asemeja a un servicio de suscripción. Más que pagar un tanto por cada pastilla, lo que da lugar al surgimiento de incentivos perversos cuando se trata de fármacos que deberían estar estrictamente limitados, el pago se hace por el acceso a un nuevo *tipo* de fármaco, donde importa la novedad y no tanto la forma en que se utilice. Esto no representa un nacionalismo en ningún sentido, pero es un modelo que ofrece la posibilidad de acabar con los incentivos de la industria farmacéutica. Además, si se unían otros países y pagaban con arreglo a su sistema sanitario se podrían movilizar, en teoría, los fondos suficientes para hacer frente a las necesidades internacionales en materia de salud a largo plazo, a la vez que se daban ciertas directrices a las farmacéuticas sobre qué convenía investigar y producir.[20]

El desasosiego, incluso en algunos círculos conservadores, sobre la creciente resistencia a los antibióticos sugiere que se reconoce algo más profundo: que para la gran mayoría el modelo farmacéutico no está funcionando, y que es posible que las cosas vayan a peor. En 2018 el gigante de inversiones Goldman Sachs hizo una pregunta provocativa: «Curar enfermos, ¿es un modelo de negocio rentable?»[21] Se refería al crecimiento de la terapia génica, que encierra la promesa de dar a los enfermos una cura definitiva, en una sola dosis, para todo tipo de dolencias. La empresa tomó un ejemplo: la hepatitis C. Gilead vende un producto que puede curar esta enfermedad pero el número de pacientes que la sufren es limitado. Y cuantos más enfermos se curen menos transmiten la enfermedad, y menos pacientes habrá en el futuro. Cuanto más eficaces son las empresas farmacéuticas en su cometido de encontrar nuevos fármacos, más se reduce el coto de mercado del que disfrutan. No nos sorprenderá que este sistema no esté produciendo las medicinas que necesitamos. Las ganancias que reclaman las compañías farmacéuticas no son compatibles con fabricar medicamentos a un precio que podamos pagar.

Goldman Sachs dejó claro que la falta de beneficios sostenibles en el tiempo no se aplica a todas las enfermedades. El cáncer, señalan, «representa un riesgo menor para la sostenibilidad de una franquicia», dado que tratar el cáncer no evita que otros lo contraigan. De hecho, la longevidad garantiza una mayor necesidad de tratamientos para el cáncer. Pero incluso aquí hay un problema. Billy Kenber muestra que el coste de la investigación para descubrir nuevas medicinas lleva décadas aumentando.[22] Es cierto que la industria exagera estos costes, y que algunos de los fármacos en cuestión no son de gran utilidad. Los incentivos perversos del sistema de PI significan que las corporaciones invierten en fármacos que ofrecen, en el mejor de los casos, una diferencia muy marginal, pero que ellos saben que pueden vender prácticamente sin que su precio importe. Más allá de los beneficios y de la opacidad, sin embargo, los descubrimientos médicos parecen cada vez más caros y difíciles. Esto no es motivo para aceptar el argumento de las grandes farmacéuticas de que deberían estar autorizadas para cobrar precios más altos durante un período de tiempo más prolongado. Si el propósito de la industria se ha terminado centrando en la producción de medicinas que suponen una escasa diferencia sobre lo que ya hay en el mercado, a precios que no podemos pagar, lo único que se desprende de esto es que este sector no está estructurado para enfrentarse a los desafíos que tenemos por delante.

Quizá sea esta la razón por la que en 2017 Andrew Witty, exdirector de GlaxoSmithKline, pidió que el sistema de patentes se sustituyera por el de premios como vía de financiación de la investigación de enfermedades raras. «El sistema está destruido», escribieron los ministros holandeses de Sanidad y Comercio en 2017. «Las exclusividades en materia de patentes y propiedad intelectual son la única piedra angular del modelo actual. Las empresas pueden pedir el precio que quieran. Esto no puede ser. Tenemos que desarrollar unos modelos de negocio alternativos».[23]

Naturalmente, hay ejemplos de proyectos que se han acometido de otra forma.[24] En Brasil, las compañías farmacéuticas de propiedad estatal compiten con las empresas privadas: hay veinte laboratorios que pertenecen al Estado fabricando un 80 por ciento de las vacunas y un 30 por ciento de las medicinas que facilita el sistema público de salud, lo que permite al Estado dispensar antirretrovirales gratuitamente. Brasil es también un buen ejemplo de cómo la normativa puede contribuir a sufragar la investigación. Se trata de un sistema que obliga a las compañías a reinvertir una parte de sus beneficios en fondos públicos de I+D.[25] Un hospital de Ámsterdam produce su propia versión a precio de coste de un medicamento para el tratamiento de un trastorno metabólico raro, en respuesta a la subida de precio del fabricante, que lo ha multiplicado por más de cinco.[26]

Pero de todos los países occidentales es quizá en EE.UU. donde hay mayor esperanza de cambio. Como hemos visto, hay allí un enorme margen para la explotación y los precios abusivos, a pesar de las enormes sumas de dinero público que se invierten en investigación médica. Pero aunque el cambio en EE.UU. comienza desde muy abajo, el tamaño de la economía nacional y el hecho de que sus políticos pueden perfectamente representar a la industria significa que cualquier cambio importa mucho.

El discurso del presidente Biden sobre el Estado de la Unión de 2022 contenía un pasaje que casi parece inspirado en el discurso de Jeremy Corbyn de 2019:

> En primer lugar: hay que recortar la prescripción de fármacos. Miremos, por ejemplo, la insulina. Uno de cada diez ciudadanos estadounidenses tiene diabetes. En Virginia conocí a un muchacho de trece años, llamado Joshua Davis, que igual que su padre tiene diabetes tipo 1, lo que significa que necesitan insulina diariamente. Fabricar la insulina cuesta en torno a 10 dólares el vial. Pero las empresas farmacéuticas cobran a las familias como la de Joshua hasta 30 veces esa cantidad. Hablé con la madre de Joshua. Imaginen lo que es mirar a tu hijo, que necesita insulina, y no tener ni idea de lo que van a hacer para pagarla. Cómo afecta eso a la dignidad de uno, a la posibilidad de mirar al niño a los ojos, de ser el padre que uno esperaba ser. Joshua está aquí con nosotros esta noche. Ayer fue su cumpleaños. Feliz cumpleaños, amigo.
>
> Para Joshua, y para los otros 200.000 jóvenes que padecen diabetes tipo 1, vamos a poner un tope al coste de la insulina de 35 dólares al mes, para que todo el mundo pueda costearlo.[27]

Peter Maybarduk es experto en los problemas de la industria farmacéutica estadounidense.[28] Siendo aún estudiante en Washington, D. C., Maybarduk estuvo involucrado en la llamada «batalla de Seattle» –que llevó a la OMC a un callejón sin salida, donde permaneció una década– antes de ir a trabajar para Ralph Nader, fundador de Public Citizen y en tiempos candidato a presidente de EE. UU. Le contrataron para ayudar a países con un nivel medio de ingresos, como Ecuador y Nicaragua, a emitir licencias obligatorias para las medicinas que necesitaban. Y se sintió inspirado para continuar con la tarea cuando se dio cuenta de que aquella era la vía para provocar un cambio significativo. «Vi que para invalidar una patente lo único que hace falta es un puñado de gente», me dijo. «Y eso puede salvar muchas vidas».

Sin embargo, por mucha importancia que tengan estos cambios, siguen siendo casos aislados. ¿Cómo puede cambiarse el modelo en sí? Este cambio estructural, afirma Maybarduk, es un gran reto en un país donde las grandes farmacéuticas tienen dos miembros en un grupo de presión por cada miembro del Congreso y un poder enorme a escala estatal, aparte de haber conseguido tejer una narrativa que habla de la encarnación de la innovación. Maybarduk admite que este foco internacional ha sido, en parte, el resultado de pensar: «En EE. UU. no podremos ganar». Y ese punto de vista se vio reforzado cuando las grandes farmacéuticas protegieron los derechos exclusivos más antiguos para medicinas biológicas, y se añadieron al Obamacare reformas que, se suponía, contribuirían a hacer más igualitaria la atención sanitaria.

Pero luego las cosas empezaron a cambiar. Cuando se comenzó a debatir un acuerdo tremendamente controvertido llamado Transpacific Partnership (TPP) los activistas se dieron cuenta de que contenía numerosas disposiciones significativas del ADPIC-plus, que intentaba crear un estándar internacional mucho más duro incluso que el ADPIC. Y aunque esto no fue lo único que a la gente no le gustaba de la TPP, era una parte significativa de la campaña contra él en todo el mundo. En el Sur Global, los activistas empezaron a pelear contra las disposiciones de las grandes farmacéuticas y la chispa de la disensión saltó también en Estados Unidos. En 2016 ningún candidato presidencial se atrevió a tocar el acuerdo. En EE. UU. estaba efectivamente muerto, mientras las disposiciones de las farmacéuticas se eliminaron en los países que siguieron adelante con el acuerdo.

Para Maybarduk este cambio fue espoleado por una combinación de los precios astronómicos que tienen los fármacos en EE. UU. –desde los precios del medicamento contra la hepatitis C de Gilead hasta los precios astronómicos de la insulina– y la crisis de los opioides que ha afectado profundamente a la psique estadounidense. «Todavía hoy todo el mundo odia a las farmacéuticas, y eso se une al tipo de populismo que tenemos actualmente en la cultura política».

De modo que, ¿en qué revierten todos estos cambios de los últimos tiempos? Hasta toparse con un presidente de EE. UU. que sea muy crítico con las grandes farmacéuticas es poco habitual. Sabemos que Biden enfadó muchísimo a la industria con su apoyo a la exención del ADPIC durante la pandemia. Pero fue incluso más allá al proponer un plan para dar al gobierno federal autoridad para negociar el precio de algunos medicamentos: un poder clave cuya ausencia había permitido a las grandes farmacéuticas cobrar a las aseguradoras federales todo lo que pudieran. Aunque este era un poder del que ya disfrutaban la mayoría de los gobiernos europeos, en el contexto estadounidense era un avance de gran magnitud.

Las propuestas iniciales fueron aplastadas cuando los republicanos se asociaron con un grupo de demócratas de derechas para bloquearlas, en un momento que puso de manifiesto el control que ejerce la industria farmacéutica sobre los líderes políticos. Una senadora demócrata de la facción obstruccionista que se apartó del programa de su partido en este asunto ha recibido 500.000 dólares de las industrias farmacéutica y sanitaria a lo largo de varios años.[29] Junto con otros dos colegas que también recibieron grandes cantidades de dinero del *lobby* farmacéutico, estos demócratas consiguieron diluir un poco, aunque no las pulverizaron por completo, las propuestas de Biden, que finalmente se aprobaron como parte de su ambicioso plan para recuperarse de la COVID-19.[30]

Incluso así, el significado de este movimiento puede verse en la reacción de las grandes farmacéuticas. Tan preocupada estaba la industria por que su *lobby* creciera tanto como para ponerse a la cabeza de todas las demás industrias en la primera mitad de 2022, que un senador de primera línea dijo que las empresas farmacéuticas habían estado «tirando la casa por la ventana para evitarlo».[31] Un representante del mayor *lobby*, PhRMA, envió un mensaje escalofriante a los miembros del Congreso, en el que decía que si habían votado por la proposición de ley, no les «saldría gratis» y avisaba en tono sombrío de que «pocas alianzas tienen todas las herramientas para poner de su lado el moderno apoyo político como lo hace PhRMA».

En el plano estatal, mientras tanto, los gobiernos han ido más allá. El alza del precio de la insulina en Estados Unidos ha obligado a uno de cada cuatro diabéticos a racionar su medicación. La insulina está disponible en Canadá por el módico precio de 32 dólares el vial, pero en Estados Unidos un vial puede costar 300 dólares.[32] Para atajar este problema, los estados de California, Michigan y Maine han comenzado a contemplar la fabricación pública de la insulina. En Michigan la propuesta la presentó un republicano. Y California ha destinado 100 millones de dólares para que el gobierno estatal fabrique insulina a través de una empresa pública, a un precio cercano al de coste y a disposición de todo el mundo. El movimiento «People's Insulin» podría, en palabras del escritor científico Leigh Philips, ir más allá de la insulina barata y comenzar a «abrir poco a poco la puerta para volver a la inversión pública a gran escala y a largo plazo, la planificación económica y la democracia social en el siglo XXI».[33] Es muy interesante que esto ya haya ejercido un efecto sobre los principales actores, y que Ely Lilly haya prometido recortar los costes de su propio producto en un 70 por ciento.[34]

Según Maybarduk, «lo verdaderamente importante, y no se puede obviar lo importante que es, es que las farmacéuticas han dejado de ganar. Y en lugar de quedarnos nosotros sin ellas son ellas las que corren el peligro de quedarse sin nosotros». Y esto está comenzando a tener un impacto también en el panorama internacional. Un mes después de hablar con Maybarduk, Biden hizo una nueva promesa. Dijo que se iba a compartir una serie de tecnologías desarrolladas por el gobierno de EE. UU. con C-TAP, el consorcio de patentes establecido por la OMS para ayudar a difundir sin cargo las tecnologías vinculadas a la COVID. Maybarduk describió este compromiso, que pretende compartir tecnología y no sólo dosis, ya que esa es «la diferencia entre caridad y justicia».[35] Y me dijo: «Ahora está muy extendida la oposición popular al control de monopolios de medicamentos en todo el mundo. Aún podemos ganar».

Estas semillas de cambio tienen muchas implicaciones, más allá de la industria farmacéutica. Dicho en breve, es el regreso del Estado. Nadie puede negar el nivel de intervención y planificación estatal que presenciamos durante la crisis financiera o la pandemia de COVID-19. Los jefes de Estado, incluidos Modi en India, Trump en Estados Unidos y Johnson en el Reino Unido, han demostrado que el uso de fondos públicos y la intervención del estado en la economía no son patrimonio exclusivo de los gobiernos de izquierdas. Y como los fracasos del mercado se han vuelto más habituales, los gobiernos de derechas han utilizado el poder del estado para mantener la legitimidad política. También sucede que pueden emplear ese mismo poder para dar aún más poder y riqueza a empresas privadas e inversores ricos. Y al analizar las nociones de infalibilidad del mercado es importante no ver la actuación del estado como algo de naturaleza necesariamente progresista.

Para este fin necesitamos construir movimientos que estén detrás de las visiones económicas. En Estados Unidos está floreciendo un movimiento «antimonopolio» que se está construyendo sobre la tradición de principios del siglo XX y que acabó siendo testigo de cómo varios gobiernos estadounidenses sucesivos desmontaron los enormes monopolios financieros, petrolíferos, del ferrocarril y otros muchos que se habían convertido en dominantes, explotando y extrayendo su valor de los trabajadores, agricultores y consumidores estadounidenses. Es un movimiento que encaja perfectamente en la lucha contra las grandes farmacéuticas.

Según reformistas como Zephyr Teachout, si vemos la corrupción como el empleo del poder público para fines privados, los monopolios son intrínsecamente corruptos, además de tener un efecto corruptor sobre académicos, científicos, prensa y políticos.[36] Y sin embargo estos monopolios tienen el apoyo activo de unas normas económicas muy arraigadas durante los últimos cuarenta años. En la última década se han producido medio millón de fusiones de empresas, lo que ha permitido a las corporaciones construir una enorme base de poder que las sitúa en el control de grandes sectores de nuestra economía. El principal efecto de este movimiento es una tremenda desigualdad, y no sólo económica. En Estados Unidos este proceso de monopolización ha erosionado gravemente muchas empresas cuyos propietarios son negros, o la prensa libre, instilando el miedo en los pequeños productores, trabajadores o periodistas.

Huelga decir que este proceso es profundamente antidemocrático. Esta es la razón por la que activistas como Teachout ven el movimiento antimonopolio como una lucha por la democracia. Este enfoque es el que han asumido algunos sectores del Partido Demócrata, y se está abriendo camino en la opinión de la Casa Blanca: Joe Biden designó a la periodista especializada en antimonopolios Lina Khan para presidir la Comisión Federal de Comercio de EE. UU., que es uno de los reguladores más poderosos. Según Nicholas Shaxson y Michelle Meager este no es un caso aislado, sino parte de una movilización nueva y prometedora que «ha visto a EE. UU. ponerse a toda marcha muy por delante del Reino Unido y Europa cuando se trata de enfrentarse a los poderes de las grandes multinacionales, que desgastan la democracia. Si esta ganancia se consolida y amplía, y se expande más allá de las fronteras de EE. UU., no es exagerado afirmar que esto podría transformar nuestras sociedades y economías para mejor».[37]

En una orden presidencial de gran envergadura en la que Biden prometió implantar «una serie de leyes antimonopolio de obligado cumplimiento», el presidente comentó: «Llevamos 40 años metidos en el experimento de permitir que corporaciones gigantescas acumulen más y más poder. Me parece que el experimento ha sido un fracaso».[38] La primera norma que iba a introducir permitía importar de Canadá fármacos con receta, en un claro intento de obligar a bajar el precio de los fármacos en Estados Unidos.

Este impulso antimonopolio incluye un enfoque radicalmente nuevo de las leyes de comercio. Además del apoyo de Biden a la exención del ADPIC también ha mostrado un enfoque del comercio diferente del de Obama o Clinton, poniendo los derechos de los trabajadores en el núcleo de la política comercial y proclamando su deseo de reducir la vulnerabilidad en un sistema que se ha revelado claramente vulnerable a los golpes.

El periodista y escritor Barry Lynn, otro activista antimonopolio, resume bien esta vulnerabilidad: «Las naciones se pelean por cómo asegurar las vacunas, cómo repartir la producción de semiconductores, cómo responder al mercantilismo y el militarismo de China, cómo gestionar los monopolios tecnológicos y de comunicación, como Facebook y Google, incluso cómo compartir los metales que hacen falta para construir las baterías que llevan los coches eléctricos».[39] Lynn no es un proteccionista, pero reconoce que una de las consecuencias de estos problemas «ha sido una avalancha de llamadas a los gobiernos para que introduzcan medidas proteccionistas, dirijan las industrias nacionales y persigan las nuevas visiones de autarquía». Pero en lugar de eso «Washington puede empezar por reconocer que se puede hacer un seguimiento de la mayoría de los problemas actuales hasta llegar a una única fuente: la concentración de control sobre la producción y las comunicaciones en manos de unas pocas corporaciones y países».

El sistema comercial mundial necesita una reestructuración que deje fuera la utopía del monopolio y el «mercado libre» de la era Clinton y la sustituya por un sistema que destruya las concentraciones de poder dentro del sistema económico internacional, incluso «eliminando los derechos de patente de las corporaciones dominantes, como hizo a finales de la década de 1930 y principios de la de 1980». No es necesario «traer a casa» toda esa producción, pero parece razonable esperar un grado más alto de autosuficiencia. La senadora demócrata de izquierdas Elizabeth Warren está de acuerdo con esto, y en dos ocasiones ha introducido una legislación que podría impulsar la fabricación de medicamentos con base en EE.UU. Su propuesta de ley de julio de 2020 hubiera conseguido recaudar 1.000 millones de dólares que mejorarían drásticamente la capacidad de EE.UU. para fabricar medicamentos importantes. El cambio que puede, razonablemente, esperarse con Biden es más limitado; y los pasos adelante van, en más de una ocasión, seguidos por al menos medio paso hacia atrás. Pero lo que parece claro y cristalino es que hemos empezado a dar algunos pasos, si bien cautelosos, por una nueva vía.

Hay otras tradiciones que pueden ayudarnos a cambiar el foco de nuestra economía, incluida la idea del ejido, que hace referencia a un concepto muy antiguo vinculado a la forma de propiedad de la tierra en la Inglaterra de la Edad Media: una extensión de tierra sobre la que la gente corriente tenía derecho de uso para el autoabastecimiento; podían recolectar alimentos y llevar a pastar al ganado, por ejemplo. Recientemente el debate sobre esta forma de propiedad se ha vuelto casi habitual, y existe incluso otra, afín: la del ejido urbano, referida a una parcela de tierra de propiedad comunitaria que puede suponer un refugio en un momento de invasión de espacios privatizados y mercantilizados que ha tenido lugar en muchas de nuestras ciudades. A pequeña escala, esto puede ser una especie de huerto comunitario, pero puede ampliarse y contener servicios cooperativos, recursos compartidos o un mayor control sobre los presupuestos locales y la participación en ellos.

El conocimiento es especialmente propicio para funcionar como bien común, porque no puede agotarse. Cuando se trata de agricultura, por ejemplo, si una persona utiliza leña supone automáticamente que otros no podrán hacerlo. Pero si hay conocimiento esto no sucede: por mucho que lo apliquemos nunca dejamos sin él a los demás. Hay ejemplos concretos de esta especie de ejido de conocimientos compartidos, sobre todo en Internet: los más obvios son Wikipedia y el *software* de fuente abierta, como el sistema operativo de Linux.

Un sistema basado en compartir el conocimiento no carece de reglas. Si así fuera podría terminar agotándose rápidamente, o bien creciendo sin medida, o un agente privado podría apropiarse de él. Es preciso cuidarlo y renovarlo. La enorme comunidad de la que depende Wikipedia, y las normas que mantienen su calidad, son un ejemplo de este modelo. Pero estas normas tienen un propósito diferente de las del capitalismo neoliberal. De hecho, muchas de las normas se centran justamente en evitar la usurpación de los intereses privados.

En 2020 Duncan McCann escribió un informe en el que destacaba cómo se puede gestionar la propiedad intelectual como si fuera un ejido.[40] Al igual que Mazzucato, McCann comienza con una ironía: mientras el sector público británico gasta, directa e indirectamente, más de 14.400 millones de libras diarios en investigación y desarrollo para afrontar los desafíos a los que nos enfrentamos como sociedad –a menudo retos donde el mercado o es el principal impulsor o es incapaz de abordar–, el Estado no recupera nada, directamente, por esa inversión. El Estado cruza los dedos y espera obtener un rendimiento satisfactorio de su inversión».

Para redirigir el problema, McCann propone la creación de un consorcio público, o ejidos de PI. Esto podría suponer que la gente conservara el control de la propiedad intelectual resultante de la investigación realizada con fondos públicos y que esa PI se gestionara para el interés público, evitando así que quedara cautiva y fuera privatizada por los que cuentan con más recursos. El organismo que gestiona la PI podría cederla para que se pudiera utilizar en distintos términos, en función de quién deseara emplearla.

Por ejemplo, una organización caritativa o sin ánimo de lucro podría tener garantizada una licencia a largo plazo o vitalicia, sin coste alguno. A una empresa emergente se le puede conceder el uso temporal, por un periodo breve, con una cuota que iría aumentando en función de su rentabilidad. Para una empresa mayor la cuota tendría que ser superior, para poder reinvertirla en investigación, o bien habría que imponer el compromiso de garantizar al público una parte del capital social de cualquier producto resultante del conocimiento que ha utilizado. El propósito general sería incrementar al máximo posible el empleo de ese conocimiento por parte de toda la sociedad.

Quizá esta propuesta parezca radical, pero McCann recuerda que en el sector privado se establecen acuerdos similares cuando el trabajo que a uno le pagan por hacer se convierte en propiedad de quien le contrata por hacerlo. Podría ser positivo para pequeñas compañías farmacéuticas que realizan gran parte del trabajo de investigación que tiene lugar bajo el sistema que existe ahora. En la actualidad el éxito se define, para esas empresas, en los siguientes términos: cualquier avance que hagan lo adquiere uno de los grandes. Una estrategia de conocimiento compartido podría garantizar un sector más equilibrado, diverso y dinámico.

El economista Joseph Stiglitz hizo frente común con Dean Baker y Arjun Jayadev para argumentar que «las leyes e instituciones económicas que se crearon en el siglo XX para gestionar el aumento de las economías cuya industrialización, en ese momento, ya estaba avanzada, van a ser cada vez menos adecuadas para gobernar la actividad económica. Y el área donde esto resulta más evidente quizá sea el de los derechos de propiedad intelectual».[41] Como Mazzucato, ven el régimen de propiedad intelectual no sólo como algo sencillamente injusto, sino antiético para la innovación, y aducen que en una economía del conocimiento tenemos que compartir este tanto como sea posible, y que desafiar al sistema de patentes es un bien de utilidad pública. Ofrecen un ejemplo de la Corte Suprema estadounidense contra una patente sobre un gen relacionado con el cáncer de mama, que desató una oleada de investigaciones previamente aparcadas, facilitando así la producción de pruebas mejores y más baratas para detectarlo.

Este argumento va mucho más allá de las farmacéuticas. Sólo hace falta tener en cuenta el conocimiento requerido para mitigar el cambio climático, donde hay un imperativo claro y apremiante de aprender y compartir, especialmente con los países que están sufriendo los peores efectos de dicho cambio a pesar de ser los menos responsables de provocarlo. Dejar a millones de personas sin medicación sólo porque el titular de la patente no tiene ningún interés en venderla al país donde casualmente viven esas personas es un síntoma claro de un sistema profundamente disfuncional. Y también muy preocupante es el hecho de que nuestro sistema inhiba la innovación e impida compartir el conocimiento y el desarrollo con los países del Sur Global, perpetuando así su empobrecimiento.

El mensaje clave es simple: hay que dar todos los pasos necesarios para limitar la privatización y la monopolización del conocimiento. En el plano más básico, dejar de regalarlo. Dado que gran parte de la investigación médica se lleva a cabo con fondos públicos, ya sólo esto podría representar una gran diferencia. Se puede conseguir mucho de modo unilateral, pero también tenemos que desafiar a las normas globales que inhiben acciones de este tipo. Mientras muchos países, como India, llevan años intentando fomentar el debate en relación con la propiedad intelectual en las conferencias de las Naciones Unidas sobre el cambio climático, los países ricos siempre se han negado a participar en él.

No hay duda de que tenemos el potencial necesario para crear un sistema farmacéutico adecuado para el siglo XXI. Los elementos de dicho sistema tendrían que incluir un método de investigación que aprovechara la financiación, la legislación y la propiedad pública para dar prioridad al interés público; un sistema de patentes basado en la difusión del conocimiento y en una colaboración lo más amplia posible; un sistema de fabricación diseminado, a escala internacional, que no esté cautivo del poder de los monopolios. Además, estas ideas también pueden aplicarse a la economía en general: tenemos que desfinancierizar nuestras economías y acabar con los monopolios privados en todos los ámbitos.

Y como vimos en la pandemia de la COVID-19, algunos políticos, incluso en los países más desarrollados, han empezado a ver la luz. A fin de cuentas, todos preguntan lo mismo, con gran sensatez: ¿Por qué tenemos que contribuir con el dinero público de los impuestos al desarrollo de la mayoría de los fármacos que utilizamos, mientras nuestros ciudadanos no pueden permitirse esos fármacos? ¿Por qué seguimos dependiendo de una industria farmacéutica que ha recortado brutalmente la inversión en la producción de medicamentos, quedando incapacitada para proporcionar a la gente lo necesario en una pandemia que podría ser mucho más frecuente en el futuro?

El cambio estructural que necesitamos no está en absoluto garantizado, por supuesto. Mientras tratamos de alcanzar la Luna las grandes farmacéuticas siguen conservando el poder. Pero hay señales para la esperanza. Hay un entendimiento creciente, tanto en la izquierda como en la derecha, de que el mercado nos ha fallado y no podemos dejar todas las decisiones en sus manos, aunque exista una encarnizada batalla sobre qué es lo que debería sustituir al modelo neoliberal. Y también hay fuentes más específicas de esperanza. En primer lugar, el creciente antagonismo del gobierno estadounidense contra las grandes farmacéuticas, así como hacia los monopolios corporativos y el libre comercio en general. Fatima Hassan me dijo que, según su experiencia, esto no tenía precedentes: «Si Biden realmente se enfrenta a ellas, y podría hacerlo, esto va a cambiar el panorama. El gobierno estadounidense ha sido lacayo de esta industria hasta ahora». Claro que esta batalla no se ganará sin lucha, pero ya no está como antes, completamente fuera de nuestro alcance.

En segundo lugar, no hay ningún impulso entre las instituciones internacionales responsables de entregar el poder a las grandes farmacéuticas. La OMC sólo puede hacer tratos de poca monta, y ya no tiene ningún mecanismo para hacer cumplir sus normas. Biden muestra pocos deseos de restituir a este organismo el poder que tenía. Entre tanto, muchos acuerdos comerciales de gran alcance y calado que supusieron una amenaza hace una década se han desmontado, y no se ha hecho gran cosa por sustituirlos. Después de la pandemia, la noción de que tenemos que buscar formas de economía más locales y resilientes ha adquirido mucha más fuerza. En palabras de Matt Kavanagh, director de la iniciativa Global Health Policy and Politics de la Universidad de Georgetown: «Creo que existe una amenaza real para la legitimidad de la Organización Mundial del Comercio y el acuerdo del ADPIC en general... Hay una enorme posibilidad de que en un futuro cercano, después de la COVID-19, quede mermado el compromiso de adherirse a la OMC».[42] Este desafío encontrará eco en la búsqueda de un modelo para reemplazarla; en un momento en que se necesita desesperadamente la cooperación internacional, no debemos limitarnos a un código normativo ni a una serie de instituciones, sino construir alianzas que sienten las bases para una cooperación real. Sin esto, la hiperglobalización podría verse sustituida, sin esfuerzo alguno, por el autoritarismo, empeorando así el conflicto.

En tercer lugar, los gobiernos del Sur Global han recibido una llamada de atención: ni Occidente ni los grandes negocios los van a salvar en caso de crisis. Hay una energía renovada en la cooperación entre los integrantes del Sur cuyo mejor ejemplo es el desarrollo del *hub* ARNm. Pero el desafío tendrá que ir mucho más allá. Los gobiernos de los países con menores ingresos tendrán que ser valientes, estar unidos y mirar al futuro si desean acabar con el sistema imperante; dada la composición actual de los gobiernos de algunos de los mayores países pobres, esto representa como poco un enorme desafío.

La pieza final de la historia de la pandemia que puede ofrecernos algo de esperanza surge de la oposición, cada vez mayor, hacia la desigualdad. Durante la mayor parte de mi vida adulta criticar a un filántropo multimillonario como Bill Gates hubiera acarreado una acusación inmediata de ingratitud. Sin duda, hay que alabar a la gente que es capaz de desprenderse de grandes cantidades de su riqueza. Hoy en día, tras vivir con las consecuencias de este sistema, la gente piensa de otro modo. Y ese es, en gran medida, el resultado de una enorme tarea para paliar la desigualdad, que están llevando a cabo oenegés como Oxfam y activistas del movimiento por la justicia fiscal u otros, como los movimientos de bases tipo Occupy y las campañas que desarrollan. Cada vez estamos más convencidos de que no corresponde a los más ricos del mundo dictar las políticas sanitarias globales: de hecho, los receptores de su generosidad suelen ser los más críticos, aunque también los más temerosos. Cuanto más se prodiguen los superricos del mundo, más redes sociales compren, más se lancen al espacio desde un planeta donde sus propios trabajadores tienen que coger dos o tres trabajos para llegar a fin de mes, peor será este estado de ánimo.

Este avance es positivo, en primer lugar porque dicha desigualdad es inseparable de la pobreza. La riqueza de una persona es la explotación de otra. Pero también es positivo porque la idea de que el filántropo sabe más debería haber quedado atrás hace mucho tiempo. Esto es incompatible con la idea de que llevar una buena vida se basa en una serie de derechos que todos podamos disfrutar, y no concuerda con la idea misma de democracia.

Por supuesto, todo esto configura el escenario donde se desarrollan enormes peleas y contradicciones. Els Torreele nos previene frente a un exceso de optimismo; me dice: «La estructura de la sanidad global fracasó estrepitosamente cuando hizo falta conservar la igualdad en materia de salud, durante la pandemia, pero no sé por qué nos las hemos arreglado para convertir esto en un éxito». Señala que las discusiones de alto nivel están actualmente centradas en la creación de un COVAX 2.0 que se basa en un modelo filantrópico público-privado como medio permanente de hacer frente a las pandemias. Los que impulsan esta solución, casi siempre hombres blancos que viven en el primer mundo, creen que el único problema que hubo con la forma en que el mundo se enfrentó a la pandemia es que no fueron lo suficientemente rápidos. Pero, como me dice Torreele, la velocidad no fue el problema: nunca hemos sido más rápidos que entonces para desarrollar una vacuna. El problema fue la equidad, y eso no se hubiera resuelto aumentando la velocidad. De hecho, quizá lo único que se hubiera logrado habría sido acelerar el problema.

El futuro no está escrito. Sólo con una movilización pública seria se puede esperar desmantelar el *statu quo*, alimentando una serie de avances positivos que tengan mayor alcance. Así que no hay motivo para ser complaciente, aunque sí para tener esperanza. Fatima Hassan dice que, durante la crisis del VIH/sida fue la enorme movilización la que al final consiguió que las medicinas se enviaran a quienes más las necesitaban, aunque eso no cambió en nada el modelo imperante. Esta vez «se entiende mucho mejor que algo va mal en los cimientos cuando los CEO de las farmacéuticas son los que deciden cómo se distribuyen las medicinas, cuáles son las fechas de entrega y qué zonas se van a beneficiar, o quién va a vivir y quién no. El debate, esta vez, es muy distinto».

Tahir Amin está de acuerdo:

> Mucha gente tiene la impresión, hoy en día, de que ha perdido la partida. Es como la crisis financiera, cuando la gente pensó que los mayores fallos del sistema habían quedado a la vista de todos, y sin embargo el capitalismo salió fortalecido, volvió más fuerte que nunca. Pero yo creo que el cambio lleva tiempo. Y sucederá. Estamos en un momento increíble, y aunque el capitalismo parece asentado y fuerte, cambiará. Claro que hay de qué preocuparse, como el interés de la industria tecnológica en la asistencia sanitaria. Pero la pregunta realmente importante es esta: «¿Tienen los gobiernos el valor de llevar todo esto hasta donde hay que llevarlo? ¿Cómo podemos presionarles para asegurarnos de que lo hacen?»[43]

Notas

Introducción: Manzanas podridas

1. David Crow, «Pfizer Chief Albert Bourla: "We Are the Most Efficient Vaccine Machine"», *Financial Times*, 13 de agosto de 2021.
2. Justin McCarthy, «Big Pharma Sinks to the Bottom of US Industry Rankings», Gallup, 3 de septiembre de 2019; Charlotte Hu, «These Are the Most – and Least – Reputable Drug Companies in the US», *Business Insider*, 19 de junio de 2018.
3. Hannah Kuchler, Donato Paolo Mancini y David Pilling, «The Inside Story of the Pfizer Vaccine: "A Once-in-an-Epoch Windfall"», *Financial Times*, 30 de noviembre de 2021.
4. Crow, «Pfizer Chief Albert Bourla: "We Are the Most Efficient Vaccine Machine"».
5. Anjalee Khemlani, «Pfizer: "No Issues" in Testing for COVID-19 Kid Vaccine as Delta Variant Rises», *Yahoo News*, 28 de julio de 2021.
6. Crow, «Pfizer Chief Albert Bourla: "We Are the Most Efficient Vaccine Machine"».
7. Kuchler *et al.*, «Inside Story of the Pfizer Vaccine».
8. Rohit Malpani y Alex Maitland, «Dose of Reality: How Rich Countries and Pharmaceutical Corporations Are Breaking Their Vaccine Promises», People's Vaccine, 21 de octubre de 2021, en peoplesvaccine.org.
9. «Pfizer, BioNTech and Moderna making $1,000 Profit Every Second While World's Poorest Countries Remain Largely Unvaccinated», People's Vaccine, 16 de noviembre de 2021, en peoplesvaccine.org.

10. People's Vaccine, «COVID Vaccines Create 9 New Billionaires with Combined Wealth Greater than Cost of Vaccinating World's Poorest Countries», 20 de mayo de 2021, en peoplesvaccine.org.
11. Ceri Thomas, «Pfizer's War», Tortoise Media, 27 de septiembre de 2021, en tortoisemedia.com.
12. Kuchler *et al.*, «Inside Story of the Pfizer Vaccine».
13. Madlen Davies, Rosa Furneaux, Iván Ruiz y Jill Langlois, «"Held to Ransom": Pfizer Demands Governments Gamble with State Assets to Secure Vaccine Deal», Bureau of Investigative Journalism, 23 de febrero de 2021, en thebureauinvestigates.com.
14. Thomas, «Pfizer's war».
15. Kuchler *et al.*, «Inside Story of the Pfizer Vaccine».
16. Thomas, «Pfizer's War».
17. Kuchler *et al.*, «Inside Story of the Pfizer Vaccine».
18. «Moderna Vaccine Belongs to the People», Public Citizen, 16 de noviembre de 2020; «People's Vaccine, COVID Vaccines Create 9 New Billionaires».
19. Nurith Aizenman, «Moderna Won't Share Its Vaccine Recipe», NPR, 19 de octubre de 2021.
20. Rebecca Robbins y Benjamin Mueller, «Covid Vaccines Produced in Africa Are Being Exported to Europe», *New York Times*, 16 de agosto de 2021.
21. Manas Mishra y Michael Erman, «Gilead Asks FDA to Take Back Lucrative Orphan Drug Status on Possible Coronavirus Treatment», Reuters, 25 de marzo de 2020.
22. Véase, por ejemplo, Billy Kenber, *Sick Money: The Truth About the Global Pharmaceutical Industry* (Edimburgo, Canongate, 2021).
23. «Public Accounts Committee (Reports) Volume 650», Hansard, 30 de noviembre de 1961.
24. Bethany McLean, «Everything You Know About Martin Shkreli Is Wrong – or Is It?», *Vanity Fair*, 18 de diciembre de 2015.
25. Dan Diamond «Martin Shkreli Admits He Messed Up: He Should've Raised Prices Even Higher», *Forbes*, 3 de diciembre de 2015.
26. Matthew Herper, «Solving Pharma's Shkreli Problem», *Forbes*, 20 de enero de 2016.

27. Eliana Dockterman, «Former Drug CEO Martin Shkreli Is Getting New Lawyers», *Time*, 19 de enero de 2016; Kate Gibson, «Martin Shkreli: I Should've "Raised Prices Higher"», CBS, 4 de diciembre de 2015.
28. McLean, «Everything You Know About Martin Shkreli Is Wrong».
29. Alexander Zaitchik, «Long, Strange TRIPS: The Grubby History of How Vaccines Became Intellectual Property», *New Republic*, 1 de junio de 2021.
30. «South Africa vs. the Drug Giants: A Challenge to Affordable Medicines», Oxfam, febrero de 2001, en oxfamilibrary.openrepository.com.
31. Ed Vulliamy, «How Drug Giants Let Millions Die of Aids», *Guardian*, 19 de diciembre de 1999.
32. *Ibid.*

1. Historia de un escándalo

1. Joanna Walters, «I Don't Know How They Live with Themselves – Artist Nan Goldin Takes On the Billionaire Family Behind OxyContin», *Guardian*, 22 de enero de 2018.
2. Nan Goldin, *Artforum*, enero de 2018.
3. *Ibid.*
4. Walters, «I Don't Know How They Live with Themselves».
5. Alex Morrell, «The OxyContin Clan: The $14 Billion Newcomer to Forbes 2015 List of Richest US Families», *Forbes*, 1 de julio de 2015.
6. *Ibid.*
7. Patrick Radden Keefe, «The Family that Built an Empire of Pain», *New Yorker*, 23 de octubre de 2017.
8. *Ibid.*
9. Peter Fuhrman, «Roche Kicks Its Valium Dependence», *Forbes*, 21 de marzo de 1994.
10. Editorial, «Senate Panel Is Told of Dangers of Valium Abuse», *New York Times*, 11 de septiembre de 1979.

11. Keefe, «Family that Built an Empire of Pain».
12. Chris McGreal, «Rudy Giuliani Won Deal for OxyContin Maker to Continue Sales of Drug behind Opioid Deaths», *Guardian*, 22 de mayo de 2018.
13. Centers for Disease Control and Prevention, «Prescription Opioid Overdose Death Maps», en cdc.gov.
14. Katherine Ellen Foley, «John Oliver Blames "Reckless, Greedy" American Drug Companies for the Country's Deadly Opioid Crisis», *Quartz*, 24 de octubre de 2016, en qz.com.
15. Art Van Zee, «The Promotion and Marketing of OxyContin: Commercial Triumph, Public Health Tragedy», *American Journal of Public Health*, febrero de 2009.
16. «28 ODs in 4 Hours: How the Heroin Epidemic Choked a W.Va. City», CBS News, 4 de septiembre de 2016.
17. McGreal, «Rudy Giuliani Won Deal for OxyContin Maker».
18. Stanford–Lancet Commission, «Responding to the Opioid Crisis in North America and Beyond», *Lancet* 399: 10,324 (5 de febrero de 2005).
19. Morrell, «The OxyContin Clan».
20. Katherine Ellen Foley, «Big Pharma Is Taking Advantage of Patent Law to Keep OxyContin from Ever Dying», *Quartz*, 18 de noviembre de 2017, en qz.com.
21. Zach Coleman, «China Rises as Key Market for Leading Opioid Producer», *Nikkei Asia*, 15 de enero de 2019.
22. Erika Kinetz, «Fake Doctors, Misleading Claims Drive OxyContin China Sales», AP, 20 de noviembre de 2019.
23. Harriet Ryan, Lisa Girion y Scott Glover, «OxyContin Goes Global – "We're Only Just Getting Started"», *Los Angeles Times*, 18 de diciembre de 2016.
24. Stanford–Lancet Commission, «Responding to the Opioid Crisis».
25. *Ibid.*
26. Jessica Glenza, «Opioid Overdose Deaths to "Grow Exponentially" without Action – Study», *Guardian*, 2 de febrero de 2022; Ryan *et al.*, «OxyContin Goes Global».
27. Ryan *et al.*, «OxyContin Goes Global».

28. Berkeley Lovelace, Jr., «Purdue Pharma Chair: Best Way to Fight Opioid Crisis is for OxyContin Maker to Stay in Business», CNBC, 16 de septiembre de 2019.
29. Kristina Sgueglia y Allen Kim, «Tufts University to Remove Sackler Name from Buildings and Programs», CNN, 6 de diciembre de 2019.
30. Geoff Mulvihill, «Judge Rejects Purdue Pharma's Sweeping Opioid Settlement», AP, 17 de diciembre de 2021.
31. Stanford–Lancet Commission, «Responding to the Opioid Crisis».
32. Billy Kenber, *Sick Money* (Edimburgo, Canongate, 2021).
33. Se puede encontrar más información al respecto en el capítulo 2, a continuación.
34. Entrevista del autor con Diarmaid MacDonald, 27 de enero de 2022.
35. Stanford–Lancet Commission, «Responding to the Opioid Crisis».
36. Glenza, «Opioid Overdose Deaths to "Grow Exponentially"».
37. Lev Facher, «More than Two-Thirds of Congress Cashed a Pharma Campaign Check in 2020, New STAT Analysis Shows», *StatNews*, 9 de junio de 2021, en statnews.com.
38. «Big Pharma's Lobbying Firepower in Brussels: At Least €36 Million a Year (and Likely Far More)», *Corporate Europe Observatory*, 31 de mayo de 2021.
39. Stanford–Lancet Commission, «Responding to the Opioid Crisis».
40. Pew Prescription Project, «Persuading the Prescribers: Pharmaceutical Industry Marketing and Its Influence on Physicians and Patients», 11 de noviembre de 2013, en pewtrusts.org.
41. Sarah Boseley, «Drug Companies Pay Doctors £40m for Travel and Expenses», *Guardian*, 5 de abril de 2013.
42. Ray Moynihan y David Henry, «Selling Sickness: The Pharmaceutical Industry and Disease Mongering, *British Medical Journal*, 13 de abril de 2002.
43. Dominique Tobbell, *Pills, Power, and Policy: The Struggle for Drug Reform in Cold War America and Its Consequences* (Oakland, CA., University of California Press, 2011), p. 84.
44. Jay Hancock, «Talk About Déjà Vu: Senators Set to Re-Enact Drug Price Hearing of 60 Years Ago», *Kaiser Health News*, 22 de febrero de 2019.

45. Tobbell, *Pills, Power, and Policy*, p. 92.
46. Keefe, «Family that Built an Empire of Pain».
47. T. Joseph Mattingly II, «Kennedy, Kefauver, and Castro: A Historical Lesson on the Politics of Drug Pricing Reform», *Health Affairs*, 1 de noviembre de 2021.
48. *Ibid.*
49. Entrevista del autor con Tahir Amin, 6 de febrero de 2022.
50. Colleen V. Chien, «The Inequalities of Innovation», Facultad de Derecho de la Universidad de Santa Clara, 72 *Emory Law. Journal 1 (2022)*, 16 de junio de 2022.
51. Ellen 't Hoen, «Private Patents and Public Health: Changing Intellectual Property Rules for Access to Medicines», Health Action International, 2016, en haiweb.org.
52. C. T. Taylor, Z. A. Silberston y Aubrey Silberston, *The Economic Impact of the Patent System: A Study of the British Experience* (Cambridge, Cambridge University Press, 1973).
53. Hansard, vol. 293 cc1127–31, «The Pharmaceutical Industry: The Sainsbury Report», 24 de junio de 1968.
54. Hansard, vol 341 cc786–91, «Tranquillisers: Monopolies Commission Report», 12 de abril de 1973.
55. Tobbell, *Pills, Power, and Policy*, p. 9.
56. Nancy Olivieri, «How John le Carré Changed My Life», *Toronto Star*, 22 de diciembre de 2020.
57. David Healy, «Repetition Compulsion to the Death or Beyond?», 29 de marzo de 2020, en davidhealy.org.
58. Jon Thompson, Patricia Baird y Jocelyn Downie, «Report of the Committee of Inquiry on the Case Involving Dr Nancy Olivieri, the Hospital for Sick Children, the University of Toronto and Apotex Inc.», Canadian Association of University Teachers, 2001.
59. Arthur Schafer, «Institutional Conflict of Interest: Attempting to Crack the Deferiprone Mystery», *Journal of Medical Ethics*, 8 de enero de 2020.
60. Arthur Schafer, «Biomedical Conflicts of Interest: A Defence of the Sequestration Thesis – Learning from the Cases of Nancy Olivieri and David Healy», *Journal of Medical Ethics*, 30: 1, 2004, 8–24.

61. Anne Kingston y Michael Friscolanti, «The Other Side of Barry Sherman», Macleans, 5 de abril de 2018, en macleans.ca.
62. Shafer, «Biomedical Conflicts of Interest».
63. Nancy Olivieri, «Nothing Is Right about the Approval of Aducanumab – and Nothing's New», *British Medical Journal*, 4 de noviembre de 2021.
64. *Ibid.*
65. C. Michael White, «Why Is the FDA Funded in Part by the Companies It Regulates?», Facultad de Farmacia de la Universidad de Connecticut, 21 de mayo de 2021.
66. Caroline Chen, «FDA Repays Industry by Rushing Risky Drugs to Market», *ProPublica*, 26 de junio de 2018.
67. Dianna Melrose, *Bitter Pills: Medicines and the Third World Poor* (Londres, Oxfam, 1982).
68. Melrose, «Bitter Pills», p. 27.
69. Melrose, «Bitter Pills», p. 1.
70. Melrose, «Bitter Pills», p. 67.
71. The Mark Thomas Comedy Product, Serie 6, Episodio 2: «Drug Dumping», 3 de abril de 2002 (Vera Productions).
72. Joe Stephens, «Where Profits and Lives Hang in Balance», *Washington Post*, 17 de diciembre de 2000.
73. Dying for Drugs, dir. Brian Woods (2005).
74. Stephens, «Where Profits and Lives Hang in Balance».
75. Jeanne Lenzer, «Secret Report Surfaces Showing that Pfizer Was at Fault in Nigerian Drug Tests», *British Medical Journal*, 27 de mayo de 2006.
76. David Smith, «Pfizer Pays Out to Nigerian Families of Meningitis Drug Trial Victims», *Guardian*, 12 de agosto de 2011.
77. Lenzer, «Secret Report Surfaces Showing that Pfizer Was at Fault».
78. Ibrahim Garba y Danielle Paquette, «In This Nigerian City, Pfizer Fears Loom Over the Vaccine Rollout», *Washington Post*, 20 de marzo de 2021.
79. Stephens, «Where Profits and Lives Hang in Balance».
80. Tobbell, *Pills, Power, and Policy*, p. 187.

81. Thomas Hanna, Miriam Brett y Dana Brown, «Democratising Knowledge: Transforming Intellectual Property and R&D», CommonWealth, 19 de septiembre de 2020, en common-wealth.co.uk.
82. Stanford-Lancet Commission, «Responding to the Opioid Crisis».
83. Stanford-Lancet Commission, «Responding to the Opioid Crisis».
84. Entrevista del autor con Diarmaid MacDonald.

2. Un fondo de cobertura *a una farmacéutica pegado*

1. David Teather, «Ambition Topples the "Genius" Who Transformed Porsche's Fortunes», *Guardian*, 23 de junio de 2009.
2. Blake Hounshell, «Porsche Makes More Money from Options Trading than from Cars», *Foreign Policy*, 14 de noviembre de 2007.
3. Emily Hughes, «Fast Bucks: How Porsche Made Billions», *BBC News*, 22 de enero de 2009.
4. Rohin Dhar, «Porsche: The Hedge Fund That Also Made Cars», *Priceonomics*, 24 de octubre de 2014.
5. *Ibid.*
6. Siobhán Dowling, «Wiedeking Is to Blame for the Porsche Disaster», *Spiegel International*, 24 de julio de 2009.
7. Mis opiniones sobre la financierización están muy influidas por Emma Dowling y David Harvie, p. ej. «Harnessing the Social: State, Crisis and (Big) Society», *Sociology*, 48: 5, 2014, 869-86.
8. Frances Thomson y Sahil Dutta, «Financialisation: A Primer», *Transnational Institute*, 13 de octubre de 2018, en tni.org.
9. Vitor Gaspar, Paulo Medas y Roberto Perrelli, «Global Debt Reaches a Record $226 Trillion», IMF Blog, 15 de diciembre de 2021, en imf.org.
10. Véase, por ejemplo, Maurizio Lazzarato, *The Making of the Indebted Man* (Cambridge, MA: MIT Press, 2012).
11. Andrew Baker, Colin Haslam, Adam Leaver, Richard Murphy, Leonard Seabrooke, Saila Stausholm y Duncan Wigan, «Against Hollow Firms: Repurposing The Corporation For A More Resilient

Economy», Centre for Research on Accounting and Finance in Context, University of Sheffield, 2020.

12. Colin Haslam, Adam Leaver, Richard Murphy y Nick Tsitsianis, «Assessing the Impact of Shareholder Primacy and Value Extraction», Productivity Insights Network Blog, 2021, en productivity-insightsnetwork.co.uk.
13. Según mis propios cálculos.
14. Rodrigo Fernandez y Tobias J. Klinge, «Private Gains We Can All Afford: The Financialisation of Big Pharma», SOMO, abril de 2020, en somo.nl.
15. Ken Garber, «The Cancer Drug that Almost Wasn't», *Science*, 22 de agosto de 2014.
16. Derek Lowe, «The Palbociclib Saga: Or Why We Need a Lot of Drug Companies», *Science*, 22 de agosto de 2014.
17. Fernandez *et al.*, «Private Gains We Can All Afford».
18. I-MAK, «Overpatented, Overpriced: How Excessive Pharmaceutical Patenting Is Extending Monopolies and Driving Up Drug Prices», agosto de 2018, en i-mak.org.
19. Luke Goldstein, «Rollups: The Emerging Magic Mushroom Monopoly», *American Prospect*, 10 de enero de 2022.
20. *Ibid.*
21. Baker *et al.*, «Against Hollow Firms».
22. *Ibid.*
23. Adam Leaver y Richard Murphy, «Financial Engineering and the Productivity Crisis», Productivity Insights Network, 2020, en productivityinsightsnetwork.co.uk.
24. Tom Dickinson, «Katie Porter Delivers Another Knockout Punch», *Rolling Stone*, 19 de mayo de 2021.
25. Eric Sagonowsky, «AbbVie, Already Famous for Its Humira Strategy, Forms Another "Patent Wall" Around Imbruvica», Fierce Pharma, 21 de julio de 2020, en fiercepharma.com.
26. I-MAK, «Overpatented, Overpriced».
27. Leo Ewbank, Kane Sullivan, Helen McKenna y David Omojomolo «The Rising Cost of Medicines to the NHS: What's the Story?», King's Fund, 26 de abril de 2018, en kingsfund.org.uk.

28. Morten Thaysen, «Rising Drug Prices Are Now More than Twice the Entire NHS Deficit», Global Justice Now, 18 de mayo de 2017, en globaljustice.org.uk.
29. Digital NHS, «Prescribing Costs in Hospitals and the Community 2019–2020», 12 de noviembre de 2020, en digital.nhs.uk.
30. Karen Davis, Kristof Stremikis, David Squires y Cathy Schoen, «Mirror, Mirror on the Wall: How the Performance of the US Health Care System Compares Internationally», Commonwealth Fund, junio de 2014, en commonwealthfund.org.
31. Nota de prensa, «Prescription Drug Prices in the United States Are 2.56 Times Those in Other Countries», Rand Corporation, 28 de enero de 2021.
32. Staff Report, «Drug Pricing Investigation: Industry Spending on Buybacks, Dividends, and Executive Compensation», Committee on Oversight and Reform, US House of Representatives, julio de 2021.
33. David Moore, «Pharma Companies Spend Billions More on Stock Buybacks than Developing Drugs», American Prospect, 15 de julio de 2021.
34. Fernandez, «Private Gains We Can All Afford».
35. Robert King, «House Dems» Report Slams Drugmaker Stock Buybacks as Pelosi Presses to Give Medicare Negotiating Powers», Fierce Pharma, 9 de julio de 2021, en fiercepharma.com.
36. Committee on Oversight and Reform, «Drug Pricing Investigation».
37. *Ibid.*
38. Ned Pagliarulo, «How Biotech and Pharma Companies Pay Their CEOs, and Their Workers», BioPharmaDive, 8 de septiembre de 2020, en biopharmad-ive.com.
39. William Lazonick, Öner Tulum, Matt Hopkins, Mustafa Erdem Sakinç y Ken Jacobson, «Financialization of the US Pharmaceutical Industry», Academic-Industry Research Network, 2 de diciembre de 2019.
40. Shayla Love, «Psychedelic Patents are Broken Because the Patent System Is Broken», *Vice*, 9 de mayo de 2022.
41. Luke Hawksbee, Martin McKee y Lawrence King, «Don't Worry About the Drug Industry's Profits when Considering a Waiver on

Covid-19 Intellectual Property Rights», *British Medical Journal*, 31 de enero de 2022.

42. Mariana Mazzucato, «The People's Prescription: Re-imagining Health Innovation to Deliver Public Value», UCL Institute for Innovation and Public Purpose, octubre de 2018.
43. Billy Kenber, «From Cancer to Rare Diseases, Big Pharma Puts Profit Before Patients when Deciding on New Drugs», *I News*, 12 de octubre de 2021, en inews.co.uk.
44. Mazzucato, «People 's Prescription».
45. *Ibid.*
46. William Lazonick, «Big Pharma Spends on Share Buybacks, but R&D? Not So Much», *New York Times*, 14 de julio de 2017.
47. Lazonick *et al.*, «Financialization of the US Pharmaceutical Industry».
48. Emily H. Jung, Alfred Engelberg y Aaron S. Kesselheim, «Do Large Pharma Companies Provide Drug Development Innovation? Our Analysis Says No», *StatNews*, 10 de diciembre de 2019, en statnews.com.
49. «Research and Development in the Pharmaceutical Industry», Congressional Budget Office, abril de 2021, en cbo.gov.
50. AbbVie, «2018 Annual Report on Form 10-K and 2019 Notice of Annual Meeting and Proxy Statement», investors.abbvie.com/static-files/47b78f29-de86-46fd-ae82-83878c1a72f1.
51. Billy Kenber, *Sick Money: The Truth about the Global Pharmaceutical Industry* (Edimburgo, Canongate, 2021), pp. 283–284.
52. Niko Lusiani, «Hazardous to Your Health: How the Trump Tax Cuts to Big Pharma Widen Inequality and Undermine the Health of Women and Girls», Oxfam America, 9 de abril de 2019, en oxfam.org.
53. Marc Iskowitz, «Cash-Rich Biopharmas About to Go on a Shopping Spree», Haymarket Marketing Communications, 16 de diciembre de 2021, en mmm-online.com.
54. Silke Koltrowitz, «Cash-Flush Novartis Launches New Share Buyback of Up to $15 Bln», Reuters, 16 de diciembre de 2021; Fraiser Kansteiner, «Bristol-Myers Squibb, After Massive Celgene Takeover, Plots $15B Buyback Plan», Fierce Pharma, 13 de diciembre de 2021, en fiercepharma.com.

55. Hawksbee *et al.*, «Don't Worry about the Drug Industry's Profits».
56. *Ibid.*
57. Fred D. Ledley, Sarah Shonka McCoy y Gregory Vaughan, «Profitability of Large Pharmaceutical Companies Compared With Other Large Public Companies», JAMA Network, 3 de marzo de 2020, en jamanetwork.com.
58. Robert Frank, «The Wealthiest 10% of Americans Own a Record 89% of all US stocks», CNBC, 18 October 2019; Juliana Kaplan y Andy Kiersz, «The Wealthiest Americans Now Own Almost All of the Stock Market – 89% to Be Exact», Business Insider, 19 de octubre de 2021.
59. Julia Horowitz, «Inequality in America Was Huge Before the Pandemic. The Stock Market Is Making It Worse», *CNN*, 17 de junio de 2020.
60. Kenber, *Sick Money*, p. 180.
61. *Ibid.*, capítulo 6.
62. *Ibid.*, p. 183.
63. James Angel, Nick Dearden y Heidi Chow, «The Horrible History of Big Pharma: Why We Can't Leave Pharmaceutical Corporations in the Driving Seat of the Covid-19 Response», *Global Justice Now*, 18 de diciembre de 2020.
64. Nota de prensa, «CMA Fines Pfizer and Flynn £90 Million for Drug Price Hike to NHS», UK Competition and Markets Authority, 7 de diciembre de 2016, en gov.uk.
65. Competition and Markets Authority vs Flynn Pharma, Royal Courts of Justice Court of Appeal, Case No. C3/2018/1847 & 1874, 10 de marzo de 2020.
66. Nota de prensa, «CMA Accuses Pharma Firms of Illegal Pricing», UK Competition and Markets Authority, 5 de agosto de 2021.
67. Jillian Ambrose, «Pfizer and Flynn Accused of Overcharging NHS for Anti-Epilepsy Drugs, *Guardian*, 5 de agosto de 2021.
68. Matthew Herper, «Pfizer's CEO Faces the Drug Pricing Firestorm», *Forbes*, 13 de octubre de 2015.
69. Andrew Ward, «Ian Read: The Pragmatist Out to Transform the Drugs Industry», *Financial Times*, 2 de mayo de 2014.

70. Öner Tulum, «Innovation and Financialization in the US Biopharmaceutical Industry», University of Ljubljana Faculty of Economics, tesis doctoral, 2018.
71. Jennifer Rankin, «Pfizer Ends Attempt to Buy AstraZeneca», *Guardian*, 26 de mayo de 2014; Matthew Herper, «Pfizer's CEO Faces the Drug Pricing Firestorm», *Forbes*, 13 de octubre de 2015.
72. William Lazonick, Matt Hopkins, Ken Jacobson, Mustafa Erdem Sakinç y Öner Tulum, «US Pharma's Financialized Business Model», Institute for New Economic Thinking, Documento de trabajo Núm. 60, 13 de julio de 2017.
73. Ransdell Pierson y Bill Berkrot, «Pfizer to Buy Allergan in $160 Billion Deal», Reuters, 24 de noviembre de 2015.
74. Caroline Humer y Ankur Banerjee, «Pfizer, Allergan Scrap $160 Billion Deal after US Tax Rule Change», Reuters, 6 de abril de 2016.
75. Lazonick *et al.*, «Financialization of the US Pharmaceutical industry».
76. William Lazonick y Öner Tulum, «Global Tax Dodging Just One Part of Pfizer's Corrupt Business Model», Institute for New Economic Thinking, 3 de diciembre de 2015, en inteconomics.org.
77. Mis cálculos, basados en los datos del informe anual de Pfizer, 2016–20.
78. Jeffrey Sachs, «The Cure for Gilead», *Huffington Post*, 3 de agosto de 2015.
79. Lazonick *et al.*, «US Pharma's Financialized Business Model».
80. Sarah Boseley, «Hepatitis C Drug Delayed by NHS Due to High Cost», *Guardian*, 16 de enero de 2015.
81. Just Treatment, «Solidarity, Progress and System Change», 15 de marzo de 2019, en justtreatment.org.
82. Just Treatment, «Michelle's Story», 16 de febrero de 2018, en justtreatment.org.
83. «Briefing, Pharma 101: A Primer», Public Citizen, 6 de agosto de 2019, en citizen.org.
84. Steven Knievel, «How Much Is Enough for Gilead?», Public Citizen, 5 de agosto de 2015, en citizen.org.

85. Sachs, «Cure for Gilead»; Nota de prensa, «Gilead Loses Monopoly Control of Its Blockbuster Hepatitis C Medicine in China», Médicos Sin Fronteras, 16 de agosto de 2018, en msfaccess.org.
86. Nota de prensa, «Wyden Press Conference Remarks on Investigation into Gilead's Pricing of Hepatitis Drug Sovaldi», Comité financiero del Senado de EE. UU., 1 de diciembre de 2015.
87. Angel *et al.*, «Horrible History of Big Pharma».
88. Ed Silverman, «Gilead Pricing for Sovaldi Hepatitis C Drug Slammed by Senators», Stat News, 1 de diciembre de 2015, en statnews.com
89. William Rice y Frank Clemente, «Gilead Sciences: Price Gouger, Tax Dodge», Americans for Tax Fairness, julio de 2017.
90. Sachs, «Cure for Gilead».
91. Fact sheet, «Gilead's Chronic Hepatitis C Treatment Restrictions», Médicos Sin Fronteras, marzo de 2015, en msfaccess.org.
92. Just Treatment, «Michelle's Story».
93. Mis cálculos, basados en los datos del informe anual de Gilead, 2016–20.
94. Kyle Blankenship «The Top 20 Drugs by Global Sales in 2019», Fierce Pharma, 27 de julio de 2020, en fiercepharma.com.
95. Dzintars Gotham, Chris Redd, Morten Thaysen, Tabitha Ha, Heidi Chow y Katy Athersuch «Pills and Profits: How Drug Companies Make a Killing Out of Public Research», Global Justice Now/Stop Aids, octubre de 2017, en stopaids.org.uk.
96. Committee on Oversight and Reform, «Drug Pricing Investigation Industry Spending on Buybacks, Dividends, and Executive Compensation», Staff Report, Congreso de EE. UU., julio de 2021, en oversightdemocrats.house.gov.
97. *Ibid.*
98. Sally Turner, «Humira: The Highs and Lows of the World's Best-Selling Drug», *Pharmaceutical Technology*, 4 de septiembre de 2020; Blake Brittain, «AbbVie Wins Appeal in Antitrust Case over Humira "Patent Thicket"», Reuters, 2 de agosto de 2022.
99. Committee on Oversight and Reform, «Drug Pricing Investigation».
100. Gotham *et al.*, «Pills and Profits».

101. Committee on Oversight and Reform, «Drug Pricing Investigation».
102. Mis cálculos, basados en los datos del informe anual de AbbVie, 2016–20.
103. Dan Mangan, «Judge Rejects Bid by "Pharma Bro" Martin Shkreli to Delay Paying More than $24.6 Million in FTC Lawsuit Related to Medication», CNBC, 17 de marzo de 2022; James Langton, «SEC Hits Martin Shkreli with Director and Officer Ban», *Investment Executive*, 28 de febrero de 2022.
104. Jan Hoffman, «Sacklers and Purdue Pharma Reach New Deal with States Over Opioids», *New York Times*, 3 de marzo de 2022; News Agencies, «Opioid Crisis Victims Confront Purdue Pharma's Sackler Family», *Al Jazeera*, 10 de marzo de 2022.

3. Fue la avaricia, amigos

1. Press Association, «"Greed" and "Capitalism" Helped UK's Vaccines Success, Says PM», *BBC News*, 24 de marzo de 2021.
2. Laura Kuenssberg, «PM's Vaccines Comments Set Tongues Wagging», *BBC News*, 24 de marzo de 2021.
3. Boris Johnson, «Boris Johnson's Keynote Speech – We're Getting On with the Job», The Conservative Party, 6 de octubre de 2021, en conservatives.com.
4. Por ejemplo, Mike Davis, *The Monster at Our Door: The Global Threat of Avian Flu* (Nueva York, New Press, 2005), pp. 18–24.
5. Karl Polanyi, *The Great Transformation* (Nueva York, Farrar & Rinehart, 1944).
6. Nota de prensa, «Ten Richest Men Double Their Fortunes in Pandemic While Incomes of 99 Percent of Humanity Fall», Oxfam International, 17 de enero de 2022, en oxfam.org.
7. Mike Davis, *Late Victorian Holocausts: El Niño Famines and the Making of the Third World* (Londres, Verso, 2000).
8. Davis, *Monster at Our Door*.
9. Eric Levitz, «Why Humanity Will Probably Botch the Next Pandemic, Too», *New York Magazine*, 30 de abril de 2020.

10. Uri Friedman, «We Were Warned», *Atlantic*, 18 de marzo de 2020.
11. Robin Marantz Henig, «Experts Warned of a Pandemic Decades Ago. Why Weren't We Ready?», *National Geographic*, 8 de abril de 2020.
12. Charlotte Kilpatrick, «COVID-19 Has Shown How Big Pharma Is Broken», *Salon*, 20 de febrero de 2021.
13. *Ibid.*
14. Entrevista del autor con Zain Rizvi de Public Citizen, 11 de marzo de 2022.
15. James Hazel, «R&D for COVID-19 Has Increased, Yet Other Pandemic Risks Go Unaddressed», Access to Medicine Foundation, 2021, en accesstomedicinefoundation.org.
16. Ellen 't Hoen, «Coronavirus: The Latest Problem Big Pharma Won't Solve», Barron's, 7 de febrero de 2020, enbarrons.com.
17. David Cox, «A Covid Breakthrough Could Fix the Broken Economics of Vaccines», *Wired*, 27 de abril de 2021.
18. Jessica Davis Pluess, «With No Prospects for Profits, Big Pharma Neglects New Infectious Diseases», SwissInfo, 6 de marzo de 2020, en swissinfo.ch.
19. Helen Branswell, «Who will answer the call in the next outbreak? Drug makers feel burned by string of vaccine pleas», *StatNews*, 11 de enero de 2018.
20. Mike Ludwig, «Big Pharma's Blindspot: Before COVID-19, Vaccine and Antiviral Research Went Neglected», Salon, 25 de abril de 2020, en salon.com.
21. Tahir Amin y Rohit Malpani, «Covid-19 Has Exposed the Limits of the Pharmaceutical Market Model», StatNews, 19 de mayo de 2020, en statnews.com.
22. Clive Cookson y Tim Bradshaw, «Davos Launch for Coalition to Prevent Epidemics of Emerging Viruses», *Financial Times*, 18 de enero de 2017.
23. Francis Collins, «NIH at 80: Sharing a Timeless Message from President Roosevelt», National Institutes of Health, 29 de octubre de 2020, en directors-blog.nig.gov.
24. Ekaterina Galkina Cleary, Jennifer M. Beierlein, Navleen Surjit Khanuja, Laura M. McNamee y Fred D. Ledley «Contribution of

NIH Funding to New Drug Approvals 2010–2016», PNAS, 12 de febrero de 2018, en pnas.org.

25. Jim Dryden, «Cutting NIH Budget Could Cripple Drug Development», Washington University School of Medicine in St Louis, 16 de noviembre de 2017, en medicine.wustl.edu.
26. Robin Seaton Jefferson, «How the Largest Public Funder of Biomedical Research in the World Spends Your Money», *Forbes*, 21 de diciembre de 2018.
27. Dryden, «Cutting NIH Budget Could Cripple Drug Development».
28. *Ibid.*
29. James Angel, Nick Dearden y Heidi Chow, «The Horrible History of Big Pharma: Why We Can't Leave Pharmaceutical Corporations in the Driving Seat of the Covid-19 Response», *Global Justice Now*, 18 diciembre de 2020.
30. Daniel Boffey, «Exclusive: Big Pharma Rejected EU Plan to Fast-Track Vaccines in 2017», *Guardian*, 25 de mayo de 2020; Renewable Carbon News, «In the Name of Innovation: Industry Controls Billions in EU Research Funding, De-Prioritises the Public Interest», 3 de junio de 2020, en renewable-carbon.eu.
31. Entrevista del autor.
32. Stephanie Baker y Cynthia Koons, «Inside Operation Warp Speed's $18 Billion Sprint for a Vaccine», Bloomberg, 29 de octubre de 2020.
33. *Ibid.*
34. *Ibid.*
35. Adam Leaver y Richard Murphy, «Financial Engineering and the Productivity Crisis», Productivity Insights Network, 2020, en productivity-insightsnetwork.co.uk.
36. Madeleine Hoecklin, «€93 Billion Spent by Public Sector on COVID Vaccines and Therapeutics in 11 Months, Research Finds», Health Policy Watch, 12 de enero de 2021, en healthpolicy-watch.news.
37. David Wallace-Wells, «We Had the Vaccine the Whole Time», *New York Magazine*, 7 de octubre de 2020.
38. Andrew Stroehlein, «Interview: The World Desperately Needs More Covid-19 Vaccines», Human Rights Watch, 15 de diciembre de 2021, en hrw.org.

39. Damian Garde, «The Story of mRNA: How a Once-Dismissed Idea Became a Leading Technology in the Covid Vaccine Race», StatNews, 10 de noviembre de 2020, en statnews.com.
40. Damian Garde, «Ego, Ambition, and Turmoil: Inside One of Biotech's Most Secretive Startups», StatNews, 13 de septiembre de 2016, en statnews.com.
41. *Ibid.*
42. Jonathan Ponciano, «Moderna Stock Crash Intensifies: Losses Top $130 Billion», *Forbes*, 21 de enero de 2022.
43. Nota de prensa, «COVID Vaccines Create 9 New Billionaires with Combined Wealth Greater than Cost of Vaccinating World's Poorest Countries», Oxfam International, 20 de mayo de 2021, en oxfam.org.
44. Yahoo Finance, «Moderna Reports Fourth Quarter and Fiscal Year 2021 Financial Results and Provides Business Updates», 24 de febrero de 2022, en finance.yahoo.com.
45. Nota de prensa, «Pandemic of Greed: A Wake-Up Call for Vaccine Equity at a Grim Milestone», Oxfam International, 3 de marzo de 2022, en oxfam.org.
46. Anna Marriott y Alex Maitland, «The Great Vaccine Robbery», People 's Vaccine Policy Brief, 29 de julio de 2021, en oxfamamerica.org.
47. Bob Herman, «Moderna Skirts Disclosures of Coronavirus Vaccine Costs», Axios, 5 de agosto de 2020, en axios.com.
48. Julie Steenhuysen, «Moderna COVID-19 Vaccine Patent Dispute Headed to Court, US NIH Head Says», Reuters, 11 de noviembre de 2021.
49. Sheryl Gay Stolberg y Rebecca Robbins, «Moderna and US at Odds Over Vaccine Patent Rights», *New York Times*, 11 de noviembre de 2021.
50. *Ibid.*
51. Blake Brittain, «COVID-19 Patent Challenges Mount as Moderna Faces New Vaccine Lawsuit», Reuters, 28 de febrero de 2022.
52. Reuters, «Moderna Sues Pfizer and BioNTech Over Coronavirus Vaccine», *Guardian*, 26 de agosto de 2022.

53. Kathryn Ardizzone, «BARDA Responds to KEI, Public Citizen Letter Asking BARDA to Enforce Moderna Contract», Knowledge Ecology International, 5 de agosto de 2020, en keionline.org.
54. Public Citizen, «Statement: Moderna Vaccine Belongs to the People», 16 de noviembre de 2020, en citizen.org.
55. Adam Tooze, «Chartbook #77: More than 7000 Deaths per Day ... and We Talk as Though It Is Over», Substack, 2 de febrero de 2022, en adamtooze.substack.com.
56. Elie Dolgin, «The Tangled History of mRNA Vaccines», *Nature*, 14 de septiembre de 2021.
57. Riley Griffin y Drew Armstrong, «Pfizer Vaccine's Funding Came from Berlin, Not Washington», Bloomberg, 9 de noviembre de 2020.
58. Hannah Kuchler, Donato Paolo Mancini y David Pilling, «The Inside Story of the Pfizer Vaccine», *Financial Times*, 30 de noviembre de 2021.
59. BBC News, «Prof Sarah Gilbert: The Woman Who Designed the Oxford Vaccine», 23 de noviembre de 2020.
60. Samuel Cross, Yeanuk Rho, Henna Reddy, Toby Pepperrell, Florence Rodgers, Rhiannon Osborne, Ayolola Eni-Olotu, Rishi Banerjee, Sabrina Wimmer y Sarai Keestra, «Who Funded the Research Behind the Oxford- AstraZeneca COVID-19 Vaccine?», *BMJ Global Health 2021*, 10 de abril de 2021.
61. Public Citizen, «Letter Urging J&J to Share COVID Vaccine Technology», 2 de marzo de 2021, en citizen.org.
62. Nota de prensa, «Monopolies Causing "Artificial Rationing" in COVID-19 Crisis as 3 Biggest Global Vaccine Giants Sit on Sidelines», Oxfam International, 5 de febrero de 2021, en oxfam.org.
63. Adam Taylor, «Why Covax, the best hope for vaccinating the world, was doomed to fall short», *Washington Post*, 22 de marzo de 2022
64. Sergey Brin, «Heroes & Icons», *Time*, 30 de abril de 2009.
65. Nota de prensa, «GAVI Should Stop Awarding Special Funds to Pfizer and GSK for Pneumonia Vaccine», Médicos Sin Fronteras, 26 de agosto 2019, en msfaccess.org.
66. Empleados de GAVI, «The GAVI COVAX AMC Explained», Gavi, 15 February 2021, en gavi.org.

67. Unicef, «COVID-19 Vaccine Market Dashboard», 31 de diciembre de 2021, en unicef.org.
68. Adam Taylor, «Why Covax, the Best Hope for Vaccinating the World, Was Doomed to Fall Short», *Washington Post*, 22 de marzo de 2022.
69. Médicos Sin Fronteras, «COVAX: A Broken Promise to the World», 21 de diciembre de 2021, en msfaccess.org.
70. Taylor, «Why Covax, the Best Hope for Vaccinating the World, Was Doomed to Fall Short».
71. Rosa Furneaux, Olivia Goldhill y Madlen Davies, «How Covax Failed on Its Promise to Vaccinate the World», Bureau of Investigative Journalism, 8 de octubre de 2021, en thebureauinvestigates.com.
72. Médicos Sin Fronteras, «COVAX: A Broken Promise to the World».
73. Ann Danaiya Usher, «A Beautiful Idea: How COVAX Has Fallen Short», *Lancet*, 19 de junio de 2021.
74. Médicos Sin Fronteras, «COVAX: A Broken Promise to the World».
75. *Ibid.*
76. Harris Gleckman, «COVAX: A Global Multistakeholder Group that Poses Political and Health Risks to Developing Countries and Multilateralism», Friends of the Earth International, marzo de 2021, en foei.org.
77. James Love, «President and Minister of Health of Costa Rica ask WHO to create global pool for rights in COVID-19 related technologies», *Knowledge Ecology Online*, 23 de marzo de 2020.
78. WHO briefing, «Sharing Tools to Fight COVID-19 "the Best Shot the World Has"», World Economic Forum, 29 de mayo de 2020, en weforum.org.
79. *Ibid.*
80. William Worley, «WHO and Costa Rica Launch COVID-19 Technology Access Pool», Devex, 29 de mayo de 2020, en devex.com.
81. Amnesty International, «A Double Dose of Inequality: Pharma Companies and the Covid-19 Vaccines Crisis», septiembre de 2021, en amnesty.org.
82. Ed Silverman, «Pharma Leaders Shoot Down WHO Voluntary Pool for Patent Rights on Covid-19 Products», StatNews, 28 de mayo de 2020, en statnews. com.

83. World Health Organization, «WHO and MPP Announce the First Transparent, Global, Non-Exclusive Licence for a COVID-19 Technology», ReliefWeb, 22 de noviembre de 202, en who.int.

4. Comienza la pandemia

1. Entrevista del autor con Nabil Ahmed, 29 de abril de 2022.
2. Andrew Jack, «Winnie Byanyima: "It's Powerful to Be Different. I Never Hesitate to Be Myself"», *Financial Times,* 11 de julio de 2021.
3. James Ashton, «Winnie Byanyima Interview: "We Don't Think Charity Is the Way to Resolve Global Inequality" Says Oxfam International Boss», *Independent*, 25 de enero de 2015.
4. Winnie Byanyima, «We Must Have a #PeoplesVaccine, Not a Profit Vaccine», UN Aids, 9 de diciembre de 2020, en unaids.org.
5. Entrevista del autor.
6. Sharon Lerner y Lee Fang, «Factory Owners Around the World Stand Ready to Manufacture Covid-19 Vaccines», Intercept, 29 de abril de 2021, en theintercept.com.
7. Nota de prensa, «Pandemic of Greed: A Wake-Up Call for Vaccine Equity at a Grim Milestone», Oxfam International, 3 de marzo de 2022, en oxfam.org.
8. Third World Network Trust (India) *et al.*, «Indian Civil Society Letter to Johnson & Johnson», 16 de septiembre de 2021, en accessibsa.org.
9. Editorial, «Danish Company Offers to Help with Covid-19 Vaccine Production», The Local DK, 2 de febrero de 2021, en thelocal.dk.
10. Lerner y Fang, «Factory Owners Around the World Stand Ready».
11. Benjamin Blanco, «With One Simple Decision, the Canadian Government Can Save Lives», Al Jazeera, 28 de septiembre de 2021, en aljazeera.com.
12. Human Rights Watch, «Experts Identify 100 Plus Firms to Make Covid-19 mRNA Vaccines», 15 de diciembre de 2021, en hrw.org.
13. Achal Prabhala y Alain Alsalhani, «Pharmaceutical Manufacturers Across Asia, Africa and Latin America with the Technical Require-

ments and Quality Standards to Manufacture mRNA Vaccines», 10 de diciembre de 2021, en accessibsa.org.
14. Nota de prensa (Oxfam), «Pandemic of Greed».
15. Nota de prensa, «An Average of 7 in 10 Across G7 Countries Think Their Governments Should Force Big Pharma to Share Vaccine Know-How», Amnesty International, 5 de mayo de 2021.
16. Bird y Bird, «COVID-19: New German Legislation to Fight Pandemic May Affect Granted German Patents», 10 de mayo de 2020, en twobirds.com; Laura Eggertson, «Canada Can Override Patents to Combat Drug, Equipment Shortages during the Pandemic», CMAJ News, 2 de abril de 2020, en cmaj.ca.
17. Jamie Dettmer, «EU Threatens Vaccine Export Ban, Prompting UK, Australian Backlash», VOA News, 17 de marzo de 2021, en voanews.com.
18. Nota de prensa, «Most of Pfizer's Vaccine Already Promised to Richest, Campaigners Warn», Global Justice Now, 11 de noviembre de 2020, en globaljustice.org.uk.
19. Nota de prensa, «78% of Moderna Vaccine Doses Already Sold to Rich Countries», Global Justice Now, 16 de noviembre de 2020, en globaljustice.org.uk.
20. Oxfam America, «A Shot at Recovery: Measuring Corporate Commitments Towards a Free, Fair, and Accessible COVID-19 Vaccine», 23 de octubre de 2020, en oxfam.org.
21. Bill y Melinda Gates, «Vaccine Fairness Will Make Us All Safer», *Financial Times*, 15 de septiembre de 2020.
22. Nota de prensa, «Pharmaceutical Giants Shell Out Billions to Shareholders as World Confronts Vaccine Apartheid», Oxfam International, 22 de abril de 2021, en oxfam.org.
23. Embajada y consulados de EE.UU. en el Reino Unido, «Statement from Ambassador Katherine Tai on the Covid-19 Trips Waiver», United States Trade Representative, 5 de mayo de 2021, en uk.usembassy.gov.
24. Pharmaceutical Research and Manufacturers of America, «PhRMA Special 301 Submission 2022», PhRMA Policy Paper, 13 de octubre de 2022, en phrma.org.

25. *Ibid.*
26. Ann Danaiya Usher, «A Beautiful Idea: How COVAX Has Fallen Short», *Lancet*, 19 de junio de 2021, en thelancet.com.
27. Nota de prensa, «UK Secures Extra 60 Million Pfizer/BioNTech COVID-19 Vaccines», Department of Health and Social Care, 28 de abril de 2021, en gov.uk.
28. Guy Faulconbridge, Alistair Smout y Kate Holton, «Britain to Slow Vaccine Rollout Due to Supply Crunch in India, Testing of Big Batch», Reuters, 18 de marzo de 2021.
29. Samuel Lovett, «An Absolute Scandal»: UK Threw Away 600,000 Vaccine Doses After They Passed Expiry Date», *Independent*, 15 de noviembre 2021.
30. Nota de prensa, «G7 Vaccine Donations Will Cover Just 11% of World's Unvaccinated Population», Global Justice Now, 11 de junio de 2021, en globaljustice.org.uk.
31. David Bol, «Gordon Brown: G7 Has Committed "Unforgivable Moral Failure" over Vaccines», Herald, 13 de junio de 2021, en heraldscotland.com.
32. Sabah Meddings, «Interview: I Was Right to Fight Off Pfizer, Says Astra Zeneca Boss Pascal Soriot», *The Times*, 23 de septiembre de 2018.
33. Angus Liu, «AstraZeneca Investors Hit Back at CEO Soriot's 2021 Pay Plan After COVID Vaccine Stumbles», Fierce Pharma, 5 de mayo de 2021, en fiercepharma.com.
34. Nota de prensa, «Antitrust: Commission Welcomes Court of Justice Judgment in the AstraZeneca Case», European Commission, 6 de diciembre de 2012, en ec.europa.eu.
35. Nota de prensa, «Pharmaceutical Giant AstraZeneca to Pay $520 Million for Off-Label Drug Marketing», United States Department of Justice, 27 de abril de 2010, en justice.gov.
36. Janice Hopkins Tanne, «AstraZeneca Pays $520m Fine for Off Label Marketing», British Medical Journal, 29 de abril de 2010, en bmj.com.
37. Richard Wachman, «AstraZeneca Agrees to Pay £505m to Settle UK Tax Dispute», *Guardian*, 23 de febrero de 2010.

38. Ed Silverman, «AstraZeneca Loses Court Battle to Prevent Generic Versions of Crestor», StatNews, 20 de julio de 2016, en statnews.com; Emma Court, «Big Pharma Games the System to Make Generic Drugs More Expensive», Market Watch, 3 de agosto de 2018, en marketwatch.com.
39. Nathan Vardi, «AstraZeneca's Pascal Soriot Was the Hottest CEO in Pharma. Now He's in the Hot Seat», *Forbes*, 19 de marzo de 2021.
40. Andrew Ward, «Big Pharma Balks at Investment in TB», *Financial Times*, 23 de marzo de 2014.
41. Nota de prensa, «MSF Responds to News of Pull Out of Neglected Disease R&D by AstraZeneca», Médicos Sin Fronteras, 31 de enero de 2014, en msfaccess.org.
42. Nota de prensa, «Funding and Manufacturing Boost for UK Vaccine Programme», Department for Business, Energy and Industrial Strategy, 17 de mayo de 2020, en gov.uk.
43. Eric Sagonowsky, «AstraZeneca Scores $1.2B from US, Signs Up to Deliver Hundreds of Millions of COVID-19 Vaccines», Fierce Pharma, 21 de mayo de 2020, en fiercepharma.com.
44. David D. Kirkpatrick, «In Race for a Coronavirus Vaccine, an Oxford Group Leaps Ahead», *New York Times*, 2 de mayo de 2020.
45. Světlana Lustig Vijay y Elaine Ruth Fletcher, «Gates Foundation: Technology Transfer, Not Patents Is Main Roadblock To Expanding Vaccine Production», Health Policy Watch, 14 de abril de 2021, en healthpolicy-watch.news.
46. Reuters, «S. Africa to Pay Big Premium for AstraZeneca COVID-19 Vaccine from India's SII», 21 de enero de 2021; Esther Nakkazi, «Uganda Defends Price Paid for AstraZeneca COVID19 Vaccine», Health Policy Watch, 3 de febrero de 2021, en healthpolicy-watch.news; Prabha Raghavan y Anil Sasi, «Serum Institute's Rs 600/Dose for Covishield in Private Hospitals Is Its Highest Rate the World Over», *Indian Express*, 25 de abril de 2021.
47. Tom Espiner, «AstraZeneca to Take Profits from Covid Vaccine», *BBC News*, 12 de noviembre de 2021.

48. Simon Jack, «AstraZeneca Vaccine – Was It Really Worth It?», *BBC News*, 30 de marzo de 2021; Vardi, «AstraZeneca's Pascal Soriot Was the Hottest CEO in Pharma».
49. Thiru, «23 February 2021: South Africa's Interventions at the WTO TRIPS Council», Knowledge Ecology International, 1 de marzo de 2021.
50. Sara Jerving, «Over 70% of African Nations Didn't Reach Global COVID-19 Vaccine Goal», Devex, 30 de septiembre de 2021, en devex.com.
51. World Health Organisation, «WHO Director-General's Opening Remarks at 148th Session of the Executive Board», 18 de enero de 2021, en who.int.
52. António Guterres, «Secretary-General's Address to the 76th Session of the UN General Assembly», United Nations, 21 de septiembre de 2021, en un.org.
53. UN Web TV, «Peru – President Addresses General Debate, 76th Session», 21 de septiembre de 2021, en media.un.org.
54. «Statement of President Rodrigo Duterte at the High-Level General Debate, 76th Session of United Nations General Assembly», United Nations, 21 de septiembre de 2021, en rappler.com.
55. «Address by HE Yoweri Kaguta Museveni, President of the Republic of Uganda at the General Debate of the 76th session of the United Nations General Assembly», United Nations, 23 de septiembre de 2021, en youtube.com.
56. Kerry Cullinan, «Massive Increase in COVID-19 Vaccine Production May Mean Dose Surplus by Mid-2022, Says IFPMA», Health Policy Watch, 8 de septiembre de 2021, en healthpolicy-watch.news.
57. Hannah Kuchler, Donato Paolo Mancini y David Pilling, «The Inside Story of the Pfizer Vaccine», *Financial Times*, 30 de noviembre de 2021.
58. Annalisa Merelli, «Europe Sent Nigeria Up to 1 Million Near-Expired Doses of Covid-19 Vaccine», *Quartz*, 10 de diciembre de 2021, en qz.com.
59. Azfar Hossain, Stephen Asiimwe y Louise Ivers, «Claims of Vaccine Hesitancy in African Countries Are at Odds with the Reality on the Ground», StatNews, 21 de diciembre de 2021, en statnews.com.

60. Yannick Markhof, Shelton Kanyanda, Philip Randolph Wollburg y Alberto Zezza, «Sustainedly High Levels of COVID-19 Vaccine Acceptance in Five Sub-Saharan African Countries», World Bank Blogs, 6 de diciembre de 2021, en blogs.worldbank.org.
61. Max Kozlov, «COVID Vaccines Have Higher Approval in Less-Affluent Countries», *Nature*, 22 de julio de 2021.
62. Manas Mishra y Michael Erman, «Pfizer's COVID Product Sales to Top $50 Bln This Year, Investors Want More», Reuters, 8 de febrero de 2022.
63. Ceri Thomas, «Pfizer's War», Tortoise Media, 27 de septiembre de 2021, en tortoisemedia.com.
64. Ed Silverman, «After a Long Battle, Pfizer Drops the Price of Its Prevnar Vaccine to Humanitarian Groups», StatNews, 11 de noviembre de 2016, en statnews.com.
65. Nota de prensa, «First Alternative Pneumonia Vaccine Breaks Pfizer and GSK's Decades-Long Stranglehold, Promising More Children Protected Against Biggest Childhood Killer», Médicos Sin Fronteras, 20 de diciembre de 2019, en msfaccess.org.
66. Charlotte Hu, «These Are the Most – and Least – Reputable Drug Companies in the US», *Business Insider*, 19 de junio de 2018.
67. David Crow, «Pfizer Chief Albert Bourla: "We Are the Most Efficient Vaccine Machine"», *Financial Times*, 13 de agosto de 2021.
68. Amnesty International, «A Double Dose of Inequality: Pharma Companies and the Covid-19 Vaccines Crisis», septiembre de 2021, en amnesty.org.
69. Riley Griffin y Drew Armstrong, «Pfizer Vaccine's Funding Came from Berlin, Not Washington», *Bloomberg*, 9 de noviembre de 2020.
70. Nathan Vardi, «The Race Is On: Why Pfizer Might Be the Best Bet to Deliver a Vaccine by the Fall», *Forbes*, 20 de marzo de 2020.
71. Kuchler *et al.*, «Inside Story of the Pfizer Vaccine».
72. Dispatches, «Vaccine Wars: Truth About Pfizer», Channel 4, 10 de diciembre de 2021.
73. Nota de prensa, «Pfizer's £2 billion NHS Rip-Off Could Pay for Nurses» Pay Rise SIX TIMES Over», Global Justice Now, 23 de noviembre de 2021, en globaljustice.org.uk.

74. John Siddle, «Pfizer Made Nearly £2bn in Profit from Cash-Strapped NHS for Its Covid Vaccine», *Daily Mirror*, 25 de noviembre de 2021.
75. Kuchler *et al.*, «Inside Story of the Pfizer Vaccine».
76. Eric Sagonowsky, «Pfizer Eyes Higher Prices for COVID-19 Vaccine after the Pandemic Wanes: Exec, Analyst», Fierce Pharma, 23 de febrero de 2021, en fiercepharma.com.
77. Kuchler *et al.*, «Inside Story of the Pfizer Vaccine».
78. Jon Ungoed-Thomas, «"Wall of Secrecy" in Pfizer Contracts as Company Accused of Profiteering», *Guardian*, 5 de diciembre de 2021.
79. Michael Erman, «Pfizer Expects to Hike US COVID Vaccine Price to $110–$130 Per Dose», Reuters, 21 de octubre de 2022.
80. Jake Johnson, «"Daylight Robbery": Pfizer Condemned for Hiking US Covid Vaccine Price by 10,000% Above Cost», Common Dreams, 21 de octubre de 2022, en commondreams.org.
81. Dispatches, «Vaccine Wars: Truth About Pfizer».
82. Amnesty International, «Double Dose of Inequality».
83. Nota de prensa, «A Dose of Reality: How Rich Countries and Pharmaceutical Corporations Are Breaking Their Vaccine Promises», UN Aids, 21 de octubre de 2021, en unaids.org.
84. Thomas, «Pfizer's War».
85. Dispatches, «Vaccine Wars: Truth About Pfizer».
86. Thomas, «Pfizer's War».
87. *Ibid.*
88. Kuchler *et al.*, «Inside Story of the Pfizer Vaccine».
89. Thomas, «Pfizer's War».
90. Reuters, «Lebanese Parliament Passes Law to Pave Way for Coronavirus Vaccine Deals», Reuters, 15 de enero de 2021; Kuchler *et al.*, «Inside Story of the Pfizer Vaccine».
91. Madlen Davies, Rosa Furneaux, Iván Ruiz y Jill Langlois, «"Held to Ransom": Pfizer Demands Governments Gamble with State Assets to Secure Vaccine Deal», Bureau of Investigative Journalism, 23 de febrero de 2021, en thebureauinvestigates.com.
92. Dispatches, «Vaccine Wars: Truth About Pfizer».

93. Corporate Europe Observatory, «Still Not Loving ISDS: 10 Reasons to Oppose Investors' Super-Rights in EU Trade Deals», 16 de abril de 2014, en corporateeurope.org.
94. Kuchler *et al.*, «Inside Story of the Pfizer Vaccine».
95. Amnesty International, «Double Dose of Inequality».
96. Rohit Malpani y Alex Maitland, «Dose of Reality: How Rich Countries and Pharmaceutical Corporations Are Breaking Their Vaccine Promises», People's Vaccine, 21 de octubre de 2021, en peoplesvaccine.org
97. Anna Marriott y Alex Maitland, «The Great Vaccine Robbery», People's Vaccine Policy Brief, 29 de julio de 2021, en oxfamamerica.org.
98. Damian Garde, «Ego, Ambition, and Turmoil: Inside One of Biotech's Most Secretive Startups», *StatNews*, 13 de septiembre de 2016, en statnews.com.
99. Matt Egan y Robert Kuznia, «Moderna's Coronavirus Vaccine Announcement Set Off a Frenzy on Wall Street. Now Some Are Calling for an Investigation», CNN, 1 de junio de 2020.
100. *Ibid.*
101. *Ibid.*
102. David Meyer, «Moderna Wouldn't Share Its Vaccine Technology, So South Africa and the WHO Made a COVID Jab Based on It Anyway», *Fortune*, 4 de febrero de 2022.
103. Wendell Roelf y Julie Steenhuysen, «Moderna Patent Application Raises Fears for Africa COVID Vaccine Hub», *Reuters*, 17 de febrero de 2022.
104. Jamie Smyth, Hannah Kuchler y Andres Schipani, «Moderna Vows Never to Enforce Covid Jab Patents in Policy U-Turn», *Financial Times*, 8 de marzo de 2022.
105. Ashleigh Furlong of Politico Europe on Twitter, en @ashleighfurlong, 8 de marzo de 2022.
106. Bryce Baschuk, «WTO's Future Grows Cloudier in a World Shattered by Covid», *Bloomberg*, 29 de noviembre de 2021.
107. Alexandra Topping, «UK, EU and US "Get More Covid Vaccines in Six Weeks than Africa Has All Year"», *Guardian*, 23 de diciembre de 2021.

108. Nota de prensa, «Covid-19: Big Pharma Fuelling Unprecedented Human Rights Crisis – New Report», Amnesty International UK, 21 de septiembre de 2021, en amnesty.org.uk.
109. Unicef, «COVID-19 Vaccine Market Dashboard», 31 de diciembre de 2021, en unicef.org.
110. Nota de prensa, «Omicron Variant Made $10 Billion in a Week for Top Moderna and Pfizer Shareholders», Global Justice Now, 7 de diciembre de 2021, en globaljustice.org.uk.
111. *Ibid.*
112. Véase el capítulo 7, más adelante.
113. Max Kozlov, «Why Scientists Are Racing to Develop More COVID Antivirals», *Nature*, 21 de enero de 2022.
114. Ann Danaiya Usher, «The Global COVID-19 Treatment Divide», *Lancet*, 26 de febrero de 2022, en thelancet.com
115. Public Citizen, «The Real Story of Remdesivir», 7 de mayo de 2020, en citizen.org.
116. Yaniv Heled, Ana Santos Rutschman y Liza Vertinsky, «The Problem with Relying on Profit-Driven Models to Produce Pandemic Drugs», *Journal of Law and the Biosciences*, enero-junio 2020.
117. Kyle Blankenship, «Gilead Asks FDA to Rescind Remdesivir Orphan Drug Tag After Public Backlash», Fierce Pharma, 25 de marzo de 2020, en fiercepharma.com.
118. Gilead Annual Report, 4 de mayo de 2022, en wwwam10.gilead.com; Angus Liu, «Gilead's Long-Awaited Remdesivir Price Is $3,120, in Line with Watchdog Estimates», Fierce Pharma, 29 de junio de 2020, en fiercepharma.com; Junzheng Wang, Jacob Levi, Katie Heath y Joseph Fortunak, «Minimum Costs to Manufacture New Treatments for COVID-19», *Journal of Virus Eradication*, abril de 2020.
119. Drugs for Neglected Diseases Initiative, «Pfizer Blocking Research to Generate Evidence on Optimal Use of Novel Antiviral for COVID-19 Patients in Low-and Middle-Income Countries», 15 de marzo de 2022, en dndi.org.
120. Public Citizen, «Letter Urging Pfizer to Address Paxlovid Inequality», 24 de enero de 2022, en citizen.org.

121. Médicos Sin Fronteras, «Removing Intellectual-Property Barriers from COVID-19 Vaccines and Treatments for People in South Africa», 8 de marzo de 2022, en msfaccess.org.
122. Public Citizen, «Letter Urging Pfizer to Address Paxlovid Inequality».
123. Nota de prensa, «Reaction to Pfizer's Announcement of Voluntary Licenses of Its COVID-19 Oral Antiviral Treatment Paxlovid to the Medicines Patent Pool», Oxfam International, 16 de noviembre de 2021, en oxfam.org; Nota de prensa, «MSF Response to License Between Pfizer and Medicines Patent Pool for New COVID-19 Treatment Paxlovid», Médicos Sin Fronteras, 16 de noviembre de 2021, msfaccess.org.
124. Médicos Sin Fronteras, «Latin America: How Patents and Licensing Hinder Access to COVID-19 Treatments», 8 de marzo de 2022, en msfaccess.org.
125. Nota de prensa, «Pfizer Is Building a "Paxlovid Patent Wall", New Research Reveals», Public Citizen, 18 de febrero de 2022, en citizen.org.
126. Drugs for Neglected Diseases Initiative, «Pfizer Blocking Research to Generate Evidence on Optimal Use of Novel Antiviral».
127. *Ibid.*
128. Médicos Sin Fronteras, «Removing Intellectual-Property Barriers from COVID-19 Vaccines»; Nota de prensa, «MSF Responds to Latest WHO Recommendation for a COVID-19 Therapeutic, Baricitinib», 13 de enero de 2022, en msfaccess.org.
129. Médicos Sin Fronteras, «Latin America: How Patents and Licensing Hinder Access to COVID-19 Treatments».
130. Médicos Sin Fronteras, «MSF Response to License Between Pfizer and Medicines Patent Pool».
131. Nota de prensa (Oxfam), «Pandemic of Greed».
132. Freda Kreier, «Morgue Data Hint at COVID's True Toll in Africa», *Nature*, 23 de marzo de 2022.
133. Véase el capítulo 7, más adelante.

5. La recolonización de la economía global

1. Entrevista del autor con Tahir Amin, 6 de febrero de 2022.
2. Naomi Klein, *No Logo: 10th Anniversary Edition* (Londres, Picador, 1999).
3. Graham Dutfield, *That High Design of Purest Gold: A Critical History of the Pharmaceutical Industry, 1880–2020* (Singapur, World Scientific, 2020), p. 170.
4. *Ibid.*, p. 205.
5. Billy Kenber, *Sick Money: The Truth About the Global Pharmaceutical Industry* (Edimburgo, Canongate, 2021), p. 36.
6. *Ibid.*, p. 35.
7. Alexander Zaitchik, *Owning the Sun: A People's History of Monopoly Medicine from Aspirin to COVID-19 Vaccine* (Berkeley, Counterpoint, 2023), p. 47.
8. Christopher Klein, «8 Things You May Not Know about Jonas Salk and the Polio Vaccine, History, 28 de octubre de 2014, en history.com.
9. Dutfield, *That High Design of Purest Gold*, p. 166.
10. Maki Sagami, «China Goes on an Intellectual Property Offensive, *Financial Times*, 26 de septiembre de 2021.
11. Ellen 't Hoen, «Private Patents and Public Health: Changing Intellectual Property Rules for Access to Medicines», Health Action International, 2016, p. 20, en haiweb.org.
12. Alexander Zaitchik, «Long, Strange TRIPS: The Grubby History of How Vaccines Became Intellectual Property», *New Republic*, 1 de junio de 2021.
13. Susan K. Sell, «Trips and the Access to Medicines Campaign», Wisconsin International Law Journal, Verano de 2002.
14. 't Hoen, «Private Patents and Public Health», p. 24.
15. Zaitchik, «Long, Strange TRIPS».
16. Entrevista del autor con Walden Bello, 11 de febrero de 2022.
17. Médicos Sin Fronteras, «The Doha Declaration @ 20: The Quest for Solutions to Overcome Access Barriers Created by the TRIPS Agreement», 15 de diciembre de 2021, en msf-access.medium.com.

18. Análisis tomado de ‘t Hoen, «Private Patents and Public Health».
19. *Ibid.*, p. 45.
20. Médicos Sin Fronteras, «Doha Declaration @ 20».
21. ‘t Hoen, «Private Patents and Public Health», p. 54.
22. Public Citizen, «Leaked Cables Show US Tried, Failed to Organize Against Ecuador Compulsory Licensing», 10 de mayo de 2011, en citizen.org.
23. ‘t Hoen, «Private Patents and Public Health», pp. 61, 67; i-Base, «Glaxo Blocks Importation of Generic Combivir into Ghana», 17 de enero de 2001, en i-base. info; Nota de prensa, «Novartis Must End "Bullying Tactics" over Life-Saving Medicines», Global Justice Now, 1 de marzo de 2018, en globaljustice.org.uk.
24. Médicos Sin Fronteras, «Spotlight On: TRIPS, TRIPS Plus, and Doha», n.d., en msfaccess.org.
25. Oxfam International, «US Bullying on Drug Patents: One Year after Doha», 1 de noviembre de 2002, en policy-practice.oxfam.org.
26. Rohit Malpani, «All Costs, No Benefits: How TRIPS-Plus Intellectual Property Rules in the US–Jordan FTA Affect Access to Medicines», Oxfam International, 21 de marzo de 2007, en oxfamilibrary. openrepository.com.
27. Rachel Tansey, Heidi Chow y Radhika Patel, «Pharma Trade Secrets: The Truth about a Trade Deal with Trump», Global Justice Now, 26 de noviembre de 2019, en globaljustice.org.uk.
28. Zaitchik, «Long, Strange TRIPS».
29. Nasir Tyabji, «Gaining Technical Know-How in an Unequal World: Penicillin Manufacture in Nehru's India», *Technology and Culture*, 45: 2 de abril de 2004.
30. Vandana Shiva, «Living on the Frontline», *Guardian*, 8 de septiembre de 2003.
31. Achal Prabhala y Alain Alsalhani, «Pharmaceutical Manufacturers Across Asia, Africa and Latin America with the Technical Requirements and Quality Standards to Manufacture mRNA Vaccines», 10 de diciembre de 2021, en accessibsa.org.
32. Entrevista del autor con Prabhala.

6. El hospital que se convirtió en parqué de la Bolsa

1. Owaahh, «Customers, Not Patients: The Nairobi Women's Hospital Saga», *Elephant*, 6 de febrero de 2020.
2. *Business Daily* (Kenya), «Hospital CEO Talks Money, Zeal, Silence», 10 de noviembre de 2016.
3. Anna Marriott y Jessica Hamer, «Investing for the Few: The IFC's Health in Africa Initiative», Oxfam International, 9 de septiembre de 2014, en oxfam.org.
4. *Nairobi News*, «Day Uhuru Called Hospital Boss to Release Body of Dead Patient», 11 de noviembre de 2016.
5. Dasha Afanasieva, «Review: The Dark Side of Stakeholder Capitalism», *Reuters*, 9 de julio de 2021.
6. Global Justice Now, «Doing More Harm than Good: Why CDC Must Reform for People and Planet», 15 de febrero de 2020, en globaljustice.org.uk.
7. Landon Thomas, Jr, «Leading Private Equity Firm Accused of Misusing Funds», *New York Times*, 2 de febrero de 2018.
8. Simeon Kerr, «US Prosecutors Widen Probe into Collapse of Abraaj», *Financial Times*, 14 de junio de 2019.
9. Arif Sharif, «What's Been Learned and Who's Charged in Abraaj Collapse», *Bloomberg*, 7 de septiembre de 2019.
10. *Economist*, «The Biggest Collapse in Private-Equity History Will Have a Lasting Impact», 18 de mayo de 2019.
11. Saeed Azhar, «TPG-Backed Evercare Eyes Expansion of Ex-Abraaj Healthcare Business», Reuters, 13 de diciembre de 2021.
12. Owaahh, «Customers, Not Patients».
13. Ben Zimmer, «The Rise and Fall of the Term "Third World"», *Wall Street Journal,* 1 de mayo de 2015.
14. World Health Organization, «Dr Halfdan Mahler's Address to the 61st World Health Assembly», 20 de mayo de 2008, en who.int.
15. Nitsan Chorev, *The World Health Organization between North and South* (Ithaca, NY, Cornell University Press, 2012), p. 110.
16. *Ibid.*, p. 67.
17. *Ibid.*, p. 125.

18. United Nations Development Programme, «Human Development Report 2003», 1 de enero de 2003, en hdr.undp.org.
19. World Health Organization data, Medical doctors (per 10,000 population), consultado el 2 de marzo de 2023, en who.int.
20. Kamran Abbasi, «Changing Sides», *British Medical Journal*, 318 (27 de marzo de 1999).
21. Véase, por ejemplo, Gavin E. R. Wilson, «Billions to Trillions: Financing the Global Goals», 24 de septiembre de 2015, en blogs.worldbank.org o the World Bank's new «Business Enabling Environment (BEE)» – proyecto de worldbank.org.
22. Sarah Boseley, «Half of Lesotho Health Budget Goes to Private Consortium for One Hospital', *Guardian*, 7 de abril de 2014.
23. Chorev, *World Health Organization between North and South*, p. 136.
24. World Health Organisation, «Programme Budget 2022–2023», 31 de mayo de 2021, en apps.who.int; Editorial, «The WHO Deserves More Money for Its Core Mission – and More Respect», *Nature*, 1 de febrero de 2022.
25. Entrevista del autor con David Legge, 3 de mayo de 2022.
26. Tim Lewis, «Bill Gates: "Vaccines Are a Miracle. It's Mind-Blowing Somebody Could Say the Opposite"», *Guardian*, 15 de mayo de 2022.
27. Mark Curtis, «Gated Development: Is the Gates Foundation Always a Force for Good?», Global Justice Now, junio de 2016, en globaljustice.org.uk.
28. University of Manchester Global Development Institute, «What Covid- 19 Reveals about 21st Century Capitalism with Susan Sell», 4 de febrero de 2021, en youtube.com.
29. Jens Martens y Karolin Seitz, *Philanthropic Power and Development: Who Shapes the Agenda?* (Aachen, Bischöfliches Hilfswerk Misereor, 2015).
30. Benjamin Mayo, «Apple, Microsoft and Others Group to Lobby Against Upcoming Patent Troll Legislation», 9to5Mac, 3 de abril de 2014, en 9to5mac. com; Sara Morrison, «Microsoft Avoided the Latest Round of Big Tech Antitrust Scrutiny. Then It Bought a Company for $69 billion», *Vox*, 27 de enero de 2022.

31. John Vidal, «Are Gates and Rockefeller Using Their Influence to Set Agenda in Poor States?», *Guardian*, 15 de enero de 2016.
32. Max Lawson, «Vaccines Save Lives but Is S Getting Value for Money?», From Poverty to Power blog, 13 de junio de 2011, en frompoverty.oxfam.org.uk.
33. Bill Gates, *How to Prevent the Next Pandemic* (Londres, Allen Lane, 2022).
34. Oxfam International, «Public Good or Private Wealth?», enero de 2019, en oxfam.org.
35. Kelsey Piper, «Bill Gates Is Committed to Giving Away His Fortune – But He Keeps Getting Richer», *Vox*, 23 de abril de 2019.
36. Nitasha Tiku y Jay Greene, «The Billionaire Boom», *Washington Post*, 12 de marzo de 2021.
37. Martens y Seitz, *Philanthropic Power and Development*.
38. Daniel Willis, «Healthcare for All? How UK Aid Undermines Universal Public Healthcare», Global Justice Now, 27 de enero de 2021, en globaljustice.org.uk.
39. Willis, «Healthcare for All?».
40. Oxfam International, «Blind Optimism: Challenging the Myths About Private Health Care in Poor Countries», 1 de febrero de 2009, en policy-practice.oxfam.org.
41. Marriott y Hamer, «Investing for the Few».
42. Entrevista del autor con el Dr. T. Sundararaman, 19 de mayo de 2022.
43. Willis, «Healthcare for All?».
44. *Ibid.*
45. Shweta Marathe, Shakuntala Bhalerao, Kanchan Pawar, Dhananjay Kakade y Abhay Shukla, «Patients» Voices During the Pandemic: Stories and Analysis of Rights Violations and Overcharging by Private Hospitals», Support for Advocacy and Training to Health Initiatives, marzo de 2022, en sathicehat.org.
46. Ashlin Mathew, «Profit in Times of COVID-19: Is It Time to Take Over Private Hospitals?», *National Herald India*, 20 de junio de 2020.
47. Owain David Williams, «COVID-19 and Private Health: Market and Governance Failure», *Development* (Rome), 63: 2–4 (17 de noviembre de 2020).

48. *Daily News Egypt*, «Some Private Hospitals Sell COVID-19 Plasma en Inflated Prices: MP», 13 de junio de 2020.
49. *SABC News*, «Eastern Cape Health Condemns Refusal to Treat COVID-19 patients», 9 de mayo de 2020; Joseph Muraya, «Private Hospitals Warned Against Overcharging Patients on COVID-19», *Capital News* (Kenya), 6 de abril de 2020.
50. Williams, «COVID-19 and Private Health».
51. *Ibid.*
52. Gabrielle Appleford, Isaac Theuri y Edward Owino, «Brokering Accreditation in Kenya's National Hospital Insurance Fund: Lessons Learned from Marie Stopes Kenya's AMUA Social Franchise Network», Marie Stopes International, n.d., en msichoices.org; Rebecca Riddell, «Why Is the US Trying to Export Its Flawed Health-Care Policies Around the World?», *Washington Post*, 10 de enero de 2022.
53. Oxfam International, «Blind Optimism».
54. Owen Smith, «Sri Lanka: Achieving Pro-Poor Universal Health Coverage Without Health Financing Reforms», World Bank, 1 de enero de 2018, en documents.worldbank.org.
55. Anne-Emanuelle Birn, «Universal Health Coverage Can Best Be Achieved by Public Systems», British Medical Journal (blog), 24 de agosto de 2018, en blogs.bmj.com.
56. Oxfam International, «Blind Optimism».
57. Ban Ki-moon, «Secretary-General Hails Cuba for Training Medical "Miracle Workers", Being on Frontlines of Global Health», United Nations, 28 de enero de 2014, en press.un.org.
58. Oxfam International, «Public Good or Private Wealth?».
59. Phillip Inman, «Should Africa Let Silicon Valley In?», *Guardian*, 19 de mayo de 2018.
60. John Greenwood, «Amazon Launches into Employee Benefits as a Healthcare Provider», *Corporate Advisor*, 22 de marzo de 2021.
61. Entrevista del autor con el Dr. T. Sundararaman, 19 de mayo de 2022.

7. Una esperanza nueva

1. Entrevista del autor con Fatima Hassan, 17 de enero de 2022. Todas las notas siguientes pertenecen a esta entrevista.
2. Entrevista del autor con Gregg Gonsalves, 18 de febrero de 2022.
3. Ruth Mayne, «South Africa vs. the Drug Giants: A Challenge to Affordable Medicines», Oxfam, 1 de febrero de 2001, en policy-practice.oxfam.org.
4. Stephanie Nolan, «Yes, a Raging Pandemic Can Be Quelled. Recent History Shows How», *New York Times*, 12 de enero de 2022.
5. Mayne, «South Africa vs. the Drug Giants».
6. *Ibid.*
7. *Ibid.*
8. Véase el capítulo 5, más arriba.
9. Mark Heywood, «The Unravelling of the Human Rights Response to HIV and AIDS and Why It Happened: An Activists' Perspective», de «AIDS Today: Tell no lies, claim no easy victories», International HIV/Aids Alliance, octubre de 2014, en globalfundadvocatesnetwork.org.
10. Entrevista del autor con Diarmaid McDonald, 27 de enero de 2022.
11. Entrevista del autor con Els Torreele, 25 de febrero de 2022. Todas las notas siguientes pertenecen a esta entrevista.
12. Entrevista del autor con Catherine Kyobutungi, 23 de febrero de 2022.
13. Entrevista del autor con Tian Johnson, 18 de febrero de 2022.
14. Jessica Bassett, «Long-Acting PreP Is a Necessity, Not a Luxury: ViiV's Greed Is Still Blocking Global Access to Injection that Could Transform HIV Prevention and Help End the Pandemic», Health GAP, 4 de abril de 2022, en healthgap.org.
15. *Ibid.*
16. Matthew Kavanagh y Eamonn Murphy, «New Medicines May Help End AIDS – But High Prices and Monopolies Could Keep the Poor Locked Out», Inter Press Service, 18 de mayo de 2022, en ipsnews.net.
17. *Ibid.*

18. Alex Boyd, «Why South Africa's Plans to Make Continent's First COVID-19 Vaccine May Upend a Broken Global System», *Toronto Star*, 17 de febrero de 2022.
19. Entrevista del autor con Fabrizio Chiodo, 22 de abril de 2022.
20. Sam Meredith, «Why Cuba's Extraordinary Covid Vaccine Success Could Provide the Best Hope for Low-Income Countries», *CNBC*, 13 de enero de 2022.
21. Entrevista del autor con Achal Prabhala, 19 de enero de 2022. Todas las notas siguientes pertenecen a esta entrevista.
22. Unicef, «COVID-19 Vaccine Market Dashboard», 31 de diciembre de 2021, en unicef.org.
23. Gracias a Ho-Chih Lin por este análisis.
24. Jon Cohen, «China's Vaccine Gambit», *Science*, 370: 6522, 11 de diciembre de 2020.
25. Henry Tillman, Yu Ye y Yang Jian, «Health Silk Road 2020: A Bridge to the Future of Health for All», Shanghai Institutes for International Studies, 31 de marzo de 2021, en papers.ssrn.com.
26. Zoe Leung, «Fill, Finish and Beyond: The Chinese Vaccine Developers Exporting Their Ambitions Overseas», Pharma Boardroom, 29 de marzo de 2022, en pharmaboardroom.com.
27. Ahmed Morsy, «Manufacturing Vaccines Locally», Ahram Online, 25 de febrero de 2022, en english.ahram.org.eg.
28. Leung, «Fill, Finish and Beyond».
29. Entrevista con Amy Goodman, «"A Vaccine for the World": US Scientists Develop Low-Cost Shot to Inoculate Global South», Democracy Now, 3 de enero de 2022, en democracynow.org.
30. Goodman, «A Vaccine for the World».
31. Joe Palca, «A Texas Team Comes Up with a COVID Vaccine That Could Be a Global Game Changer», *NPR*, 5 de enero de 2022.
32. Goodman, «A Vaccine for the World».
33. Goodman, «A Vaccine for the World».
34. Neil Savage, «An mRNA Vaccine Industry in the Making», *Nature*, 27 de octubre de 2020.
35. Amy Maxmen, «The Fight to Manufacture COVID Vaccines in Lower-Income Countries», *Nature*, 15 de septiembre de 2021.

36. Amy Maxmen, «South African Scientists Copy Moderna's COVID Vaccine», *Nature*, 3 de febrero de 2022.
37. World Health Organization, «Recipients of mRNA Technology from the WHO mRNA Technology Transfer Hub», en who.int.
38. Alex Boyd, «Why South Africa's Plans to Make Continent's First COVID- 19 Vaccine May Upend a Broken Global System», *Toronto Star*, 17 de febrero de 2022.
39. Amy Maxmen, «South African Scientists Copy Moderna's COVID Vaccine», *Nature*, 3 de febrero de 2022.
40. Reuters, «Moderna to Build mRNA Vaccine Manufacturing Facility in Kenya», 8 de marzo de 2022.
41. Nota de prensa, «BioNTech Introduces First Modular mRNA Manufacturing Facility to Promote Scalable Vaccine Production in Africa», BioNTech, 16 de febrero de 2022, en investors.biontech.de.
42. Priti Patnaik, «The EU's Vaccine Production Race in Africa; Delaying Tactics Risk Irrelevance of The TRIPS Waiver Newsletter Edition #125», Geneva Health Files, 18 de marzo de 2022, en genevahealthfiles.substack.com.
43. Madlen Davies, «Covid-19: WHO Efforts to Bring Vaccine Manufacturing to Africa Are Undermined by the Drug Industry, Documents Show», *British Medical Journal*, 376: 304, 9 de febrero de 2022.
44. *Ibid.*

8. Alcanzar la Luna

1. Mariana Mazzucato, *The Entrepreneurial State: Debunking Public vs Private Sector Myths* (Londres, Anthem, 2013).
2. Tim Harford, «The iPhone en 10: How the Smartphone Became So Smart», *BBC News*, 26 de diciembre de 2016.
3. Mariana Mazzucato, «The People's Prescription: Re-imagining Health Innovation to Deliver Public Value», UCL Institute for Innovation and Public Purpose, octubre de 2018.

4. Jeremy Corbyn, «"Together, We Can Take on the Privileged, and Put the People in Power" – Corbyn's conference speech», reproduced on LabourList, 24 de septiembre de 2019, en labourlist.org.
5. Entrevista del autor con Diarmaid McDonald, 27 de enero de 2022. Todas las notas siguientes pertenecen a esta entrevista.
6. Nota de prensa, «NHS England Concludes Wide-Ranging Deal for Cystic Fibrosis Drugs», NHS England, 24 de octubre de 2019, en england.nhs.uk.
7. Mike Marqusee, *The Price of Experience: Writings on Living with Cancer* (Nueva York, OR Books, 2014).
8. Alison Kodjak, «How a Drugmaker Gamed the System to Keep Generic Competition Away», NPR, 17 de mayo de 2018; Shayla Love, «Psychedelic Patents are Broken Because the Patent System Is Broken», *Vice*, 9 de mayo de 2022.
9. Entrevista del autor con John McDonnell MP, 6 de mayo de 2022.
10. Press Association, «Nationalised Drug Companies May Be Needed to "Fix Antibiotics Market"», *Guardian*, 27 de marzo de 2019.
11. *Ibid.*; Clive Cookson, «Industry Must Turn Words into Action on Superbugs, Says Jim O'Neill», *Financial Times*, 27 de marzo de 2019.
12. Madeline Drexler, «Seeking the Path of Least Resistance», Harvard Public Health, primavera de 2019, en hsph.harvard.edu.
13. *BBC News*, «Global Antibiotics "Revolution" Needed», 19 de mayo de 2016.
14. Benjamin Plackett, «Why Big Pharma Has Abandoned Antibiotics», *Nature*, 21 de octubre de 2020.
15. World Health Organization, «2019 Antibacterial Agents in Clinical Development: An Analysis of the Antibacterial Clinical Development Pipeline», 15 de enero de 2020, en who.int.
16. Chris Dall, «WHO Report Highlights Shortage of New Antibiotics», Center for Infectious Disease Research and Policy, University of Minnesota, 15 de abril de 2021, en cidrap.umn.edu.
17. Hannah Devlin, «Antibiotic Resistant Superbugs "Will Kill 90,000 Britons by 2050"», *Guardian*, 7 de noviembre de 2018.
18. James Gallagher, «Take Over Pharma to Create New Medicines, Says Top Adviser», *BBC News*, 27 de marzo de 2019.

19. Jonathan Gardner, «UK Bid to Battle Antibiotic Resistance Yields First Subscription-Style Plan», Bio Pharma Dive, 12 de abril de 2022, en biopharmadive.com
20. Megan Ford, «NHS Poised to Roll Out Two New Antibiotics for Drug-Resistant Infections», *Nursing Times*, 13 de abril de 2022.
21. Tae Kim, «Goldman Sachs Asks in Biotech Research Report: "Is Curing Patients a Sustainable Business Model?"», CNBC, 11 de abril de 2018.
22. Billy Kenber, *Sick Money: The Truth about the Global Pharmaceutical Industry* (Edimburgo, Canongate, 2021), Capítulo 10.
23. Charlotte Kilpatrick, «COVID-19 Has Shown How Big Pharma Is Broken», Salon, 20 de febrero de 2021, en salon.com.
24. Ejemplos tomados de «Medicines for the Many: Public Health before Private Profit» (Partido Laborista), 1 de septiembre de 2019, en labour.org.uk.
25. Thomas Hanna, Miriam Brett y Dana Brown, «Democratising Knowledge: Transforming Intellectual Property and R&D», Common Wealth, 19 de septiembre de 2020, en common-wealth.co.uk.
26. NL News, «Amsterdam Hospital to Make Its Own Generic Versions of Rare, Expensive Medicines», 11 de febrero de 2019.
27. White House, «Remarks of President Joe Biden – State of the Union Address as Prepared for Delivery», 1 de marzo de 2022, en whitehouse.gov.
28. Entrevista del autor con Peter Maybarduk, 22 de abril de 2022. Todas las notas siguientes pertenecen a esta entrevista.
29. Andrew Perez y David Sirota, «Big Pharma Has a Powerful New Shill, Kyrsten Sinema, Fighting Drug Price Reform», *Guardian*, 11 de octubre de 2021.
30. Reuters, «US Congressional Democrats, Biden Reach Deal on Drug Prices», 3 de noviembre de 2019.
31. Ahmed Aboulenein, «Analysis: US Move to Negotiate Drug Prices a Rare Defeat for Big Pharma», Reuters, 13 de agosto de 2022.
32. Leigh Phillips, «Are We at the Dawn of "Insulin Socialism"?», Jacobin, 8 de marzo de 2022, en jacobin.com.
33. *Ibid.*

34. Jamie Smyth, «Eli Lilly to Cut Price of Insulin Drugs by 70%», *Financial Times*, 1 de marzo de 2023.
35. Raisa Santos, «WHO Welcomes US Move to Share COVID-19 Technologies with C-TAP Patent Pool Medicines & Vaccines», Health Policy Watch, 4 de marzo de 2022, en healthpolicy-watch.news.
36. Zephyr Teachout, discurso en la conferencia «Rebalancing Power», Berlin, 12–13 de mayo de 2022.
37. Michelle Meagher y Nicholas Shaxson, «The US Is Taking On Its Corporate Monopolists – Now the Rest of the World Must Follow», Open Democracy, 17 de septiembre de 2021, en opendemocracy.net.
38. White House, «Remarks by President Biden at Signing of an Executive Order Promoting Competition in the American Economy», 9 de julio de 2021, en whitehouse.gov.
39. Barry C. Lynn, «Antimonopoly Power: The Global Fight Against Corporate Concentration», *Foreign Affairs*, 100: 4, julio-agosto de 2021.
40. Duncan McCann, «Commoning Intellectual Property: Public Funding and the Creation of a Knowledge Commons», Common Wealth, 29 de julio de 2020, en common-wealth.co.uk.
41. Dean Baker, Arjun Jayadev y Joseph Stiglitz, «Innovation, Intellectual Property, and Development: A Better Set of Approaches for the 21st Century», Center for Economic and Policy Research, julio de 2017, en cepr. net.
42. Annalisa Merelli, «How Much Blame for Global Vaccine Inequity Should the WTO Bear?», Quartz, 19 de abril de 2022, en qz.com.
43. Entrevista del autor con Tahir Amin, 6 de febrero de 2022.

Índice onomástico